기후변화와 미래사회

기후변화와 미래사회

초판1쇄 발행 2018년 8월 30일
초판2쇄 발행 2023년 2월 27일

지은이 김해동·정응호·노백호·김학윤
펴낸이 신일희
펴낸곳 계명대학교출판부

출판등록 1970년 9월 1일(신고번호 제347-1998-1호)
주 소 42601 대구광역시 달서구 달구벌대로 1095
전 화 053-580-6233
팩 스 053-580-6235

ISBN 979-11-89468-37-8 93450
값 15,000원

이 도서의 국립중앙도서관 출판예정도서목록(CIP)은 서지정보유통지원시스템 홈페이지(http://seoji.nl.go.kr)와 국가자료공동목록시스템(http://www.nl.go.kr/kolisnet)에서 이용하실 수 있습니다.(CIP제어번호: CIP2018027186)

기후 변화와 미래 사회

Climate Change

Future Society

김해동 / 정응호 / 노백호 / 김학윤

계명대학교출판부

서문

최근 국내외는 기후변화로 지금까지 경험하지 못한 극한 기상현상에 직면하고 있으며, 4차 산업혁명이라는 미래기술로 격동의 시기를 맞고 있다. 기상이변과 불확실한 미래사회를 좀 더 예측가능하기 위해서는 기후현상과 미래기술에 대한 이해가 뒷받침되어야 한다. 이 책은 기후변화와 미래사회를 대비하기 위한 학생들과 관심 있는 시민들을 위해 작성되었다. 지금까지 저자들은 기후변화와 관련된 다양한 분야에서 많은 질문을 받아 왔으며, 각종 연구와 조사자료, 전문서적, 언론인터뷰 등을 통해 기후변화와 미래사회를 이해하고자 하였다. 이 책을 통해 사람들의 지식 욕구를 충족시킬 수 있는 기초이론과 최신기술을 소개하고, 나아가 지역사회에 적용할 수 있는 수준까지 다루고자 하였다.

먼저 1장에서는 기후변화에 대해 기후변화의 실체와 원인, 기후변화의 장래전망을 다루었다. 2장에서는 기후변화와 지구환경의 위기를 소개하였다. 기후변화와 종 다양성의 위기, 기후변화와 자연재해 발생, 환경오염 등을 구체적인 사례와 함께 기술하였다. 3장에서는 기후변화와 국제사회의 대응으로 기후변화와 지속가능한 발전, 기후변화협약, 교토의정서와 신 기후체제, 기후변화와 에너지 전환에 대해 제시하였다. 4장은 기후변화가 지역사회에 어떤 영향을 미치는지 규명하고자 하였다. 녹색도시의 조성을 위한 방법론을 살펴보고, 기후변화가 농업부문에 미치는 영향과 녹색산업, 특히 폭염과 대응기술에 대해 기술하였다. 마지막으로 5장에서는 기후변화와 미래사회를 다루었는데, 한국 미래사회의 전망과 4차 산업혁명과 연계한 기후변화 대응 전략을 수록하였다.

이 책이 대학생들이나 미래사회에 관심 있는 사람들이 기후변화와 4차 산업에 의한 미래사회 변화에 관련된 기본개념과 원리를 이해하는 데 도움이 되길 기대한다. 우리 사회가 직면하게 될 미래의 불확실성을 최소화하기 위해 저자들은 겸손한 마음으로 기후변화 현상과 분야별 접근에 있어 본질적인 문제를 인식하고 좀 더 진실에 가깝게 접근하고자 노력하였다. 그러나 아직까지 많은 분야에 있어 충분한 조사·연구가 진행되지 못하고 있어 모든 분야에 대해 심층적으로 다루는 것에 한계를 절감하였으며, 이 책을 계기로 기후변화로 인한 미래사회 모습에 대해 깊이있는 논의가 진행되길 기대한다. 마지막으로 이 책에서 소개한 내용을 바탕으로 지구환경문제를 올바로 이해하고 시민들의 기후변화 대응의식을 강화하며 관련 이해당사자의 기후변화 대응대책 수립 역량을 확충하는 데 도움이 되길 바란다.

2018년 7월 저자 일동

목차

제1장

기후변화

1.1 기후변화의 실체와 원인

1.1.1 기후변화의 실체

지구의 기후는 지구의 탄생 이래로 수천 년에서 수백만 년의 주기로 현저한 변화를 되풀이해 왔다. 이것은 지구기후가 자연적인 장기변동을 되풀이하고 있음을 말한다. 그런데 최근 100-150년간에 발생한 기후변화는 과거의 자연적인 장기변동과는 현저히 다르게 나타나고 있다. 이 단원에서는 최근의 기후변화가 과거 지구 역사 동안에 되풀이되었던 자연적인 기후변화와 어떻게 다르며, 그 원인은 무엇인지를 기술하고자 한다. 아울러 오늘날의 기후변화가 장래에는 어떤 모습으로 진화되어 갈 수 있는지를 살펴보고자 한다.

유럽 알프스 지역의 빙하는 1850년 이래로 반 이상이 급속하게 녹아내려 사라지고 있다. 그리스 아테네의 상수원은 1990년대에 거의 십 년간의 가뭄으로 아주 낮은 수준의 저수량을 보였고, 4백만 명이 물 공급의 위협을 받았다. 전 지구적으로 1860년 이래로 1998년 년 평균 기온이 가장 높았고, 2001년이 두 번째로 높았다. 지난 150년 동안 기록된 가장 따뜻했던 15년 중 1990년대에 10번이 있었다. 사실 20세기 말 10년이 전체 측기 측정에 의한 전 지구 기온에 있어 가장 따뜻했다. 지구의 기온상승에 수반하여 해수위는 지속적으로 상승하고 있고 바다와 고산지대의 설빙이 차지하는 면적은 점차 감소하고 있다(그림 1.1.1).

최근에 비정상적인 온난화, 가뭄, 홍수의 기후 극한값 사례가 많이 발생하였다. 이는 기후가 비자연적인 변화를 겪고 있다는 것을 제시한다. 오늘날의 기후변화는 비자연적인 변화로 나타나고 있다는 것이 통계학적으로 입증되고 있다. 즉, 오늘날의 기후변화는 자연 주기적으로 되풀이 되는 현상 중의 하나일 뿐만 아니라 인간이 배출한 온실가스가 대기 중으로 대량 배출되어 지구 온도를 급속히 상승시키고 있으며, 가뭄, 홍수와 같은 이상기후현상은 온실가스 증가에 따른 지구 온난화가 유발한 것으로 받아들여지고 있다.

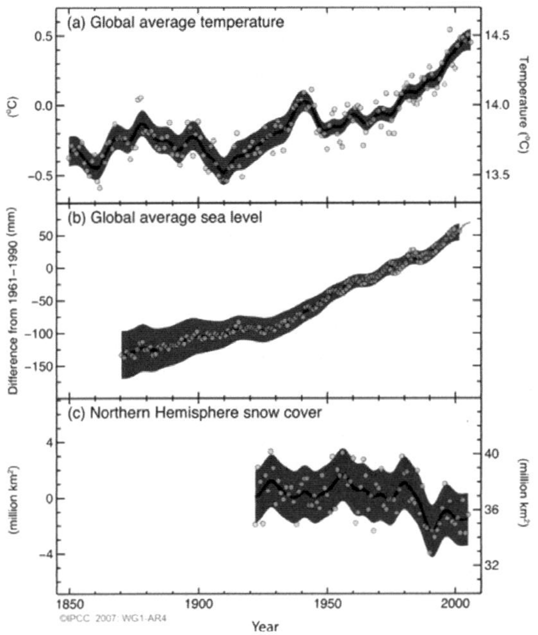

그림 1.1.1 기후변화의 실체. (a)전 지구 지상 연평균기온의 장기변화 (b)전 지구 연평균 해수위 상승경향 (c)북반구 설빙면적의 장기변화

1.1.2 기후변화의 원인

지구대기의 99.9%가 질소(78.09%), 산소(20.95%), 아르곤(0.93%) 등 세 종류의 가스로 구성되어 있다. 그러나 대기의 온도에 큰 영향을 미치는 것은 희귀 구성 성분인 이산화탄소(CO_2), 메탄(CH_4), 일산화탄소(CO), 산화질소

(NO_x), 염화불화탄소(CFCs) 그리고 오존(O_3) 등이다. 대기 중에 존재하는 양에 시공간적 변화가 큰 수증기(0.5-4%)도 대기온도에 큰 영향을 미친다. 이러한 가스들을 온실가스 또는 복사에 중요한 추적 가스(trace gas)라고 한다. 이러한 가스들이 복사에 중요하다고 하는 것은 이 가스가 지구 복사의 균형이나 지구 열 수지에 큰 영향을 미치기 때문이다.

지구대기 중의 온실가스농도는 시기에 따라 자연적인 변화를 해왔으며 이러한 변화는 기후변화와 긴밀하게 연결되었다. 지구가 따뜻했던 시기는 대기 온실가스농도가 높았고 지구가 차가웠던 시기는 대기 온실가스 농도가 낮았다. 이러한 변화는 자연적인 주기의 일부분이며 수백만 년 중에 수만 년 정도 기간으로 발생했다. 최근의 인간에 의한 대기화학의 변화는 수십 년 정도의 기간에 발생했다. 산업화 이후 시대와 관련하여 과학자들은 일반적으로 기후변화협약(UNFCCC)에 의해 정의된 기후변화라는 용어를 사용한다. 따라서 "기후변화"는 전 지구 대기 조성을 바꾸고 이에 의하여 상당한 기간에 걸쳐 관측되는 자연 기후 변동에 직간접적으로 영향을 주는 인간 활동에 기인된 기후의 변화이다.

인간 활동은 기후변화에 기여하는 다양한 온실가스 발생을 야기한다. 지구의 기후에 대한 이러한 가스들의 개별적 또는 복합적 영향성을 결정하기 위해서는, 그들의 전체 양과 대기로 방출되는 자연적·인위적 원인, loss 대 자연적 sinks 비율, 과거 및 예상 증가 비율, 개별적·복합적 열용량 등을 점검해야 한다.

수증기는 대기 중의 열을 잡아두는 역할을 하며 온실가스 효과에 가장 큰 영향을 준다. 대기 상의 수증기 수치는 인간 활동의 직접적인 결과가 아니다. 그러나 따뜻한 공기는 보다 많은 수증기를 포함할 수 있으므로 다른 온실가스에 기인된 지구의 온도의 증가는 "양의 피드백"을 준다. 즉, 보다 많은 온난화는 대기상의 보다 많은 수증기를 의미하고, 이는 결과적으로 추가적인 온난화에 기여한다.

이산화탄소는 대기의 자연적인 성분으로서 생물학적으로 매우 활발하게 작용한다. 이산화탄소는 식물의 광합성 작용에 의해 흡수되어 줄어들고, 호흡에 의하여 다시 생성되어 대기 중으로 배출된다. 이산화탄소 발생의 주된 자연적 원인은 동물의 호흡, 죽은 생물체와 토지 탄소의 미생물에 의한 분해, 해양으로부터 대기로의 플럭스 등이다. Sinks에는 식물에 의한 광합성 작용과 대기로부터 해양으로의 플럭스 등이 포함된다. 이러한 자연적 순환은 19세기 중반에 시작된 산업혁명 이전까지 수천 년 동안 대기의 CO_2 농도를 280±10ppmv(parts per million by volume)로 유지하였다.

지난 150년 동안, 특히 지난 수십 년 동안에 인간은 대기 CO_2를 증가시켰다. 지구 지각 내에 유기 탄소(석탄, 석유, 천연가스 등)로 화석화되어 수백만 년 동안 저장된 거대한 탄소 저수지는 개발되어 연료로 연소되었다. 탄소는 탄소 연료가 연소될 때 대기 산소와 결합되어 대기 중에 이산화탄소로 변하게 된다.

전 세계적으로 인간에 의한 CO_2 방출의 80% 이상이 교통과 산업화 활동에 기인한다. 그 나머지 20%는 주로 산림 파괴와 생물 연소에 의해 발생한다. 산림은 일 에이커 당 약 100톤의 탄소를 저장하고 있으며, 전 세계 산림의 절반가량이 지난 20세기 하반기에 파괴되었다. 시멘트 생산에 사용되는 탄산염 광물 또한 CO_2를 대기 중으로 방출한다. 이러한 원인 물질 전체가 매년 대기 중에 65억 톤의 탄소를 증가시킨다. 가장 많은 양의 CO_2를 방출하는 국가는 미국, 중국, 러시아 등이다. 이러한 원인 물질에 의한 증가율은 주요 CO_2 sinks에 의한 감소율을 약 3.3GtC을 초과한다. 따라서 CO_2 대기 농도는 계속 증가한다.

대기 이산화탄소의 GWP는 새로운 개념이 아니며, 19세기로 거슬러 올라간다. 1896년에 스웨덴 화학자 아레니우스(S. Arrhenius)는 화석연료 연소는 3,000년 후에 대기 CO_2 농도를 두 배로 증가시킬 것으로 예상하였다. 그는 정확하게 그 과정을 묘사하였으나 인간이 대기 CO_2 농도를 배가시키는 데

걸리는 기간을 너무 길게 예측하였다. 1938년까지 일부 과학자들은 인류에 의한 화석연료 연소가 이미 대기 CO_2와 전 지구 평균 온도를 상당히 증가시키고 있다고 결론 내렸다.

20세기 말까지 대기 중 CO_2 농도는 367ppmv 이상까지 상승했으며(산업화 시대 이전보다 31% 증가), 지속적으로 해마다 0.5% 정도로 기하급수적으로 증가하였다(그림2.4). 현재와 같은 대기 CO_2 농도는 지난 420,000년 또는 심지어 아마도 2천만 년 전까지도 없었을 것이다. CO_2 배출이 줄어들어 1994년의 수치를 유지된다하더라도 그 대기 농도는 이는 Arrhenius가 상상했던 것보다 훨씬 빠른 시기인 21세기 말에 500ppmv에 달할 것이다(산업화 이전의 수치의 거의 두 배). CO_2의 주된 장기간의 저장소는 심해이다. 오늘날 생산되는 이산화탄소는 100년 이상이 걸려야 이 저장소에 흡수될 것이다. 따라서 모든 배출이 오늘 멈춘다고 하더라도 대기 CO_2는 향후 100-300년 동안 산업화 이전 수준 이상으로 유지될 것이다.

화석 연료는 재생 가능하지 않으며 공급은 유한하다. 그러나 현재의 공급은 풍부하고 상대적으로 저렴하여 향후 40에서 200년은 지속될 수 있다. 우리가 만약 열대우림, 석유, 가스, 석탄 저장소에 남아 있는 탄소를 계속해서 연소한다면 다음 수 세기 안에 대기 CO_2 농도를 세 배 증가시킬 것이다. 메탄가스(CH_4)는 산소가 없는 상태에서 미생물에 의한 유기 물질의 분해에 의해 생성된다.

자연 습지 토양, 늪, 연안 침전물은 상당한 양의 CH_4를 대기 중으로 방출한다. 대기 중에서 이는 수산기(hydroxyl radicals; OH-)와 결합되어 일산화탄소(CO)를 형성한다. 이의 대기 중 농도는 1750년 이래로 150% 증가하였으며, 해마다 양 1.1%씩 급격히 증가하고 있다. 현대의 메탄 배출의 절반가량이 인간 활동에 기인한 것이다. 이러한 원인에는 가축 축산(음식물의 완전하지 않은 소화), 습지 벼 재배, 고체 쓰레기의 매립, 석탄, 석유, 가스의 생산 등을 포함한다. 그러나 전 지구 배출량은 변화무쌍하여 정확하게 수량화하기 어렵다.

아산화질소(N_2O)는 농업용 비료, 화석연료 연소, 식물체 연소의 미생물에 의한 분해로부터 발생된다. 석탄 연소는 대기 중 N_2O의 생성의 주된 기여자이다. N_2O는 긴 대기 중 수명(170년)을 가지고 있다. 이의 대기 농도는 산업화 시대가 열린 이후로 16% 증가하였고, 매년 0.25% 증가하고 있다. 이는 전체 전 지구 온난화에 지대한 영향으로 미치고 있다.

프레온가스(CFCs)와 수소염화불화탄소(HCFCs)는 탄소, 불소, 염소 원자를 포함하는 산업적으로 재조된 상대적으로 비활성인 화합물이다. 이들은 냉장고와 에어컨의 냉매, 절연재, 에어로솔 스프레이, 산업용 세제 등에 사용된다. 이 화합물들은 대기권 밖으로 나가 유해한 자외선을 막아주는 성층권 오존층을 파괴한다. 이들에 의한 오존 파괴는 프레온가스 사용의 단계적 중단을 위한 최초의 종합적인 국제 환경 협약인 몬트리올 프로토콜에 이르게 하였다. 그러나 CFCs, HCFCs 또한 온실가스이다. CFCs의 대기 농도는 1960년대 이후로 급격하게 증가해 왔다. 이들이 어느 정도의 냉각효과를 가져오는 성층권 오존층 파괴와 관련되어 있지만, 여전히 전반적으로 온실가스 온난화에 있어 양의 기여를 한다. 몬트리올 프로토콜은 현재 이들의 사용을 제한하고 있다. 그러나 이들이 대기 중에 오랫동안 머무르고 있기 때문에(60-100년), 심각한 온실가스로 간주되어야 한다. 또한 CFCs의 대체제인 수소염화불화탄소(HCFCs)와 관련 화학물[perfluorocarbon(PFC), sulfur hexafluoride (SF_6)]은 현재 온난화에 미미한 영향을 주지만, 이들의 이용 증가는 21세기 동안 온난화에 수 퍼센트 기여할 수 있을 것이다(IPCC, 2000).

• 온난화 잠재력

산업화 이후의 온실가스의 증가는 전 지구 복사 강재력(온난화)을 1제곱미터 당 2.45와트(W/m^2)의 증가를 가져왔다. 이는 들어오는 순수 태양 복사의 1%에 불과하지만, 매분 약 18억 톤의 석유 분량의 에너지 또는 현재의 전 세계 상업적 에너지 소비량의 100배에 해당하는 것이다(UNFCCC, 2002). 각각의 온실 가스는 이러한 온난화에 기여한다. 같은 양의 이들 온실 가스는 매우 다른 온난화 잠재력을 갖는다. 그리고 대기 중 가스의 수명은 결과적인 농도와 온난화 잠재력에 영향을 준다. 예를 들어 이산화탄소, 아산화질소, CFCs는 100년 내지 그 이상의 평균 수명을 가지고 있는 반면, 메탄은 5-10년, 일산화탄소는 겨우 5개월의 불과하다. 각각의 온실 가스는 서로 다른 온실효과 능력(온난화 잠재력)을 갖는다. 예를 들면 CFC-11 또는 CFC-12의 한 개의 분자는 CO_2 한 개의 분자보다 6-7천 배의 열을, 메탄 한 분자는 CO_2 한 개의 분자보다 21배의 열을 가둘 수 있다. 그러나 CO_2가 훨씬 풍부하기 때문에 약 60%의 현재의 인간에 의한 온실 온난화는 CO_2에 기인한 것이며, 15-20%는 메탄, 그 밖의 20%는 아산화질소, 프레온가스, 대기권 오존에 의한 것이다.

<읽을거리>

밀란코비치 주기

1910년대 세르비아의 수학자인 밀루틴 밀란코비치는 최종적으로 지구 기후의 자연적인 변동을 설명할 수 있는 이론을 개발하였다. 그는 지구의 이심률과 세차의 주기적 변이를 예측하는 방정식을 사용하였다. 그 뒤 그는 독일 과학자 루드빅 필그림의 황도 또는 지축의 기울기를 천문학적 계산을 결합하였다. 그는 겨울보다는 여름 기온이 북극의 빙원이 성장하거나 쇠퇴하는 데 주된 요인이라고 논하였다. 그는 핵심 지역인 북위 55, 60, 65도 지역의 여름 복사량 곡선을 계산하였는데, 이들은 지질학적 기록에 근거한 증거와 잘 일치하였다. 이심률, 세차, 기울기 등 세 가지 주기에 상응하는 지구 궤도 위치는 지구가 받아들이는 태양 에너지의 양을 결정한다. 일사량의 많고 적은 시기는 빙하기와 간빙기와 각각 일치한다(NOAA, 2002).

18,000년 전 이래의 마지막 빙하기와 홀로세 온난기 시작은 밀란코비치 주기와 잘 일치한다. 그러나 이 주기가 온난기와 한랭기와 항상 잘 일치하는 것은 아니다. 예를 들어 135,000년 전 북반구에서의 여름 일사량은 우세했던 빙하기를 마감하고 마지막 온난기를 가져 왔다고 보기에는 너무 낮았다. 일사량 주기는 이전에 생각했던 것보다는 보다 복잡하고 다른 것들과 상호작용하는 것으로 볼 수 있다.

1.2 기후변화의 장래전망

1.2.1 전 지구 기후변화현황과 전망

기후변화에 관한 정부 간 협의체로 인간 활동이 기후변화에 미치는 영향을 평가하고 전 지구적인 대책을 마련하기 위하여 세계기상기구(WMO)와 유엔환경계획(UNEP)가 1988년에 공동으로 설립한 유엔기구가 IPCC(Intergovernment Panel on Climate Change)이다. IPCC는 1990년에 1차 보고서를 발간한 이래로 2014년의 5차 보고서에 이르기까지 꾸준히 전 지구 기후변화에 관한 현황과 전망에 관한 평가보고서를 출간해오고 있다. IPCC 평가보고서는 전 세계 195개 회원국의 기후 학자를 포함한 관련 분야의 전문가들이 참가하여 기후변화의 추세 및 원인규명 그리고 기후변화에 따른 생태학적, 사회경제적 영향을 평가하고 그에 대한 대응전략을 담고 있다. 이 평가보고서는 전 세계의 기후변화 연구와 정책수립 및 기후변화 대응을 위한 국제사회의 협상 목표를 설정하는 데에 근거자료로 활용되고 있다.

IPCC에서 제시하고 있는 지난 100년 동안의 전 지구 연평균 지상기온의 상승경향은 점차 빨라지고 있다. 예로서 제3차 평가 보고서에서는 0.6℃±0.2℃(1901-2000년), 제4차 평가보고서(2007)에서는 0.74℃±0.18℃(1906-2005년), 그리고 가장 최근에 출판된 5차 평가보고서에서는 지난 133년간에 기온이 0.85℃(1881-2013년) 상승하여 지구온난화가 진행되고 있는 것이 명확하다고 결론지었다. 또 지구온난화로 지구상의 빙상과 빙하의 연평균 면적이 지난 34년 동안에 3.5-4.1%/10년의 비율로 감소하였으며, 반면에 남극에서는 1.2-1.8%/10년의 비율로 증가하였다고 한다. 또 1901-2010년 동안에 전 지구 해수위 상승률이 1.7mm/year인데 최근에 해당하는 1993년부터 2010년 동안에는 3.2mm/year로 해수위 상승속도가 가속화되고 있는 것으로 평가하였다.

지구상에서 기온관측이 시작된 1850년부터 최근에 이르기까지 전 지구 연평균기온변화를 그림 2에서 살펴보기로 하자. 지구의 기온은 1915년까지는 자연 변동성과 관련된 상승과 하강을 제외하면 전반적으로 크게 변하지 않았다. 1910년대부터 1940년대까지 지구 평균 기온은 0.35℃ 상승하였고 그 후부터 2006년 말까지는 급속히 온난화(0.55℃)되었다. 그중 가장 기온이 높았던 해는 1998년과 2005년이었고, 최근 12년 동안(1995-2006년)에 1850년 이후 가장 기온이 높았던 총 11년이 포함된다. 1996년을 제외한 모든 해의 기온이 지난 150여 년 동안에 가장 더웠던 상위 12위 이내에 포함되어 있다.

육지와 해양, 해수면 온도, 야간 해양 기온 모두에서 온난화가 일어났으나, 1979년 이후 전 지구에 대해 열용량이 상대적으로 작은 육지의 지표온도의 증가 경향은 0.27℃/10년으로, 0.13℃/10년의 상승 경향을 보인 해양보다 약 두 배 빠르게 상승하였다. 또한 계절별로는 북반구 겨울철(12-2월)과 봄철(3-5월)에 온난화가 가장 컸다.

IPCC 5차 보고서(2014)에서 전망한 기후변화 전망은 다음과 같이 요약할 수 있다. 전 세계가 온실가스 감축을 위한 특별한 조치를 취하지 않아서 현재와 같은 추세로 온실가스를 배출하는 경우(이 경우에 대기 중 이산화탄소 농도가 2100년에 약 950ppm에 도달할 것으로 예상)에 지구상 대부분의 지역에서 건조지역과 습윤 지역 간의 계절 강수량 차이가 많아지고 계절풍지대의 경우에 우기와 건기 간의 기온차이도 확대될 것으로 전망하였다. 또 고위도와 적도 태평양 지역에 강수량 증가가 클 것으로 전망되었다. 기온은 최근의 기후평년치(1986-2005)에 비하여 약 3.7℃ 상승하고 해수위는 63cm 상승하는 것으로 전망하였다.

전 세계의 온실가스감축 노력이 상당한 성공을 가져올 경우(2100년에 대기 중 이산화탄소 농도가 약 540ppm에 도달)에는 기온상승은 1.8℃, 해수위 상승은 47cm 정도로 억제할 수 있을 것으로 전망하였다.

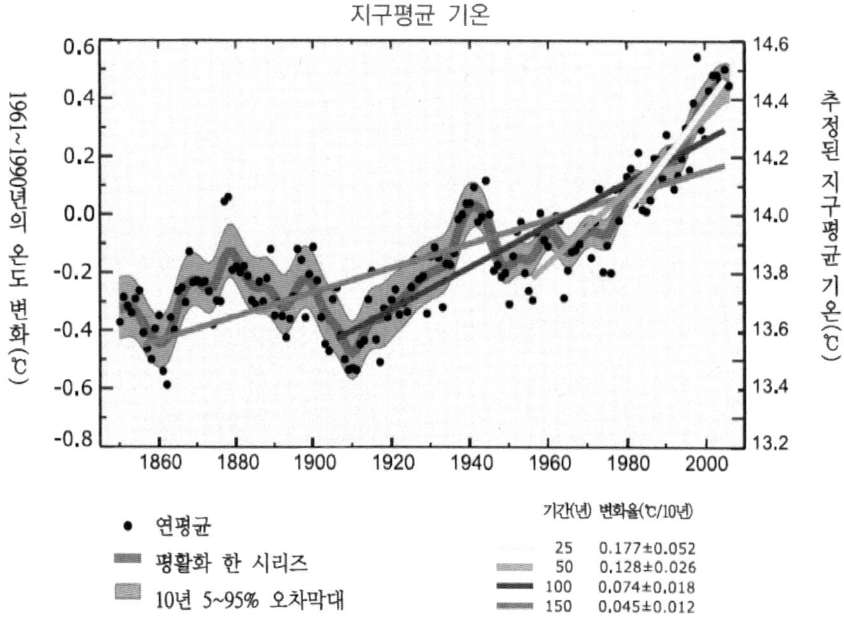

그림 1.2.1 연간 지구 평균 기온 관측치(자료출처: IPCC, 2007)

한편 2015년 파리에서 개최된 제21차 기후변화협약당사국회의(COP 21)에서는 교토의정서를 대체하는 새로운 신 기후체제에 합의하였다. 이것은 교토의정서 2차 공약기간이 종료되는 2020년 이후에 효력이 발생한다. 파리 신 기후체제하에서는 금세기 말까지 추가적인 지구온도 상승을 2℃ 이내로 억제하는 것을 목표로 하여 당사국 모두가 자발적 온실가스 감축안(Induced Nationally Determined Contribution, INDC)을 제출하고 실천하는 방식을 선택하였다. 기후변화당사국이 계획대로 온실가스 감축에 성공할 경우에는 그림 1.2.2에 제시된 2℃ 시나리오 따른 기온상승이 예상된다.

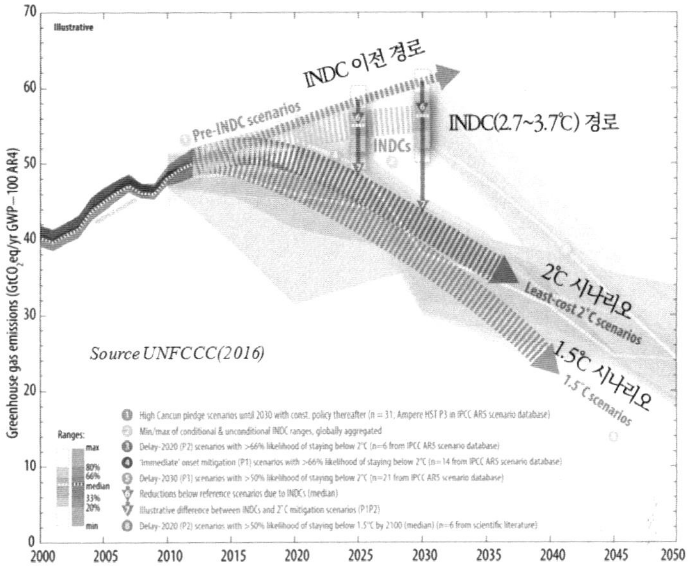

그림 1.2.2 2015 파리 신 기후체제의 성공 여부에 따른 장래 지구 온도 변화 예상

1.2.2 우리나라 기후변화 현황과 전망

우리나라에서 100년 이상의 관측 역사를 가진 관측소는 서울과 인천, 강릉, 대구, 목포, 부산이고, 60여 개의 관측 지점에서 장기 기후자료가 축적되기 시작한 것은 1973년부터이다. 지난 100년간(1912년-2008년) 한반도 기온 상승률은 1.7℃로 100년간 전 지구 평균기온 상승률의 약 2배에 달한다. 다만 이러한 기온 상승 값에는 도시화 효과가 상당 부분 포함되어 있다.

100년 이상의 장기 관측 자료를 보유한 우리나라 6개 지역에서는 1960년대 후반 이후 산업화와 도시화가 빠르게 진행되었다. 따라서 1960년대 후반 이후 우리나라의 도시화 효과를 추정한 연구에 따르면 기온 상승률의 약 30-40%를 차지하며 국지적인 도시화는 연 평균 기온뿐만 아니라 연 평균 최고 및 최저기온의 변화율도 증폭시켰다.

연평균 기온의 변화 경향을 보면, 최근 50년(1954-현재)의 상승폭이 20세기 전체 100년의 상승률에 비하여 약 1.5배 이상 증가하였고, 1980년대 중반 이후에 기온 상승이 두드러져 최근 20년의 기온상승률은 0.23℃/10년으로 높게 나타나고 있다. 따라서 우리나라의 기온 변화 경향은 일차 추세가 아닌 20세기 후반에 상승률이 증가하는 하키의 스틱을 닮은 곡선 형태를 나타낸다(그림 1.2.3).

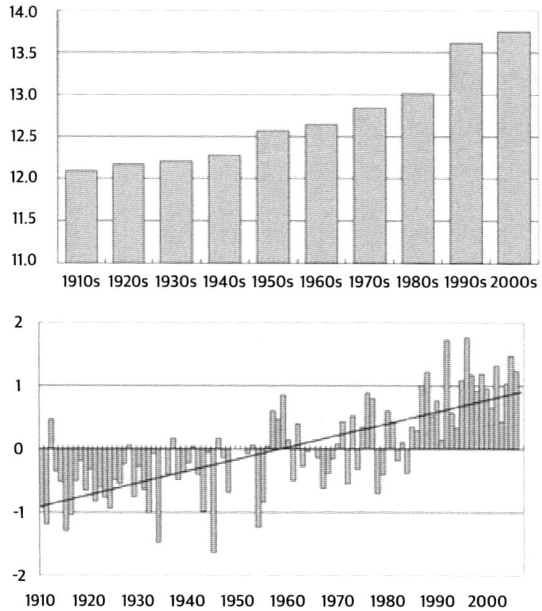

그림 1.2.3 우리나라의 100년 이상 장기 관측된 6개 지점을 평균한 10년 평균기온(위)과 연평균기온 편차(아래) (자료출처: 국립기상과학원, 2009)

겨울철 역시 최저기온의 상승으로 인해 극단적인 추위 일수가 급속하게 감소하고 있다. 우리나라 서울에서 연중 -10℃이하로 내려가는 일수가 1950년대까지는 30일 가량이었으나 최근에는 10일 이하로 기록되고 있어 극단적인 추위가 줄어들고 있다(그림 1.2.4).

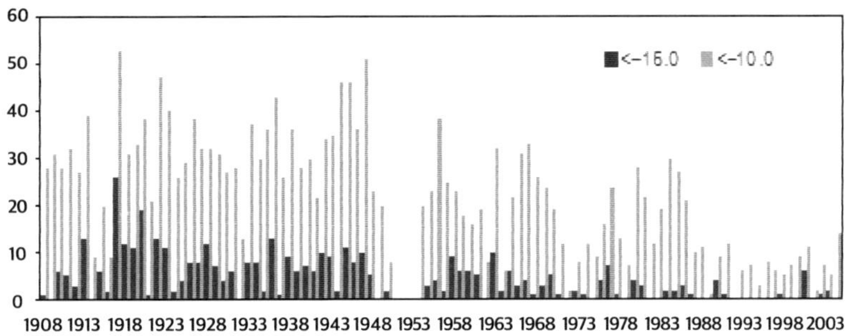

그림 1.2.4 최저기온 -10℃ 이하 일수(서울)

지난 100년(1912년-2008년)간 6개 관측 지점을 평균한 연강수량의 변화 경향을 보면 증가추세에 있다. 10년 평균 연 강수량을 보면 1940년대와 1970년대가 전후 10년 기간의 강수량보다 적은 편이지만 대체적으로 증가하는 경향을 보인다(그림 1.2.5).

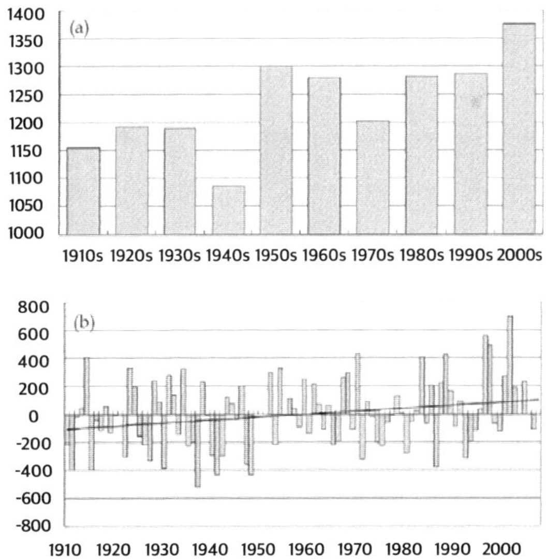

그림 1.2.5 우리나라의 100년 이상 장기 관측된 6개 지점을 평균한
10년 연강수량(위)과 연강수량 편차(아래) 자료출처: 국립기상과학원, 2009

1950년대 후반 이후 전국 14개 관측 지점(강릉, 서울, 인천, 울릉도, 추풍령, 전주, 대구, 울산, 포항, 광주, 부산, 목포, 여수, 제주) 평균 강수패턴의 분석에 따르면, 연강수량은 증가하고 있으나 강수일수는 줄어들고 있어서 강수일의 강수강도가 증가하고 있음을 알 수 있다(그림 1.2.6).

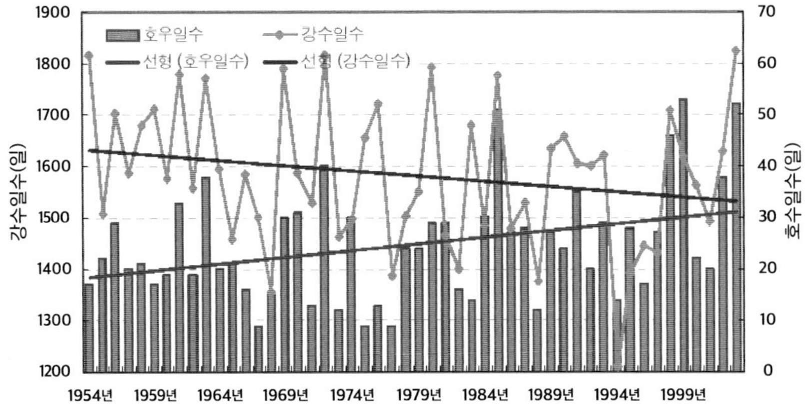

그림 1.2.6 1954년-2004년 우리나라 14개 지점에 대한 강수 일수와 호우 일수의 변화
자료출처: 국립기상과학원, 2004

국립기상과학원(2009)이 산출한 우리나라의 장래 기온은 온실가스의 농도가 증가함에 따라 높은 상승경향을 보일 것으로 전망하였는데, 20세기 말(1971-2000년)에 비하여 21세기 말(2071-2100년)에는 한반도 전 지역(34.5-42°N, 125-130°E)에 대하여 4℃ 상승하고, 남한내륙지역으로 한정하면 3.8℃ 상승할 것으로 전망하였다(그림 1.2.7).

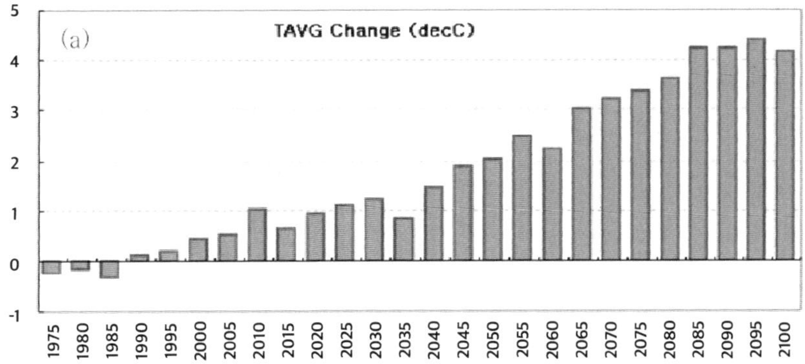

그림 1.2.7 1971년-2000년 대비 1971년-2100년 동안의 5년 평균된 우리나라(34.5-42°N, 125-130°E) 평균 기온 (자료출처: 국립기상과학원, 2009)

또 국립기상과학원(2008)에서 산출한 우리나라 미래 강수 전망을 보면, 20세기(1971년-2000년)과 비교할 때에 21세기 말(2071년-2100년)에는 한반도 전 지역(34.5-42°N, 125-130°E)에 대해서는 약 17% 증가하고, 남한 지역에 한정해서는 13% 증가할 것으로 전망되었는데, 대체로 기온 상승이 큰 지역에서 강수량이 더 많아진 경향을 보일 것으로 전망하였다(그림 1.2.8).

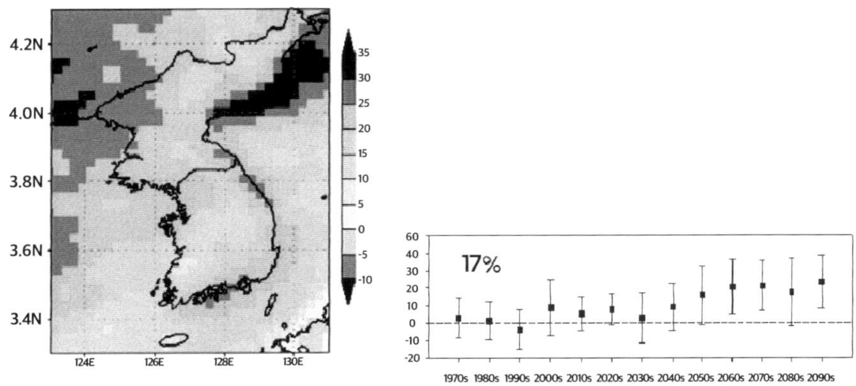

그림 1.2.8 1971년-2000년 대비 2071년-2100년 동안 평균된 우리나라(34.5-42°N, 125-130°E) 강수량 변화 (자료출처: 국립기상연구소, 2008).

한편 우리나라는 기온 상승으로 작물, 어류, 수목 등의 북상이 나타나면서 기후가 아열대 기후로 변해갈 가능성이 제기되고 있다. 이에 따라 국립기상과학원에서는 현재 우리나라의 육상 및 해양생태계 분포 특성과 비교적 유사한 분포를 보이는 트레와다의 기준을 이용하여 한반도의 아열대 기후로의 변화를 전망하는 연구를 수행하였다(2007).

현재의 아열대 기후지역을 파악하기 위하여 평년값(1971-2000년)에 트레와다의 기준을 적용하면 제주도와 부산, 거제, 통영, 목포, 완도, 여수 관측 지점을 중심으로 한 남해안 지역이 아열대 기후지역에 포함된다(그림 1.2.10). 이 중서귀포는 10℃ 이상인 달이 3-11월로 9개월이며 그 외 지역은 4-11월의 8개월이다.

RCP4.5 시나리오에 의해 산출된 기온 값으로 미래(2070-2099년) 아열대 기후지역을 전망한 결과 제주도와 남해안 일부지역에 해당되었던 아열대 기후지역이 서해안으로는 보령까지 확대되며 대도시 해안지역인 인천도 아열대 기후구에 포함된다. 내륙으로는 아열대 기후지역이 전주, 광주, 순천, 산청, 합천, 대구까지 확대되며 동해안으로는 속초까지 확대된다. 이 중 10℃ 이상인 달이 9개월 이상인 지역이 크게 증가하여 포항, 대구, 울산, 부산, 통영, 여수, 완도, 제주, 성산, 서귀포, 거제, 남해 등 제주도 및 남해안 지역 대부분이 포함된다.

RCP8.5 시나리오에 의하면 관측 지점 중 해발 고도가 가장 높은 대관령을 중심으로 한 인제, 홍천, 원주, 제천 등을 제외한 전 지역이 아열대 기후지역에 포함될 것으로 전망된다. IPCC 5차 보고서에 의하면, 우리나라의 장래 기후변화전망은 현재의 온실가스 배출 추세를 유지할 경우(RCP8.5) 21세기 후반 한반도 전체의 기온은 5.7℃ 상승하며, 북한만의 기온 상승은 이보다 더 높아서 6.0℃로 전망된다. 이로 인하여 남한 대부분의 지역과 황해도 연안이 아열대 기후로 변할 것으로 분석되고 있으며 폭염일수도 현재의 연간 평균 7.3일에서 21세기 후반에는 30.2일로 대폭 증가할 것으로 전망되었다.

아열대 기후구에 포함되는 지역 중 임실, 양평, 서산, 춘천을 제외한 전 지역에서 10℃ 이상인 달이 9개월 이상이며 특히 제주도 지역은 1-12월의 모든 월평균 기온이 10℃ 이상으로 전망된다.

참고사항 트레와다는 최한월 평균기온이 18℃ 이하이면서 월평균기온이 10℃ 이상인 달이 8-12개월인 것으로 아열대를 정의하였다 (Trewartha and Horn, 1980).

<읽을거리>

IPCC 5차 보고서에 도입된 새로운 온실가스 증가 시나리오

IPCC 5차 보고서에서는 그 이전에 사용한 온실가스 배출량 시나리오 대신에 새로운 온실가스 시나리오인 대표 농도 경로(Representative Concentration Pathways, RCP)를 도입하였다. 온실가스 배출시나리오는 인위적인 기후변화 요인 중에서 온실가스와 에어로졸의 영향에 의한 복사강제력만을 포함하였다면, 5차 보고서에서는 토지이용변화에 따른 영향까지 포함하였다는 점이 주목된다. 또한 온실가스 배출량 시나리오는 미래에 전망되는 사회구조를 중심으로 설정하였다면 5차 보고서에 도입된 대표 농도 경로는 기후변화 대응정책과 연계하여 온실가스 농도를 비교해 온실가스 저감 정책을 실현하였을 시의 효과를 더 쉽게 파악할 수 있도록 하였다.

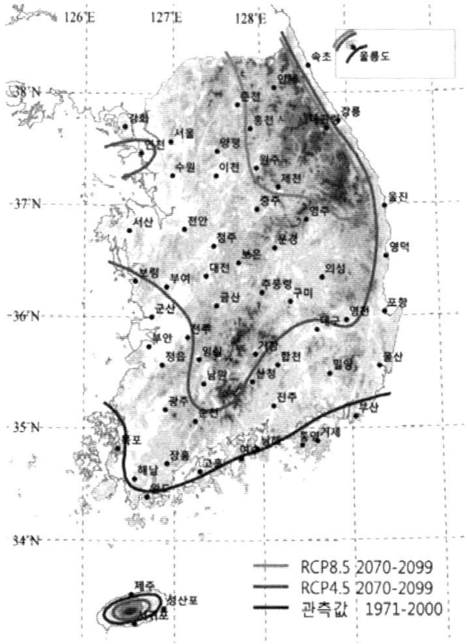

그림 1.2.9 아열대 지역 변화 전망. 실선은 각각 관측 자료에서 구한 현재(1971-2000)의 아열대 지역 경계(검정색)와 RCP 시나리오에서 전망한 2070-2099년의 아열대 지역 경계(RCP4.5: 보라색, RCP8.5: 붉은색)를 의미한다.

<읽을거리>

기후변화에 따른 우리나라 해양의 해수위 상승

지구 온난화의 효과는 기온 상승에 머물지 않고 해수온도도 상승시킨다. 해양은 대기에 비해 1천 배나 열용량이 크다. 1960년대 이후 해양은 대기보다 20배나 많은 열량을 흡수했다. 해양온난화는 산성화 등으로 인한 해양생태계에 직접 영향을 끼칠 뿐만 아니라 해수면 상승에 따른 육지 생태계에도 위협으로 작용한다. 해수면 상승은 북극곰의 고립으로 상징되는 빙하의 해빙이나 고산지대의 만년설이 녹아내리는 영향보다 해수의 열적 팽창에 의한 효과가 크다.

2014년에 발간된 IPCC 5차 평가보고서에 의하면 지구 평균 해수면 상승의 30-55%는 열적 팽창에 의한 것이고 빙하의 해빙에 의한 것은 15-35% 정도라고 한다. 이 보고서에 의하면 전 지구 평균 해수위가 1901-2010년에 연간 1.7㎜가 상승한 반면 최근 1993-2010년에는 연간 3.2㎜가 상승하였다.

한반도 주변의 해수위 상승은 전 지구 평균 해수위 상승보다 상승 추세가 더 높은 것으로 나타났다. 국내 연구진이 1968년부터 2007년까지의 조위 관측 자료를 분석한 자료를 보면 한반도 주변 해양의 해수위는 연평균 2.16±1.71㎜ 상승했다. 이는 비슷한 기간에 측정된 세계 평균 상승률보다 높은 것이다. 특히 제주도 북쪽 해안의 경우 이 기간 해수면 상승률이 연간 5.3㎜로 40여 년 동안 23㎝ 상승한 것으로 확인되었다.

국립기상과학원이 지구 온난화로 인한 21세기 말 한반도 주변 해양의 해수위 상승을 추정한 자료에 의하면, 전 세계가 온실가스 감축 노력을 전혀 하지 않을 경우(대표농도경로 8.5·RCP 8.5)에 우리나라 해수면은 20세기 말 대비 최저 33㎝에서 최고 96㎝ 상승할 것으로 전망되었다. 이는 전 지구 평균 해수면 상승 전망(37-94㎝)과 비슷한 수준이다.

현재 한반도 주변 해수면은 지구 평균보다 빠르게 증가하고 서해·동해·남해 삼면의 해수면 상승률도 차이가 있는 것으로 보고되고 있지만, 이 연구결과에 의하면 21세기 말에는 세 해역의 해수위 상승속도에 큰 차이가 없을 것으로 전망되었다.

제2장

기후변화와 지구환경의 위기

2.1 기후변화와 종 다양성의 위기

2.1.1 기후변화의 생태적 이해

기후변화가 생물종과 생태계에 미치는 현상은 각종 사례와 언론보도를 통해 밝혀지고 있다. 기후변화로 인한 종 다양성의 위기는 생물종이 살아가는 생존기반 즉, 기후, 지형, 토양, 식생 등 물리적 환경조건에 기인한다. 강우패턴의 변화, 빈번한 이상기후 발생, 해수면 상승은 생태계 교란을 야기한다. 우리나라에서는 국가기관을 중심으로 산림, 해양, 습지 등의 생태계 영향을 조사하고 있다. 기온에 대한 장래 전망에 따르면, 2071년 이후 백두대간의 일부 고산지역을 제외하고 남한 전역이 아열대 기후로 바뀔 것으로 예측된다(국립생태원, 2014a). 이에 본 절에서는 지금까지 밝혀진 내용을 토대로 기후변화가 생물종과 생태계에 미치는 현상을 정리하였다.

기온이 지금과 같은 추세로 계속 상승한다면, 21세기 중반에는 최소 1℃에서 최대 4℃ 가량 높아질 것으로 추정된다. 유엔 산하의 IPCC(기후변화정부간협의체)에 의해 발표된 제5차 기후변화 평가보고서에서는 지난 112년간(1901-2012년) 지구의 평균기온이 0.89℃ (0.69-1.08℃) 상승한 것으로 나타났다(IPCC, 2014). 또한 산업화 이전 1750년 278ppm에 불과하던 대기 중 이산화탄소(CO_2) 농도는 산업혁명 이후 화석연료 사용이 늘어나면서 2017년 400ppm를 넘어선 것으로 조사되었다. 전 세계 2,500여 명의 과학자와 전문가들이 참여하여 작성한 보고서에서는 현재 추세의 기후변화를 그대로 방치할 경우, 21세기 말에는 지구 평균기온이 3.7℃, 해수면은 63㎝ 높아질 것으로 전망하고 있다. 이와 같은 기후변화는 폭염, 홍수, 가뭄, 강풍, 해일 등 극한 기상현상을 일으키며 지구생태계 전반에 걸쳐 광범위한 영향을 끼치고 있다. 2014년 발간된 제5차 기후변화 평가보고서에서는 지구 평균기온이 산업화 이전 대비 2℃ 이상 상승할 경우, 전 지구상의 생물종 가운데 20%가 멸종위기에 처할 것이며 시베리아의 영구동토층과 남극 및 그린란드(Greenland)의 빙하가 녹으면서 지구의 기후를 예측하고 제어하는 것이 어렵게 될 것이다(공우석, 2018).

폭염, 가뭄, 이상기후 등 기후변화는 환경변화에 민감한 취약생태계, 고산지역이나 습지건강성을 위협하고 생물종의 분포와 생리적 특성에 변화를 일으킨다(표 2.1.1). 갈수록 심화되는 기후변화로 대기 중 이산화탄소 농도가 증가하고, 온실효과로 평균기온이 상승하며, 강수패턴의 변화, 이상기후 현상 등 지구온난화는 생물종에 영향을 미친다. 사막화로 건조지역이 확대되고, 습지생태계와 아고산 지역의 식생군락이 쇠퇴하며, 생태계의 1차 생산성 및 먹이사슬 변화를 받는 것으로 확인되었다. 기후변화가 생물종과 생태계에 미치는 영향으로 생물계절 변화, 분포역, 군집의 구조, 개체군 크기, 외부형태, 성비, 유전과 진화, 멸종 등으로 정리할 수 있다.

표 2.1.1 기후변화에 의한 생태계와 생물종에 미치는 영향

구분	기후변화 영향 사례	구성 인자
생태계 ecosystem	아고산 지역의 식생군락 고사 산호초와 해조류 군락의 변동 범람원을 비롯한 습지 생태계 교란 사막화 등 건조지역의 확대	생물종의 분포역 변화 생태계의 생물군집 구조 먹이사슬
생물종 species	벚나무의 개화시기 변화 양서류의 산란시기 박새의 번식률 감소	생물계절 외부형태 유전과 진화

기후변화는 이산화탄소(CO_2), 산화질소(NO_X), 메탄(CH_4), 프레온가스 등 자연계에 축적되어 있는 다양한 기체의 대기 중 농도 증가에서 비롯되고 있

다. 특히 인간에 의한 대기환경의 변화는 자연계에서 오랫동안 안정적인 상태를 유지하던 물질순환의 평형을 파괴하였으며, 이로 인해 지구와 우주 공간 사이에 주고받는 열 교환 체계의 평형파괴를 초래하였다. 물질순환의 왜곡과 기후변화는 민감한 생태계의 기능 저하와 생물다양성을 위협하여 많은 생물종을 멸종위기에 처하게 하고 있다.

1) 이산화탄소 농도와 지구 생태계

이산화탄소는 지구 탄생과 더불어 자연계에 널리 분포하고 있었으며, 초기 지구의 높은 이산화탄소 농도는 광합성 식물의 출현으로 점차 대기 중의 이산화탄소 농도를 감소시키고 산소의 농도를 높이게 되었다. 지구는 대략 46억 년 전에 탄생하였고, 바다 속의 유기물로부터 원시 생물체가 생겨난 것은 약 40억 년 전으로 알려졌다. 초기 지구의 대기에는 산소가 없었지만, 광합성을 하는 남조류(cyanbacteria) 등의 출현으로 대기 중 산소 농도가 점차 증가하여 인류의 생존에 적합한 대기 환경을 조성하는 데 기여하였다. 산소를 중심으로 지구를 둘러싼 오존층(O_3)이 형성되어 태양으로부터 유해 자외선의 유입을 막아 현재의 대기환경을 구성하였다. 안정된 기후환경으로 해양의 시아노박테리아와 더불어 육상부에도 생물체가 살 수 있게 되었으며, 식물이 땅에 뿌리를 내리게 되어 숲을 형성하였다. 습지, 하천과 더불어 숲 등이 형성되면서 동물도 생존하게 되어 육상 생태계가 온전한 모습을 갖추게 되었다(환경부·국립환경과학원, 2015). 즉, 46억 년 전의 지구 탄생과 함께 기후와 대기 환경, 토양층 형성을 통해 현재 인류의 생존기반을 마련하게 되었다.

기후변화의 원인으로 화석연료에 의한 이산화탄소 배출로 지목되면서, 많은 사람들은 이산화탄소를 무조건 나쁜 것으로 간주하는 경향이 있다. 자연계에서는 이산화탄소는 사람들의 건강에 피해를 주지 않는다. 그러나 인류가 불의 발명과 연소 활동을 통해 대기 중에 이산화탄소 농도를 높이면서 자연계 평형상태를 무너뜨리는 촉매역할을 하였다. 인간을 비롯한 모든 생물이 살아갈 수 있는 최적 온도를 유지하는 것은 이산화탄소, 수증기, 메탄 등 온실가스가 대기 중에 적절하게 구성되어 있기 때문이다. 만약 온실가스가 없다면 지표면에서 방사된 열은 지구의 대기층을 통과해 우주 공간으로 사라져 갈 것이고, 그러면 지구의 평균온도는 영하 19℃로 떨어져 생물종이 생존할 수 없는 지구환경이 될 것이다. 산업화 이후 인류는 화석연료인 석유와 석탄을 통해 이산화탄소를 대량으로 대기 중에 방출하였다. 인간의 개발사업으로 광합성 활동을 하는 산림공간이 감소하고 시가화 지역이나 도로면적이 증가하였다. 화석연료에 의한 이산화탄소의 대량 방출과 이산화탄소를 흡수할 수 있는 산림녹지공간의 감소는 인류를 비롯한 생물종의 생존을 위협하고 있다.

대기 중 이산화탄소의 농도가 증가하게 된 주된 원인은 석유, 석탄, 천연가스 등 화석연료의 대량 사용과 산림녹지공간의 파괴이다. 화석연료에 포함된 원소 가운데 탄소의 중량조성이 대략 70-90%로 가장 많고, 나머지는 수소, 산소, 질소, 유황 등으로 이루어져 있다. 석유와 석탄 등 화석연료를 연소시키면 탄소는 주로 이산화탄소로 변환하고, 수소는 물(H_2O)로, 질소는 질소분자나 산화질소로, 유황은 아황산가스로 배출된다(표 2.1.2).

표 2.1.2 화석연료의 연소 전·후 원소 성분과 배출물질

구분	탄소	원소	질소	황
연소 이전	탄소 원소 (C)	수소 원소 (H)	질소 원소 (N)	유황 원소 (S)
연소 이후	이산화탄소 (CO_2)	물 (H_2O)	산화질소 (NO_x)	아황산가스 (SO_2)

화석연료를 연소시켰을 때 발생하는 이산화탄소의 양은 소비한 화석연료 중량의 약 3배 정도로 늘어난다. 연소 이전의 원료물질 탄소에 비해 연소 이후 3배나 많은 이산화탄소가 발생한다. 연소 이전의 탄소(C)는 원자량이 12

이며, 탄소는 공기 중의 산소(O_2)와 반응하여 이산화탄소를 배출하는 데, 산소(O)의 원자량은 16인데, 2개의 산소원자로 인해 32의 중량을 지닌다. 따라서 이산화탄소(CO_2)의 중량은 44(12+32)로 탄소 원자량 12에 비해 3배 이상 높다. 예를 들어, 탄소함유율 85%의 원유 1톤을 연소시킬 경우, 얼마만큼의 이산화탄소가 배출되는지 생각해 보자. 원유 1톤 속에는 탄소가 0.85톤 포함되어 있다. 앞서 살펴본 원자량에 의해 탄소 1몰(12g)이 연소하면 이산화탄소 1몰(44g)이 생성되기 때문에 0.85톤의 탄소가 연소한다면, 약 3.1톤의 이산화탄소가 배출되는 것이다. 탄소함유율이 낮은 천연가스의 경우에도 연소된 천연가스의 2.75배 중량의 이산화탄소가 배출된다.

인간에 의한 산림파괴, 사막화 등 자연적인 토지자원 파괴도 대기 중의 이산화탄소 농도변화에 막대한 영향을 미친다. 지구상에 있는 식물과 토양 유기물은 약 2조 톤의 탄소를 함유하고 있다. 이는 대기 중의 이산화탄소가 함유한 탄소 중량의 3배에 해당한다. 산림을 훼손하고 도시를 건설하거나 농경지로 변환하면, 식물 속에 유기물로 고정되었던 탄소성분이 대기로 방출하게 된다. 벌목이나 버려진 식물체, 토양 잔재물에 함유된 탄소성분은 자연분해를 통해 대기 중 이산화탄소로 방출된다. 20세기 접어들면서 매년 약 700억톤이나 되는 이산화탄소가 토지피복 변화로 대기중에 방출되었다고 알려지고 있다(McGuire *et al.*, 2001). 근래 인구증가와 산업발전에 따른 산림과 습지 파괴, 환경오염 등으로 자연 생태계가 구조적으로 기능적으로 쇠퇴하고 있다. 특히 열대우림과 이탄층으로 이루어진 건강한 습지공간의 감소는 지구의 탄소순환에 있어 많은 탄소중량을 함유한 이탄층 습지에서의 이산화탄소 배출로 대기 중 이산화탄소 농도 증가와 관련되어 있다(권영한, 2007).

지구는 오랫동안 지구상에 생존한 많은 생물들과 물리적 환경요인과의 상호관계 아래 진화되면서 현재의 지구환경을 조성하였다. 46억 년 전 지구의 탄생과 더불어 광합성 식물의 출현과 대기환경의 변화, 산림생태계 형성, 생물다양성 유지 등을 통해 현재 인류문명을 이루어왔다. 우리들이 생활하는 지구의 대기환경과 토양, 생태계는 시아노박테리아를 비롯하여 녹색식물의 광합성과 생물종 간 상호작용에 의해 오랜 세월에 걸쳐 형성되었다. 그러나 산업혁명 이후 화석연료의 과다한 사용과 산림녹지공간의 훼손으로 지구의 환경기반이 되는 기후환경을 변화시키고 인류 위기를 자초하고 있다. 화석연료와 인간활동에 의한 대기 중 이산화탄소 농도 증가는 현재 생물종과 생태계 영향과 더불어 앞으로 더욱 심각할 것으로 예측하고 있다. IPCC에 따르면 지구온난화로 지구 생물종의 20-30%가 멸종하고 지리적 분포범위가 변하는 등 생물종과 생태계에 부정적이며 불가역적인 영향을 끼치게 될 것이다.

2) 기후변화와 식물사회

기후(climate)란 특정지역에서 오랜 기간 동안 반복되는 평균적인 날씨를 말하며, 대략 30년간 평균기상 상황을 의미한다. 기상법(제2조)에서는 "인간 활동이나 자연적인 요인으로 기상현상이 평균상태를 벗어나 상당기간 지속되는 것"을 기후변화(climate change)라 정의하고, 저탄소 녹색성장기본법(제2조)에서는 "사람의 활동으로 인하여 온실가스의 농도가 변함으로써 상당 기간 관찰되어 온 자연적인 기후변동에 추가적으로 일어나는 기후체계의 변화"를 지칭하고 있다. 기후변화는 대개 지구의 평균 기온(14-16℃)이 점차 상승하는 것으로 나타나고 있어 지구온난화와 동일한 의미로 사용되기도 한다. 지난 133년간(1880-2012년) 지구 평균 기온이 0.85℃(0.65-1.06℃) 상승하였으며, 현재 추세로 지속된다면 21세기 말(2081-2100년)의 지구 평균 기온은 3.7℃ 상승하고, 해수면은 63㎝ 상승하며, 강수량은 4.1-8.1% 증가할 것으로 예측하고 있다(환경부·국립환경과학원, 2015). 한반도의 경우 온실가스인 이산화탄소 배출량이 지구 평균값보다 높고, 대기 중 이산화탄소 농도 증가율은 전 지구 평균 증가율과 유사하게 나타났다. 우리나라의 연평균기온은 20세기 전 지구 평균변화보다 큰 상승세를 보여 1954-1999년 기간 동안 0.23℃/10년 증가율을 나타냈으나, 최근 1981-2010년 동안 0.41℃/10년, 2001-

2010년 동안에는 0.50℃/10년의 증가율로 최근 지구온난화가 더욱 심화되는 것을 알 수 있다.

기후변화의 발생원인은 자연적 요인과 인위적 요인으로 구분할 수 있다. 자연적 요인으로 10만년 주기로 반복되는 지구 공전궤도의 변화, 4만년 주기로 일어나는 지구 자전축 변화, 세차운동에 따른 태양 에너지의 변화 등이 있다. 세르비아 수학자이자 천문학자인 밀린코비치는 지구가 자전과 공전을 통해 공전 궤도의 이심율, 자전축 경사, 세차운동 등에 의해 태양에서 지구에 도달하는 복사 에너지의 양과 도달 위치를 변화시켜 지구 기후에 영향을 준다는 밀란코비치 주기(Milankovitch Cycle)를 제시하였다. 자연적 요인은 최근 갑작스럽게 나타난 것은 아니고 과거 지질시대에도 빙하기와 간빙기가 반복되었던 것은 바로 밀란코비치 주기 때문이며, 현재는 간빙기로 온화한 기후가 1만 년 정도 계속되고 있다. 그러나 최근에 나타난 지구 평균기온의 상승은 자연적 요인만으로 충분히 설명되지 않는 실정이다. 이로 인해 IPCC(기후변화정부간협의체)에서는 전 세계 기후변화 관련 과학자와 전문가 회의를 통해 5차례 걸친 평가보고서를 발간하였다. 평가보고서에 따르면 지난 133년간 화석연료 사용이나 산림파괴로 인류가 이산화탄소 등 온실가스를 배출하면서 온실효과 심화로 지표면의 온도가 상승하였다고 주장하고 있다.

지구 육지면은 많은 식물집단에 의해 덮혀 있는데 이를 식생(vegetation)이라 칭한다. 식생 분포는 기후, 지형, 토양, 육지와 해양 비율 등으로 규정할 수 있다. 지구에 생명체가 출현한 이후, 지구의 환경변화와 함께 생물종이 진화하였으며 식생 변화는 물론 이들을 생활터전으로 살아온 동물군집의 변화도 끊임없이 일어나고 있다. 생물종이 출현하여 종 분화를 통해 생태계의 다양성을 증진시켰으나, 최근 생물종의 멸종 속도가 과거에 비해 높아지고 있다. 과거 지질시대 변화에는 수천 년-수만 년에 걸쳐 천천히 발생하였던 지질학적 규모의 변화가 이산화탄소 농도 증가와 기후변화로 급격하게 빠르게 발생하고 있다. 동식물이 기후변화에 적응할 수 있는 시간이 없으며, 이로 인해 생물종의 멸종 속도가 빨라지고 있다. 과거의 기후변화 또는 환경변화의 기록은 몇몇 생태계에 잘 기록되어 있다. 대표적인 기후변화 기록물로 습지 이탄층과 호소 퇴적물을 제시할 수 있다. 습지의 이탄(peat)은 수천 년 내지 수만 년에 걸쳐 이루어진 장기간의 환경변화와 식생 변천과정을 기록하고 있어 이들 이탄층을 과학적으로 조사하면 과거 식생의 구성현황을 파악할 수 있다.

한반도의 대표적 식생으로는 소나무(*Pinus densiflora*)군락과 신갈나무(*Quercus mongolica*)군락을 제시할 수 있다. 소나무는 제주도를 포함한 한반도 전역, 북해도 일부 지역을 제외한 일본 전역, 북으로는 중국의 요동반도 황해 지역과 산동반도 일부지역, 러시아의 행카호(Khaka lake)에 이르는 지역에 분포한다. 한편 곰솔(*Pinus thunbergii*)은 경기도 중부(37° 50′) 이남의 해안, 일본의 해안과 도서 지역에 제한적으로 나타나고 있다. 소나무는 토양 양분이나 수분에 대한 요구도가 낮기 때문에 산의 능선 등 건조 지역, 척박한 곳에서도 큰 군락을 이루는 속성을 지니고 있다. 소나무는 평균기온 7.5-18.7℃인 한반도 지역에 주로 분포하며, 신갈나무는 한반도 중부지역의 냉온대 낙엽활엽수림대와 해발고도 700m 이상 고산지역에 주로 생육하고 있다. 한반도의 중부 냉온대 지역의 극상림 가운데 하나로 알려져 있으며, 신갈나무 군락의 분포지역은 대개 평균기온 3.5-14.0℃이다(국립생태원, 2014b).

기후변화는 산림생태계의 식생 구조와 기능변화를 일으킨다. 구조적 측면에서 식물의 생태적 지위가 변화하며 이로 인한 식생 분포가 바뀌게 된다. 산림식생의 변화는 이를 은신처, 번식지, 채식지로 이용하는 야생동물과 곤충의 분포와 종조성을 변화시킨다. 즉, 기후변화는 식물, 산림식생, 야생동물, 곤충 등에 연쇄적으로 영향을 미친다. 기온 상승으로 산림의 토양수분과 열수지가 변하며 임상에 떨어져 퇴적되는 낙엽층의 분해속도가 빨라지고 염류의 순환체계와 생산력에도 영향을 미칠 것이다. 즉, 식물의 잎 표면에서의 수분, 열 및 이산화탄소의 순환에 따른 생리적 반응에서부터 생장, 번식과정의 변화, 미생물 등을 포함한 생물군집의 종 조성 변화, 나아가 식생대 이동이 예상된다. 고생태학적 관점에서 기온상승에 따라 식생분포가 높은 곳으로 이동하고, 이때 많은 종이 사라졌다. 새로운 서식지로 이동이 어려우며 분포범위가 한정적인 종들은 멸종위기에 처하게 된다(국립생태원, 2014c).

한반도와 같이 산악지형이 많고 삼림이 주로 산악에 분포하고 있는 경우에는 식생대의 이동은 수평적인 것과 더불어 해발고도에 따른 수직적 이동도 중요하게 작용한다. 여기서 삼림(森林)이란 대개 평탄한 지형에 분포하고 있는 교목이나 관목군락으로 이루어진 식생대를 지칭하고, 산림(山林)이란 산악지형에 주로 나타나며 해발고도에 의해 낮은 저지대에서부터 고산지역까지 관목이나 교목이 생육하는 것을 말한다. 아고산대 지역에 분포하고 있는 침엽수림은 지형적으로 숲섬(forest island)으로 격리되어 기후변화에 따라 그 분포역이 점차 좁아질 것으로 예상된다. 과거 빙하기 당시 한반도 저지대를 중심으로 폭넓게 분포하였던 식생군락은 간빙기를 맞아 저지대의 기온이 상승함에 따라 위도에 따라 수평적으로 한반도 북부지역이나 러시아 연해주 지역으로 생육지역을 이동하거나 또는 수직적으로 해발고도에 따라 지리산, 설악산 등 고산지대로 이동하여 현재 숲섬을 이루고 있다(국립생태원, 2014b). 아고산지역에 분포하고 있는 구상나무, 전나무, 가문비나무, 분비나무 등은 향후 기후변화로 지구온난화가 심화되면 더 이상 해발고도가 높은 지역으로 이동할 수 없기 때문에 영향을 크게 받을 것으로 예상된다.

빙하기에 한반도로 유입되었던 식물 가운데 일부는 간빙기가 되면서 기온이 상승하자 한랭한 조건의 고위도 지방이나 고산지대로 피난처를 찾아 이동하여, 현재 한라산 정상부에 일부 식물종이 격리되어 분포하게 되었다. 예를 들어, 눈향나무, 돌매화나무, 시로미 등이 한라산 산정부에 생육하고 있는데, 지금과 같이 기온 상승이 지속된다면 이들 희귀 고산식물은 앞으로 생존하기 어려울 것이다. 한라산 정상부에 서식하는 생물은 기후요인, 환경조건 변화로 생육환경이 악화되고 있다. 기후요인으로 한랭한 기온, 짧은 생육일수, 강한 바람, 불규칙적인 적설 빈도, 심한 기온의 연교차 등을 제시할 수 있다. 한라산 정상부는 높은 해발고도로 강한 바람, 척박한 토양환경, 주기적인 결빙, 융해로 인한 지형간섭을 식물 생육환경으로 규정할 수 있다. 식물종마다 서식처 선택이나 생태적 특성이 상이하고 환경요인의 변화에 대한 생리적 반응도 상이하기 나타난다. 기후변화로 인한 식물종의 분포와 식생천이의 속도를 살펴보기 위해서는 출현 식물종에 따라 차별화된 접근이 필요하다.

기후요인과 식생분포간의 관계를 규명하기 위해 온난지수(warmth index, WI)와 한랭지수(coldness index, CI)를 이용하기도 한다. 지구온난화로 한반도에서 평균기온이 2℃ 가량 상승한다면, 2020-2030년경에는 제주도와 남해안 지역은 아열대 식생으로 천이되고, 한반도 중부지역은 난온대 상록활엽수림으로 변화될 것으로 전망된다. 한반도 북부지역은 대부분 온대 낙엽활엽수림으로 바뀌고, 현존하는 기존 아한대 침엽수림은 백두산을 중심으로 함경도 일부지역에만 분포할 것으로 예상된다.

2.1.2 지구온난화와 생물의 반응

지구온난화는 사람들이 사는 세상뿐만 아니라 동식물에게도 많은 영향을 끼치고 있다. 기후변화에 대한 생물종의 반응은 생물이 지닌 공통적인 생물학적 특성들을 통해 설명할 수 있으며, 특정한 생물종의 반응은 기후변화에 대한 생물의 내재적 민감성을 보여준다. 이산화탄소 농도의 증가, 기온상승과 강우패턴의 변화, 이상기후현상 등 기후변화는 생물종의 반응기작에 영향을 미치고, 이는 생물군집의 변화와 생태계 영향을 통해 궁극적으로 환경과 사회에 영향을 준다. 기후변화로 인한 생태환경의 변화는 생물종의 생리적 특성과 생태계 변동으로 구분할 수 있다.

환경변화가 생물의 성장과 번식 그리고 수명에 영향을 준다는 것은 많은 연구를 통해 잘 알려져 있는 사실이다. 구체적으로 제시하면 기후변화로 인해 이상기후 현상이 발생하고, 이로 인해 과거에 경험하지 못한 새로운 기후변화 효과로 나타날 것이다. 예를 들어, 온도 변화는 신진 대사량을 증가하거나 낮추어 성장 및 발달과정에 영향을 주는데, 특히 곤충이나 어류, 양서·파충류와 같은 변온동물들은 기온변화에 매우 민감하게 반응한다. 기후변화 영향과 취약성에 대응하는 수단으로 생물종은 자신의 생리적 특성을 변화시켜 기온이나 강우패턴 변화에 적응할 것이다.

생물종의 생리적인 적응 수단으로 성비, 외부형태, 생물계절, 식생천이, 진화와 멸종 등이 야기되며, 이로 인해 생태계 구조와 기능변화가 발생한다. 물리적 환경조건의 변화는 기후에 민감한 생태계에 영향을 미친다. 한반도의 도서지역이나 연안, 습지, 아고산대 생태계 변화는 식생군락의 쇠퇴와 아열대성 생물종 확산으로 나타날 것이다. 이와 같은 생태계 구조와 기능은 기후변화를 일으키는 원인이 되기도 한다. 일부 생물종은 변화된 기후환경에 적응하며 지속적으로 생존하지만, 일부 생물종은 멸종하고 새로운 생물종이나 종조성으로 인해 기후환경의 변화를 유도한다. 예를 들어, 활엽수림을 비롯한 삼림군락의 쇠퇴로 인해 물순환이나 탄소순환의 변화가 일어나고, 이로 인한 기온이나 강우량 변동이 발생하기도 한다(그림 2.1.1).

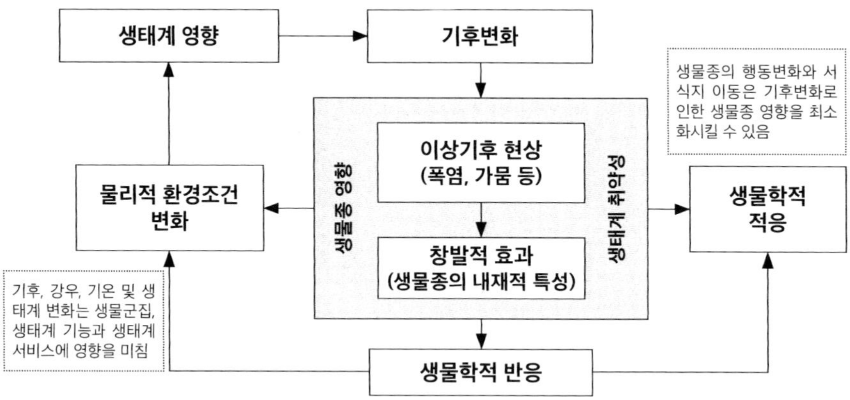

그림 2.1.1. 기후변화가 생물종 및 생태계에 미치는 영향

기후변화가 생물에 미치는 영향은 생산성, 먹이사슬, 생물계절, 분포역, 군집의 구조, 개체군 크기, 외부형태, 성비, 유전과 진화, 멸종에 이르기까지 다양하다. 이러한 영향으로 생물다양성이 감소하며, 기후변화에 대한 적응능력이 낮은 생물종은 멸종위기에 처하게 될 것이다. 지구 평균기온의 상승과 강수패턴 변화, 해수면 상승은 생물종의 생물계절 변화와 갯벌면적의 감소, 고산지역의 구상나무 군락지 위협 등으로 나타나고 있다(이현우, 2010). 기상청의 자료에 따르면, 1920년대 이후 2010년대 접어들면서 여름이 16일 증가하고 겨울은 19일 감소한다. 여름이 증가하고 겨울이 감소함에 따라 식물의 생육기가 늘어났으며, 서울의 벚꽃 개화는 과거에 비해 10일 가량 빨라졌다. 매화, 산수유, 개나리 등 봄꽃이 동시에 개화하고, 과수 재배지가 북상하는 것으로 나타나고 있다(환경부·국립환경과학원, 2010). 연안지역에서도 해수면 상승과 겨울철 기온상승으로 염생식물 발아시기가 빨라졌고, 해수온도 상승으로 홍조류의 비율이 높아지는 등 아열대성 해조상으로 변하고 있다.

지구온난화는 개화기, 개엽기, 동면타파, 철새이동, 산란 등 생물계절(phenology)에 큰 혼란을 초래하며, 생물다양성, 생물군집의 구성과 기능, 분포범위 등에 영향을 미친다. 단기적으로 기온상승은 새로운 종의 침입, 생산량과 호흡의 증가, 생육기 연장 등으로 나타난다. 서식지 훼손, 개체수 감소 등 이미 조사된 멸종위협 요인과 함께 기후변화 요인을 감안한다면 생물종의 취약성은 기존에 알려진 것보다 심각할 것이다. 세계자연보전연맹(IUCN)은 조류 37%, 양서류 60%, 산호초 79%가 기후변화에 취약하거나 또는 멸종위기에 처한 것으로 분석하였다(Foden *et al.*, 2008).

기후변화가 생물종의 분포와 생존에 미치는 영향을 기존 기후모델로 예측하는 것은 어려운 실정이다. 조사자료가 충분히 확보된 생물종이 적고, 산포능력, 종간경쟁, 종의 생태적 지위, 적응능력 같은 자료를 확보하기 어렵기 때문이다. 이와 같은 기후변화로 인한 생물종 예측의 어려움은 개별 생물종이 기후에 대해 동일한 방식으로 반응하지 않고 반응의 정도도 다르다는 점에 기인한다. 생물의 반응은 생활사, 생태, 행동, 생리, 유전 등의 다양한 생물학적 형질과 관련되어 있다. 생물종의 기후변화에 대한 반응은 생물종 내부의 다양한 형질들이 결합하여 나타난다. 이에 따라 기후변화에 대한 생물의 영향을 이해하고 구조를 파악하기 위해서는 기존 연구자료를 이용하여 기후변화가 생물에 미친 영향을 광범위하게 분석하는 작업이 선행되어야 한다. 기후변화 요인은 생물계절, 온도, 강우, 급격한 기상변화, 이산화탄소 농도로 분류할 수 있고, 기후변화가 생물종에 미치는 영향은 생물계절 주기의 비동조화 등 12가지로 분류할 수 있다(그림 2.1.2).

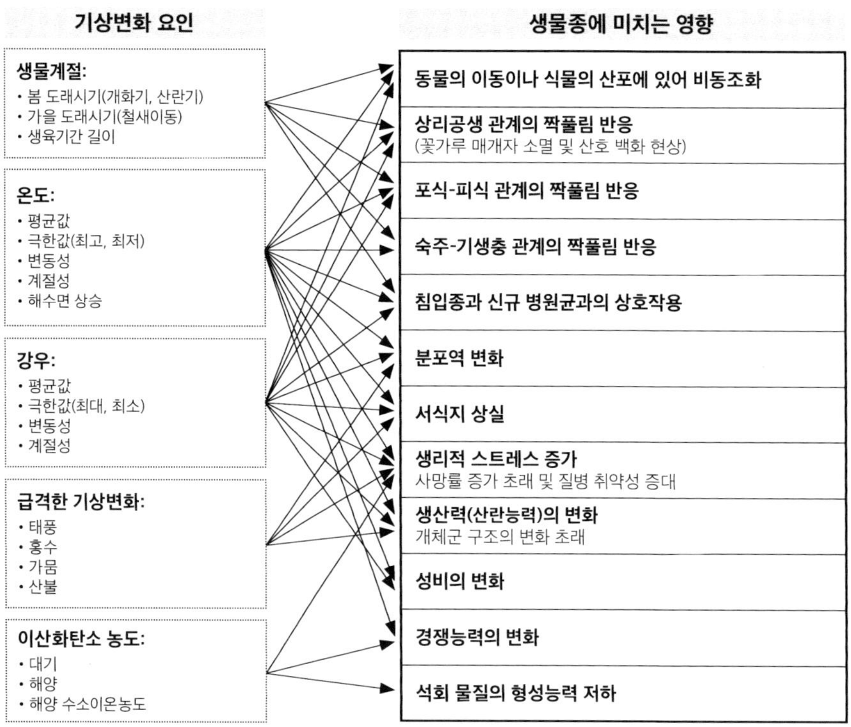

그림 2.1.2. 기후변화 영향요인과 생물반응 관계
자료출처: Foden *et al.*, 2008

1) 벚나무와 참나무 개화시기 변화

지구온난화는 개화기, 개엽기, 동면타파, 철새이동, 산란 등 생물계절(phenology)에 큰 혼란을 초래하며, 생물다양성, 생물군집의 구성과 기능, 분포범위 등에 영향을 미친다. 기후변화로 인한 평균기온 상승은 생태계 변화를 수반하며, 특히 식생의 분포와 생육범위에 영향을 미쳐 식생대가 달라지게 된다. 예를 들어, 기온상승과 강우패턴 변화로 토양수분이 바뀌게 되고, 열 수지와 토양 속 유기물의 분해 속도에 변화가 일어날 것이다. 기후변화는 이미 전 세계에 걸쳐 식생군락에 영향을 미치고 있으며, 지구온난화로 난온대 식생군락의 범위는 넓어지고 있지만, 추운 기후에 생육하는 아한대 식생군락의 범위는 줄어들고 있다.

봄철 식물의 개화 시기가 빨라지고, 가을에 낙엽을 떨어뜨리는 시기는 늦어져 생육기간이 연장되었다(이승호·이경미, 2003) 식물의 개화시기, 낙엽시기와 같은 생물계절은 기후 또는 날씨와 같은 환경요인과 관련되어 반복되는 현상이다. 세계적으로 많은 지역에서 기후변화와 관련하여 식물 개화시기와 낙엽시기 변화를 보고하고 있다. 기후학적으로 생육기간이란 식물이 생장할 수 있는 기간이다. 1959년부터 1996년까지 약 40년 동안 유럽에 있는 국제생물계절정원(IPG, International phenological garden)에서 식물의 변화경향을 관찰한 결과, 봄철의 발아, 개화 및 개엽시기가 10년에 평균 2.1일 단축되었고, 가을철의 단풍 및 낙엽 시기는 10년에 평균 1.6일 연장되었다(Menzel, 2000). 캐나다 에드먼턴에서 1936년부터 1996년까지 벚나무 종류의 개화기 변화를 분석한 결과, 10년에 평균 1.3일 빨라지고 있음을 밝히기도 하였다(Beaubien and Freeland, 2000).

생물계절은 기후 또는 날씨에 따라 주기적으로 나타나는 생물의 반응으로서 기후변화의 영향을 감지하는 중요한 지표이다. 일부 모순되는 결과가 나타나기도 하지만 장기간에 걸쳐 관찰한 생물계절현상은 여러 식물종에 있어 발아, 개화 시기가 점차 앞당겨지는 것을 관찰할 수 있다. 우리나라도 지구온난화의 영향으로 평균기온이 상승하고 겨울철이 짧아지고 여름철이 길어졌으며 봄철 개화시기가 빨라진 것으로 조사되었다. 한국과학기술연구원 환경연구센터는 연평균기온이 2℃ 상승하면 온대지방의 대표적인 수종인 신갈나무가 더 이상 한반도 전역에 걸쳐 분포하지 않고 지리산, 설악산, 오대산 일부 고산지역에만 분포할 것으로 예측되었다. 또한 구상나무, 분비나무, 가문비나무, 주목 등 아한대식물은 멸종될 것으로 예상되는 반면, 아열대성 수종인 동백나무와 후박나무 군락지는 크게 확장할 것으로 예측되었다.

우리나라의 기후변화 특징 가운데 하나는 봄철과 가을철이 줄어들고, 다른 계절에 비해 겨울철의 기온이 두드러지게 상승하는 현상이다. 겨울철 기온상승으로 나타날 수 있는 현상으로 봄철의 식물 개화시기를 단축하고, 이것은 이미 기상청 생물계절 관측자료에 의해 확인된 바 있다(이승호·이경미, 2003). 정재은 등(2005)은 기상청 서울관측소에서 관측한 1922년부터 1950년까지 왕벚나무 개화기와 기온자료를 이용하여 1955년부터 2004년까지 벚꽃 개화기의 연 변화를 서울의 기온자료에 근거하여 재현하였다. 벚꽃의 개화기 모형을 적용하여 1941년부터 2100년까지 도시효과가 보정된 기후자료를 적용하여 벚꽃 개화일을 계산한 결과, 최근(1971-2000) 개화일이 과거(1941-1970)에 비해 5.2일 당겨졌고, 가까운 미래(2011-2040)에는 평균 9일, 그리고 2041-2070년 기간에는 21일 단축될 것으로 추정되었다.

국립환경과학원(2010)에서는 서울지역의 평균기온 상승과 참나무류의 개엽시기 및 잎의 생장 완료시기를 살펴보았다(그림 2.1.3). 우리나라에 주로 생육하는 6종류의 참나무(신갈나무, 갈참나무, 졸참나무, 떡갈나무, 상수리나무, 굴참나무)를 대상으로 1996년부터 2009년까지 서울지역의 평균기온 상승(0.34℃)과 개엽시기 및 잎의 생장완료 시기를 비교분석한 결과, 참나무류의 개엽시기는 1996년 4월 16-30일이었으나, 2009년 4월 4-15일로 개엽시기가 12-15일 빨라졌다. 참나무류 잎 생장에 있어서도 과거 1996년에는 5월 14-28일에 생장시기가 완료되었으나, 2009년에는 4월 26-5월 8일로 1996

년 조사결과에 비해 18-20일 정도 빨라졌다.

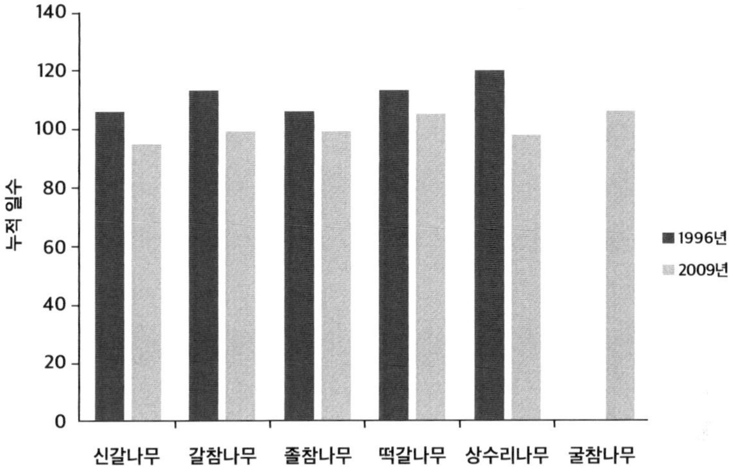

그림 2.1.3 서울지역의 1996년과 2009년 참나무류 개엽시기 비교
자료출처: 환경부·국립환경과학원, 2010

2) 기후변화로 인한 구상나무 고사

기후변화에 취약한 지역으로 높은 해발고도에 위치한 산림생태계를 제시할 수 있다. 지리산의 1,000m 이상 아고산지역의 구상나무군락을 항공사진과 위성영상으로 분석한 결과, 분포면적이 1981년 262ha이었으나, 2007년에는 216ha로 감소하였다(그림 2.1.4). 국립공원관리공단 2017년도 조사결과, 지리산 국립공원의 반야봉 일대에서 집단으로 고사한 구상나무 94그루를 분석한 결과, 50여 년에 걸쳐 기후변화로 인한 장기간 생육 스트레스가 누적되어 고사한 것으로 조사되었다. 국립공원관리공단에서는 반야봉 일대에서 고사한 구상나무 94그루의 원인분석을 위해 2017년 6월부터 6개월간 나이테 분석으로 과거 생육정보를 살펴보았다. 구상나무 94그루는 1960년부터 생육이 부진하였으

며, 그 가운데 84그루(89.4%)는 2000년 이후 고사하였다. 2000년 이후 고사된 84그루의 평균 수명은 69년이며, 최장 118년까지 생존한 것으로 밝혀졌고 70-80년생이 가장 높은 비율(41그루, 48.8%)을 차지하였다.

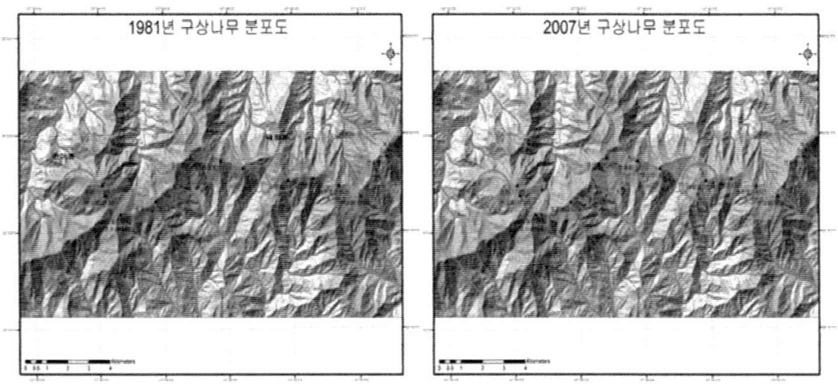

그림 2.1.4 지리산 구상나무 분포, 좌측 원: 반야봉, 우측 원: 덕평봉
자료출처: 환경부·국립환경과학원, 2010

구상나무 고사에 영향을 미친 기상요인은 겨울철 특히 2월 기온상승과 봄철인 3월 강우량 부족이 생육 스트레스로 작용하였다. 겨울철 2월의 기온 상승은 구상나무 생육부진과 높은 상관관계를 나타내고 있다. 2012년부터 2017년까지 6년간 지리산 반야봉 일대 2월 평균기온을 측정한 결과, 2012년 -9.1℃에서 2018년 -5.3℃로 연평균 약 0.76℃씩 상승하였다. 2월 기온상승이 겨울철 전반에 걸친 적설량 감소로 이어지고, 봄철에 눈이 녹으면서 토양에 공급되는 수분량이 부족해 구상나무 생육에 악영향을 미친 것으로 판단할 수 있다. 또한 지리산 반야봉 일대의 3월 강우량 부족도 구상나무 고사와 관련된 것으로 파악되었다. 2012년부터 2017년까지 6년간 지리산 반야봉 일대 3월 강우량을 측정한 결과, 강우량이 2012년 137.5㎜에서 2017년 22.5㎜로 연평균 약 23㎜ 감소하였으며, 강우량 감소로 토양에 함유된 수분 역시 6년

사이 약 16.5% 줄어들었다. 반야봉 일대의 강우량 부족이 토양 건조로 이어져 5월 초부터 생육을 시작하는 구상나무 생육에 부정적 영향을 미친 것으로 보인다. 향후 기후변화에 따른 봄철 기온상승으로 구상나무 생육시기가 앞당겨지며, 이른 봄 수분부족이 생육에 미치는 영향은 더욱 커질 것으로 예상되고 있다.

구상나무 사진 구상나무 고사목 사진

그림 2.1.5 지리산 반야봉 일대의 구상나무 및 고사목 사진
자료출처: 국립공원관리공단, 2018

생육 스트레스에 대한 정의는 식물의 생장이 전년 대비 40% 이상 감소하고, 3년 이상 지속되었을 때를 의미한다. 1960년대 이후 구상나무의 생육 스트레스를 그래프로 표현하였다(그림 2.1.6). 막대 그래프의 값이 클수록 해당 연도의 생육 스트레스 강도가 높다는 것을 나타낸다. 고사목은 잎이 모두 떨어지고 가지로만 남은 상태이다. 고사목과 건강하게 생육하는 구상나무를 선정하여 나이테 폭을 통한 고사과정과 고사연도를 확인하였다. 고사목의 생육과정을 파악하기 위해 샘플 횡단면을 수집하고, 나이테 관찰이 쉽도록 표면을 연마하여 나이테 자료를 확보하였다. 분석결과, 1960년대부터 구상나무 고사목의 생육 스트레스가 나타나며, 이후 50년 이상 지속되었다. 특히 1980년대 이후 생육 스트레스의 강도와 빈도가 급증하였다.

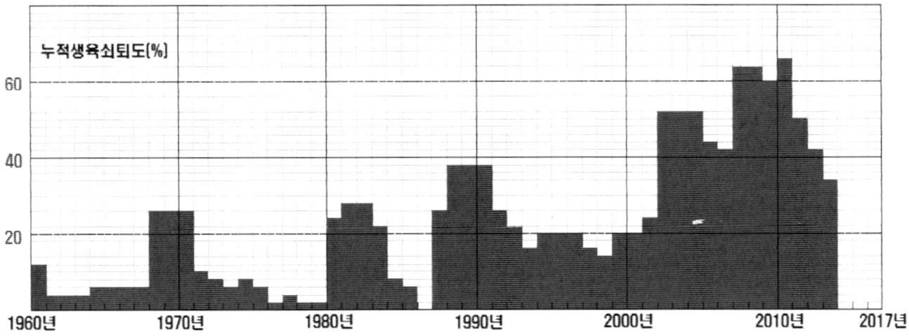

그림 2.1.6 지리산 반야봉 일대의 구상나무 고사목의 생육 스트레스 강도
자료출처: 국립공원관리공단, 2018

일명 크리스마스 트리(Christmas Tree)로 불리는 구상나무(Korean Fir, *Abies koreana*)는 우리나라 고유종인 상록침엽수로 세계자연보전연맹(IUCN)에서 멸종위기종으로 지정할 만큼 기후변화 등의 영향으로 생존을 위협받고 있다. 현재 지리산 반야봉 일대(1㎢)에는 15,000여 그루의 구상나무가 있으며, 이중 45%인 6,700여 그루가 고사한 것으로 추정되고 있다. 구상나무 분포범위가 줄어들 뿐만 아니라 생육밀도 역시 감소하고 있는데, 구상나무가 고사된 지역에는 경쟁식물인 신갈나무, 쇠물푸레나무 등으로 대체되고 있다. 지리산 반야봉 일대는 해발고도 1,732m로 기후변화에 민감한 아고산 식생대로 저지대에 비해 기온 상승폭이 크다. 구상나무 고사는 아고산 생태계의 상록침엽수림 보전 및 관리 필요성을 알려주고 있다.

3) 아열대 기후로의 변화

한반도의 자연생태계에서도 기후변화에 따른 생물종의 개화시기, 산란, 분포역 변화 등의 추세가 점차 밝혀지고 있다. 기후변화로 인한 생물종이나 생태계 변화는 오랜 기간의 조사를 통해 관찰하는 것이 필요하다. 그러나 아직까지 기후변화로 인한 생물종의 영향을 종합적으로 시도한 관찰조사는 부족한 실정이다. 국가 차원의 장기간에 걸친 생태환경 변화를 파악하기 위해

2004년부터 20개 연구지역에서 국가장기생태연구사업을 실시하고 있다. 육상, 담수, 연안 및 동물 등 4개 분야에 대한 생태계 변화를 파악하였는데, 2013년까지 총 10년에 걸쳐 지구온난화 등 환경변화에 대한 생태변화 조사 내용을 발표하였다. 국가장기생태연구 대상지역은 20개 지역(육상 8개, 담수 5개, 연안 4개, 동물 3개)으로 다음 그림 2.1.7과 같다.

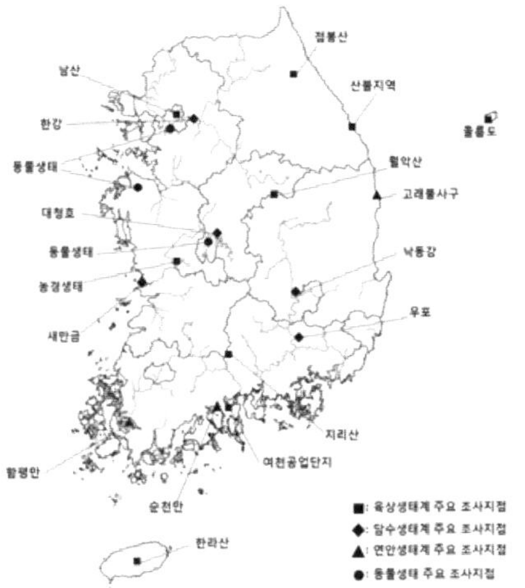

- **육상생태분야: 8개 지소**
  점봉산, 월악산, 지리산, 남산, 한라산, 삼척산불피해지, 여천공업단지, 농경생태
- **담수생태분야: 5개 지소**
  낙동강, 한강, 우포, 새만금, 대청호
- **연안생태분야: 4개 지소**
  함평만, 고래불사구, 순천만, 울릉도
- **동물생태분야: 3개 분류군**
  조류, 곤충류, 포유류

그림 2.1.7 국가장기생태연구사업 대상지 분포 현황

조사결과, 우리나라 생태환경은 기후변화로 2071년 이후 백두대간의 일부 고산지대를 제외한 지역이 아열대 식생군락과 생물군집으로 변화될 것으로 전망되었다. 아열대 기후인 연평균기온 16-18℃인 지역은 2011-2040년 제주도를 비롯한 남해안 일부로, 2041-2070년에는 제주도, 남해안, 서울, 대구 및 서해안 일부까지 확대될 전망이다. 강수량의 공간분포 전망에서도 연강수량이 1,600㎜ 이상인 지역이 현재 제주도와 남해안 일부지역이나, 2040년 이후에는 강원도 및 남해안, 제주도를 중심으로 점차 증가할 것으로 예상되었다.

국내 자연생태계는 기후환경 변화로 이상 징후를 보이고 있다. 외래해충이 유입되고, 식물의 개화시기와 이동성 철새의 텃새화 등이 나타나고 있다. 환경부에 의해 진행되고 있는 국가장기생태연구사업 결과, 지리산 소나무림에서 소나무 생육밀도는 감소하는 반면 난대성 수종은 증가하고 있다. 해발고도 대략 400m 지리산 남서부 지역의 전남 구례군 토지면 소나무숲의 변화를 2005년부터 2010년까지 모니터링한 결과, 우점종인 소나무는 감소하였고 난대 수종인 비목나무와 때죽나무 비율이 증가하였다. 2005년 조사에서 ha당 25개체로 분포하였던 비목나무는 2010년 115개체로 늘어났으며, 때죽나무는 90개체/ha에서 135개체/ha로 증가하였다(국립환경과학원, 2011). 반면 소나무는 89개체/ha에서 73개체/ha로 감소하였다(표 2.1.3).

표 2.1.3 지리산 소나무군락의 온대성 수종과 난대성 수종의 생육밀도 변화

구분		2005년 생육밀도	2010년 생육밀도	증감율
온대성	소나무	89 개체/ha	73 개체/ha	18% 감소
난대성	비목나무	25 개체/ha	115 개체/ha	460% 증가
	때죽나무	90 개체/ha	135 개체/ha	150% 증가

자료출처: 환경부, 2011

4) 기후변화 지표종인 북방산개구리 산란

양서류는 어류, 파충류와 같은 변온동물로 주변 기후환경에 영향을 많이 받는다. 일반적으로 양서류는 강수량 변화에 민감한 반면 파충류는 기온변화에 민감한 것으로 알려져 있다. 양서류의 종 다양성 변동은 번식기와 관련된 11월부터 4월까지의 강수량 변동과 상관관계가 있고, 특히 봄철 가뭄에 매우 민감한 반응을 보이고 있다. 반면 누룩뱀, 유혈목이 등 파충류는 강수량 변화보다는 연간 기온변동과 더 밀접한 양의 상관관계를 지니고 있다. 기후변화

가 동물의 분류군에 따라 상이한 영향을 주어 생태계의 균형유지와 구성원의 상호작용에 변화를 초래할 수 있다.

기후변화는 지구 평균기온의 상승과 강우패턴의 변화 등으로 나타나며, 피부호흡을 하는 양서류는 기후변화에 특히 민감하다. 양서류는 주변 온도의 영향을 받기 때문에 기후변화로 인한 기온상승과 강수패턴 변화와 관련이 높다. 변온동물인 양서류는 주변 온도와 습도에 의존하여 체온을 유지하며, 그에 따라 활동정도가 달라진다. 기후변화에 의해 기온이 상승하고 강우패턴이 바뀌면 양서류에게는 큰 스트레스로 작용한다. 이와 같은 환경변화에 대응하기 위해 많은 에너지를 소비하게 된다. 수환경에서 산란하여 알과 유생(올챙이) 단계를 거쳐 유체(어린 개구리)와 성체로 발달하는 양서류는 생활단계에 따라 기후변화의 영향을 받는 것으로 나타났다. 만일 개구리 개체수 변동이 일어나면 개구리를 먹이로 하는 파충류, 맹금류, 족제비류 등에도 영향을 주게 되어 연쇄적인 생태계 변화를 초래한다(박대식, 2014).

지구온난화에 의한 양서류 영향은 분포역 변화, 산란시기, 배아 및 유생의 발달속도 등 다양한 측면에서 나타나며, 이와 같은 영향은 야외에서 양서류 개체군 크기의 감소와 절멸로 이어지고 있다. 물과 땅을 모두 이용하는 양서류는 기후환경 변화에 매우 취약한 특성을 지니고 있다. 특히, 기후변화는 특수한 소규모 서식처에 살아가며, 이동성이 낮은 양서류들의 생존을 크게 위협한다. 조류와 포유류와 같이 이동성이 높은 생물종은 기후변화로 야기되는 지역적인 서식환경 변화에 서식지 이동과 같은 방법으로 대처할 수 있으나, 양서류는 이동거리에 제한이 있어 급격한 기온변화로 멸종에 처하게 된다. 환경오염과 서식처 훼손은 기후변화와 함께 양서류의 개체군 크기를 줄이고, 멸종위기에 처하게 하는 주요 요인으로 간주되었다. 오존층의 파괴로 인해 자외선이 유입되면서 고산지대를 중심으로 많은 양서류 배아의 기형발병이 증가하였다(박대식, 2014).

양서류는 먹이사슬에서 육상과 수생태계 군집의 연결고리가 되는 중요한 역할을 차지할 뿐만 아니라 다른 동물의 먹이자원으로서 생태계에 중요한 기능을 담당하고 있다. 또한 육지와 수환경을 함께 이용하기 때문에 개발사업이나 수질오염에 민감하게 반응하여 환경질을 측정하는 데 효과적이다. 특히 양서류의 경우 산란시기가 봄철에 집중되어 있으며 기후변화로 인한 봄철 기온변화와 강우패턴 변화로 개체군 변동이 예상된다. 환경부에서는 지구온난화로 북쪽으로 서식지를 넓혀가거나 우리나라에서 사라질 것으로 예상되며 지구상에서 멸종이 우려되는 대표적 생물종에 대해 기후변화 지표종으로 지정하였다(국립생물자원관, 2010a). 기후변화 지표종은 기후변화로 인해 산란활동, 분포역 및 개체군 크기 변화가 뚜렷하거나 뚜렷할 것으로 예상되어 지속적으로 조사·관리가 필요한 생물종을 지칭한다.

한반도에 서식하는 양서류 가운데 북방산개구리(*Rana dybowskii*)는 맹꽁이, 꼬리치레도롱뇽과 더불어 기후변화에 민감한 생물종으로 알려져 있다. 우리나라에 분포하는 산개구리류는 3종으로 북방산개구리, 계곡산개구리, 한국산개구리가 있다. 북방산개구리는 한반도 전역, 중국 동북부, 일본 대마도에 분포하는 종으로 산란시기는 보통 2-4월 사이이며, 암컷은 1년에 1개의 알덩어리를 낳는다. 우리 주변에서 흔히 관찰할 수 있는 양서류로 기후변화에 따른 변화상을 파악하는 데 용이하며, 특히 알덩어리(난괴)는 한 장소에서 오랜 시간동안 볼 수 있어 기후변화로 인한 생물종 모니터링에 널리 활용되고 있다(그림 2-1-8).

북방산개구리의 성체는 곤충, 거미와 같은 소형동물을 먹이자원으로 이용하고, 유생은 떨어진 낙엽이나 수초, 수서동물의 사체 등을 먹는다. 한편, 맹꽁이(*Kalula borealis*)는 7-8월 장마철에 일시적으로 형성되는 물웅덩이를 산란처로 이용하기 때문에 강우패턴 변화의 영향을 받고, 꼬리치레도롱뇽(*Onychodactylus koreanus*)은 수온이 낮고 용존산소가 풍부한 계곡에 산란하기 때문에 기후변화로 인한 기온과 수온상승으로 산란처가 줄어들 수 있다. 꼬리치레도롱뇽은 환경에 민감한 생물종이지만 한반도에 광역적으로 분포하지 않는다는 점과 특정지역을 제외하고 개체군의 크기가 크지 않으므로 기후변화를 모니터링하는 데 어려움이 있다.

북방산개구리

지리산 북방산개구리 산란 모니터링

그림 2.1.8 북방산개구리 및 산란 모니터링 사진

기후변화에 취약한 것으로 알려진 양서류는 기온상승, 강수패턴 변화, 해수면 상승에 따라 서식지가 줄어들거나 알, 유생, 유체, 성체 등 모든 생활단계에서 부정적 영향을 받을 것이다(박대식, 2014). 양서류와 기후변화의 관계를 살펴보기 위해서는 발육영점온도와 적산온도를 살펴볼 수 있다. 변온동물인 양서류는 온도에 민감한 동물로 온도가 너무 낮으면 동면(겨울잠), 너무 높으면 하면(여름잠)을 실시하는 경우가 많다. 특히 초봄의 온도는 양서류가 동면에서 깨어나는데 중요한 역할을 한다. 양서류 발육에 필요한 최저 온도의 한계점(발육이 시작되는 온도)을 발육영점이라 부르는데, 발육영점 이하의 온도에서는 양서류의 발육이 진행되지 않는다. 한편 적산온도는 일평균기온을 발육영점온도(기준온도, 북방산개구리 경우 5℃) 이상의 것만을 누적한 것을 말하며, 단위는 ℃일(degree day)로 나타낸다.

국립공원관리공단에서는 기후변화와 생태계 변화의 상관관계를 파악하기 위해 2010년부터 지리산을 비롯한 국립공원에서 북방산개구리의 산란시기를 관찰하였다. 지리산 조사지역에서의 북방산개구리의 산란시기는 2010년 2월 22일, 2011년과 2012년 2월 23일, 2013년 2월 4일, 2014년 2월 1일로 매년 산란시기가 빨라지고 있음을 확인할 수 있었다(국립공원관리공단, 2014). 그러나 2015년 조사에서는 가장 늦은 3월 4일로 조사되었고, 2016년 2월 16일, 그리고 2017년 2월 6일로 조사되었다. 북방산개구리의 첫 산란일은 적산온도가 발육에 필요한 최저온도(발육영점온도, 5℃) 이상이 되는 날(적산온도 시작일)과 매우 높은 상관관계를 갖고 있다. 적산온도란 앞서 살펴본 바와 같이 발육영점온도 이상인 날의 일 평균온도와 발육영점온도의 온도차이를 누적한 온도이다. 적산온도 시작일이 빨라지고 일정한 온도를 보이면 그 만큼 북방산개구리의 산란도 빨라진다. 그러나 겨울철 기온변동이 크면 산란일에 있어 규칙성이 떨어진다. 북방산개구리의 산란일이 일정하지 않으면, 곤충 등 먹이가 되는 다른 종의 출현시기와 맞지 않아 향후 개체수 감소로 이어질 수 있다. 또한 기후변화로 인한 기온상승으로 북방산개구리의 산란시기는 빨라질 것이다.

표 2.1.4 북방산개구리의 최근 8년(2010-2017) 첫 산란일과 적산온도 시작일

구분	첫 산란일	적산온도(기준 5℃) 시작일	비고
2010	2월 22일 (53일)	2월 25일 (56일)	
2011	2월 23일 (54일)	2월 27일 (58일)	
2012	2월 23일 (54일)	1월 20일 (20일)	
2013	2월 4일 (35일)	2월 1일 (32일)	
2014	2월 1일 (32일)	2월 2일 (33일)	가장 빠른 산란
2015	3월 4일 (63일)	3월 18일 (77일)	가장 늦은 산란
2016	2월 16일 (47일)	2월 12일 (43일)	
2017	2월 6일 (37일)	1월 6일 (6일)	
평균	2월 16일 (47일)	2월 10일 (41일)	

( )안의 숫자는 1월 1일을 1일차로 계산, 1년을 365일로 표현

국립공원관리공단에서 실시한 조사결과를 통해 북방산개구리는 일정기간 따뜻한 온도가 지속된 후 비가 내리면 산란을 시작하기 때문에 기후변화와 관계가 높은 생물종으로 간주할 수 있다. 봄철 일시적으로 날씨가 따뜻해지면 대부분의 개구리류는 봄으로 인식하여 산란을 시작하는 데, 기온이 떨어지면 동면에서 깨어난 북방산개구리와 산란한 알이 얼어 죽게 된다. 실제 무등산국립공원에서는 2014년 1월 말부터 2월 초까지 따뜻한 기온이 계속되면서 북방산개구리가 산란을 시작했는데, 그해 2월 3일부터 6일까지 기온이 최저 -6.6℃ 영하로 떨어지면서 수위가 낮은 곳에 산란된 알들은 얼어붙은 채 발견되었다(그림 2.1.9). 이와 같이 기후변화로 인해 산란일이 빨라졌다가 추위가 찾아오면 개구리 개체수는 줄어들게 된다. 다만 장기간의 모니터링을 통해 북방산개구리의 종내경쟁이나 서식처 자원분할에 의한 개체수 크기의 안정화 여부를 모니터링하는 것이 필요하다.

그림 2.1.9 추위로 인해 얼어붙은 북방산개구리 산란된 알(2014년 2월 무등산)

북방산개구리는 우리나라 전역에 분포하며 최근 기온 상승으로 산란시기가 점점 앞당겨지고 있다. 우리 조상들은 개구리 울음소리를 통해 새로운 봄을 맞이하며, 한 해 농사를 준비하였는데, 동면(겨울잠)하는 개구리가 깨어난다는 경칩은 대개 북방산개구리의 부화시기와 일치한다. 최근 기후변화에 의해 동면에서 일찍 깨어난 북방산개구리가 산란하면서 경칩 이전에 부화하는 사례가 빈번하게 일어난다. 다른 생물종에 비해 집단의 크기가 크고 급격한 기온변화로 봄철에 동사하는 점에서 북방산개구리는 기후변화에 대한 생리적 취약성을 지니고 있다. 즉, 북방산개구리의 산란시기가 앞당겨지고 있으나, 초봄의 급격한 온도변화로 많은 북방산개구리 개체가 얼어죽는 것이다. 북방산개구리는 한반도 중부 산간지역인 월악산에서 4월초부터 산란하지만, 제주도에서는 1월에도 산란하는 것으로 알려져 있다.

<읽을거리>

북방산개구리(Rana dybowskii)

전국에 걸쳐 분포하는 종으로 우리나라 거의 전 지역에서 관찰이 가능하다. 보통 3-4월에 동면에서 깨어나서 논, 웅덩이, 습지, 하천변 등 주로 정수역에 산란하며, 산란을 마친 성체는 다시 산으로 이동하여 생활하다가 9월경부터 동면을 위해 다시 주변 하천으로 모인다. 10월 하순부터 동면에 들어가고, 계곡물 속에 잠겨 있는 돌 밑이나 하천 가장자리 등에서 동면한다. 봄철 외부기온, 강우량 등이 산란시기를 결정하는 데 많은 영향을 주는 것으로 추정되며, 산란된 알이 올챙이로 변하고 변태를 마쳐 산으로 올라가는 시기는 약 60일 내외이며, 수명은 10년 내외로 알려져 있다. 활동지역은 산림 내 낙엽층, 통나무 밑, 돌 밑이고, 야간에 나와 먹이활동을 하는 것으로 알려져 있다(김종범·송재영, 2010)

5) 조류의 도래시기, 분포역 및 번식생태 변화

왜가리, 중대백로, 쇠백로 등 백로과 조류는 대부분 봄철에 우리나라에 도래하여 번식하고, 가을이면 월동지인 필리핀, 베트남, 인도네시아 등 동남아시아로 남하하는 여름철새로 알려져 있다. 그러나 최근에는 가을에도 남하하지 않고 국내에서 월동하며 텃새화하는 개체수가 늘어나고 있다. 백로과 조류의 월동 개체군을 조사한 결과, 2000년 1월 낙동강하구, 한강 등 전국 100개소의 습지 중 66개소에서 왜가리 1,248개체를 관찰하였는데, 2009년 1월에 전국 143개소 습지 가운데 116개소에서 2,247개체의 왜가리를 관찰하였다. 겨울철에도 왜가리 관찰비율이 66.0%(2000년)에서 81.1%(2009년)로 증가하였고, 개체수도 80.0% 늘어났다. 중대백로의 경우 2000년 1월에는 32개소 283개체 관찰된 반면, 2009년에는 50개소 942개체로 늘어났다.

표 2.1.5 백로과 조류인 왜가리, 중대백로의 월동개체군 증가

구분	2000년 조사결과	2009년 조사결과
왜가리	66개소 1,248개체	116개소 2,247개체
중대백로	32개소 283개체	50개소 942개체

백로과에 속하는 왜가리, 중대백로는 어류, 양서류 등의 동물성 먹이를 주로 먹는 조류로서 겨울철의 낮은 기온으로 주 서식지인 습지가 얼게 되면 먹이를 구하기 어렵기 때문에 대부분 아열대 또는 열대지방으로 이동하여 월동한다. 2009년 조사에서 중대백로와 왜가리 개체수가 늘어난 것은 많은 지역의 습지에서 물이 얼게 되는 결빙 지속일수가 짧아져서 겨울철에도 백로과 조류의 먹이사냥이 가능해졌기 때문이다. 대부분의 조류는 생존전략의 우선순위에서 최소의 에너지 사용과 최대의 효과를 얻기 위해 이동하는 데, 장거리 이동 없이 먹이활동을 할 수 있게 되면서 일부 백로과 조류가 겨울철에

도 한반도에 서식하고 있다(국립생물자원관, 2010b).

표 2.1.6 수 환경에 서식하는 생물종의 기후변화 위협요인과 영향

	위협요인	기후변화 영향
어류 fish	• 수온 증가 • 유속 및 용존산소 감소 • 환경오염물질 집중	• 냉수성 어종의 감소 (어류: 외온동물) • 수온에 따른 성비 변화 • 유량 감소로 인한 국지적 멸종 야기
저서성 대형무척추 macroinvertebrate	• 유속 및 용존산소 감소 • 하상 퇴적물	• 몸집이 작으며 짧은 생활사의 군집 선호 • 정수역을 좋아하는 무척추동물(파리목)이 유수역을 좋아하는 무척추동물(하루살이목)보다 우점
수생식물 macrophytes	• 수온 증가 • 이산화탄소 상승 • 유속 및 용존산소 감소	• 수생 식물의 생육범위 변화 • 식물 사이의 그늘진 공간에 대한 경쟁 심화 • 침수식물에 비해 부엽식물, 조류(algae)간 경쟁
식물성 플랑크톤 phytoplankton	• 수온 증가 • 이산화탄소 상승 • 유속 및 용존산소 감소 • 용존유기탄소 증가	• 1차 생산자 증대 • 과다한 1차 생산자로 인한 부영양화 발생 • 탁도 증가 • 탁도에 의한 성장 감소
물새(수조류) riverine birds	• 수온 증가 • 계절 변화(이른 봄철) • 이상기후	• 번식시기 확대 • 먹이자원 가용량 변화로 인한 비정상 상태 • 둥지 파괴
외래종 invasive species	• 복합적인 요인	• 외래종 증대 • 생물다양성 위협

까치의 번식생태에 있어서도 기후변화의 영향이 발견할 수 있다. 서울지역에 서식하는 까치의 번식생태를 1998년부터 2010년까지 관찰한 결과, 까치의 개체군 번식 성공도가 양적, 질적으로 높아지고 있는 것으로 밝혀졌다. 번식 성공도는 성조(어미 새)가 유조(어린 새)를 키우는 데 필요한 에너지와 새끼를 보호하는 데 사용되는 둥지재료, 먹이자원을 쉽게 확보할 수 있어 번식 성공도가 높아진다. 까치의 번식 성공도가 높아지는 것은 겨울철 및 초봄의 기온, 강수량, 일조량 변동이 개체군 크기에 영향을 준 것으로 판단된다. 기후변화로 아열대 곤충이 유입되고 식물의 생육기간 변화로 번식기 까치의 먹이환경을 개선한 것으로 예측되고 있다.

2.1.3 기후변화와 생물다양성 보전

기후변화는 도시화와 산업화로 인한 서식지 파괴, 밀렵과 남획과 더불어 21세기에 벌어지고 있는 생물다양성 위기를 초래한 주요 원인 중 하나이다. 수많은 생물종이 기후변화로 인해 생리학적 영향을 받는다. 일부 생물종은 생리적으로 기온상승에 매우 취약하다. 생물다양성은 기후변화에 노출되어 있으며, IPCC(2014) 보고서에 따르면 전 지구의 평균 기온이 1.5-2.5℃ 상승할 경우, 지금까지 평가대상에 포함되었던 동식물의 약 20-30%가 멸종할 가능성이 높고, 4℃ 이상 상승할 경우에는 전 지구에서 40% 이상의 생물종이 멸종으로 이어질 수 있다고 경고하였다.

생물종의 서식환경 변화에 많은 생물종은 해당 지역에서 진화를 통한 적응전략을 선택하거나, 해당지역에서 생존할 수 없을 때 다른 지역으로 이동전략을 찾게 된다. 만일 적응전략 또는 이동전략을 갖추지 못하면 해당 생물종은 멸종위기에 처하게 된다. 기후변화로 생물종이나 생태계에 어떤 영향이 발생할지를 예측하는 것은 어렵다. 또한 예측방법에 대한 충분한 과학적 지식이 마련되지 않은 실정에서는 더욱 힘든 실정이다. 다만, 고립된 도서지역이나 고산지대, 습지 등 환경변화에 취약한 지역을 중심으로 생물다양성에 심각한 영향이 있을 것으로 전망할 수 있다.

기후변화에 따른 종의 멸종 위기 및 생태계 교란 등 생물다양성에 심각한 영향이 우려되고 있다. 기온변화에 의한 식물의 개화 및 결실 시기, 분포지역, 해안지역의 습지면적 침수, 아고산지대의 식생군락 쇠퇴 등에 변화가 일어날 것이다. 또한 모든 생물종이 기온상승, 강우패턴 변화, 해수면 상승에 동일한 변화속도가 아니라 종에 따라 다양한 방향과 속도로 인해 포식-피식 관계, 숙주-기생충 관계, 상리공생 관계, 곤충에 의한 수분, 새에 의한 종자산포 등 생물간 상호관계에 탈동조화(Decoupling) 문제가 발생할 가능성이 높다. 유럽에서는 어미 새의 번식시기와 먹이인 곤충의 발생시기가 어긋나 새의 번식 및 성장률 저하로 개체수가 감소하는 지역도 나왔다는 보고가 있다 (Visser and Both, 2005; Both *et al.*, 2009).

생물의 번식에 기후변화가 부정적 영향을 미친다는 사례도 다수 제시되고 있다. 예를 들면, 북극곰은 해빙 위에서 숨을 쉬기 위해 수면 밖으로 얼굴을 내미는 바다표범을 사냥하기 때문에 얼음으로 덮인 바다는 생존을 위해 중요한 조건이 된다. 하지만 캐나다의 핸더슨만 조사 결과에 따르면 헨더슨만에 서식하는 북극곰은 암컷과 수컷이 모두 건강 악화로 체중이 감소하고 출산률도 떨어진 것으로 확인되었다. 그 이유로 1975년 이후 얼음이 녹는 속도가 빨라지면서 바다표범을 포획하는 시간이 길어져 충분한 영양을 섭취하지 못했을 가능성이 제기되었고, 이에 세계자연보전연맹(IUCN)에서는 2006년 북극곰을 적색목록종으로 등재하였다. 우리나라는 국립공원관리공단, 국립생물자원관, 국립생태원 등 국가기관과 많은 전문가에 의해 기후변화가 생물다양성에 미치는 영향을 파악하고 있으나, 아직까지 미흡한 실정이다. 일부 조사를 통해 기후변화와 생물종의 관계를 제시하였는데, 벚나무의 개화시기가 최근 100년 동안 2주 정도 빨리 나타나고 있으며, 열대 및 아열대 지역에 서식하는 곤충, 조류, 해조류 출현빈도가 한반도 지역에서 늘어나고 있다.

1) 산호초 백화현상

산호초(Coral Reef)는 폴립(polyp)으로 이루어진 생물인 산호(corals)가 암초(reefs)처럼 단단한 군집을 이룬 것을 말한다. 많은 사람들이 산호를 식물로 생각하는 경우가 있지만, 산호는 알을 낳는 하등 동물이다. 폴립과 주변의 유기체가 만들어내는 탄산칼슘($CaCO_3$)이 단단한 뼈대를 구성하면서, 산호초가 성장하여 큰 섬을 이룬다. 휴양지로 유명한 몰디브가 대표적인 산호섬이다. 수심 50㎝ 이내의 얕은 바다에 분포하고 있는 산호는 식물성 플랑크톤인 미세조류(microalgae)와 서로 공생한다. 산호 자체는 광합성을 하지 않지만, 자신의 배설물을 미세조류에게 거름으로 주고, 미세조류가 광합성을 통해 만들어내는 당분을 산호에게 제공한다. 미세조류는 산호에게 아름다운 색을 제공하는 역할을 한다.

산호초 생태계는 열대우림과 더불어 지구상 가장 생산성 높은 생태시스템 가운데 하나로서 생물다양성의 가치는 물론이고 5억 명이 넘는 사람들에게 식량과 자원을 공급하고 있다. 이와 같은 중요성에도 불구하고 산호초는 최근 매년 1-2% 수준으로 감소하고 있으며, 주요 원인으로 산호초 백화현상과 생물종 남획, 수질오염, 해양 산성화, 지구온난화 등이 제시되고 있다. 특히, 기후변화에 따른 기온상승과 해수온도 상승은 백화현상을 일으키는 원인으로 간주되고 있다. 전 세계 바다 산호초에서 나타나는 백화현상이 기후변화 영향으로 1980년대 이후 5배나 높아져 해양생태계의 위협요인이 되고 있다(Heron *et al.*, 2016). 백화현상은 산호에 붙어서 공생하며 영양분을 주고 받는 조류가 갑작스런 해수온도 상승으로 사라지면서 산호초 표면이 하얗게 드러나 보이는 현상으로, 심한 경우 산호 자체의 사멸로 이어져 해양생태계의 핵심지역인 산호초 지대를 황폐화시키게 된다.

해수온도가 30℃를 넘으면 미세조류의 활동이 떨어지게 되어 다채로운 색을 띠던 산호가 앙상한 골격만 남아 삭막한 흰색으로 변한다. 해수면의 온도가 기후변화로 인해 높아지면서 산호는 극심한 스트레스를 받으며, 이때 미세조류와 공생관계를 유지하지 못하고 떨어지게 된다. 미세조류가 산호에게 광합성을 통해 영양물질을 공급하였으나, 미세조류와 공생관계가 약화되면서 산호의 성장이 늦어지고 질병에 취약한 상태로 변한다. 이로 인해 산호초가 죽어가는 것을 산호초 백화(Coral Bleaching)라 하며, 전 세계 산호초의 70%가 이미 죽었거나 죽어가고 있다. 산호초는 어류 4천 종을 포함하여 바다생물의 3분의 1에게 보금자리와 먹을거리를 제공하기 때문에, 산호초 백화현상은 곧 바다의 파괴로 이어질 것이다. 세계자연유산인 호주 대산호초(The Great Barrier Reef)는 기후변화와 이상고온으로 백화현상이 발생하여 소멸되고 있다. 실험조사에 따르면 대기 중 이산화탄소 농도가 450ppm 이상에 도달하면, 산호초 생태계의 훼손속도가 더욱 높아질 것으로 전망되고 있다.

2) 해양 생물군집 변화

기후변화로 인해 해양 생물군집이 바뀌고 있다. 온대성 또는 아한대성 해조류가 감소하고 아열대성 해조류 군집이 늘어났으며, 제주 앞바다에서는 열대성 해양 와편모조류 미기록종이 관찰되었다. 와편모조류는 해양에서 대량으로 증식해 물빛이 붉은색으로 변하는 적조(Red Tide)를 일으키며, 일부 종은 독성물질을 생성하기도 한다. 20년 전에 제주도 근해에서 자주 관찰되었던 온대성 또는 아한대성 해조류인 쇠꼬리산말, 참빗풀, 참국수나물, 나도꿩꼬리, 석묵, 비단풀 등이 감소한 반면 이전에는 관찰되지 않았던 아열대성 해조류인 이끼좀대롱말, 납작서실, 바위버섯 등이 빈번하게 채집되었다(국립생물자원관, 2012). 국립생물자원관은 열대성 와편모조류의 출현과 아열대성 해조류 생물상 변화의 원인으로 열대 해역에서 북상하는 쿠로시오 해류의 지류인 대마난류수의 수온이 상승하여 제주도 주변으로 유입되면서 일어난 것으로 파악하고 있다. 또한 전남 함평만 갯벌 조간대의 해조류 군집이 수온상승으로 아열대성 해조류 군집으로 변화하고 있음을 알아냈다.

기후변화로 인한 해역의 생물군집을 통해 아열대 해조군집을 판독할 수 있다. 해조류 군집을 해석하는 지표로 3가지 방법이 있는데, 첫째 Segawa (1956)는 갈조류(P)에 대한 녹조류(C)의 비율(C/P)를 이용하여 한대지역은 0.4, 아열대지역은 1.5, 그 사이 값은 온대지역으로 구분하였다. 해조군집을 판독하는 두 번째 방법은 갈조류(P)에 대한 홍조류(R)의 비율(R/P ratio)을 사용하여 한대와 온대지역은 1.1, 열대지역은 4.3를 제시하고 있다. 셋째, 갈조류(P)에 대한 홍조류(R)와 녹조류(C)를 합한 값의 비율{(R+C)/P ratio}도 지표로 널리 이용하고 있다(Cheney, 1977). 갈조류에 대한 홍조류와 녹조류를 합한 값의 비율은 3보다 작을 때 온대성 내지 아한대성 해조류 군집을 갖는 것으로 평가하고, 3-6 사이에 있으면 아열대성 해조류 군집, 그리고 6 이상이면 열대성 해조류 군집으로 구분한다.

표 2.1.7 해조류의 구성비율을 이용한 해역 해조상 특성 구분

구분	(R+C)/P ratio	R/P ratio	C/P ratio
온대성/아한대성	3 이하	1.1	0.4
아열대성	3-6	-	1.5
열대성	6 이상	4.3	-

우리나라 연안해역의 수온상승과 해조류 군집 특성을 비교한 결과, 해수온도 상승으로 함평만 암반 조간대의 해조류상이 아열대성으로 변화하는 것을 관찰할 수 있었다. 수온이 상승하면 갈조류에 대한 홍조류의 비율이 높아지는데, 조사결과 함평만의 수온상승에 따라 갈조류에 대한 홍조류의 비율이 높아지고 있다. 함평만의 (R+C)/P 평균값은 4.08로 나타나 Cheney(1977)의 구분에 따라 함평만은 아열대성 해조류 군집으로 분류할 수 있으며, 특히 2008년과 2009년에는 4.5로 높아졌다.

표 2.1.8 함평만 지역의 해조류 군집비율(R/P, (R+C)/P) 변화

구분	2004	2005	2006	2007	2008	2009	평균
R/P	2.5	2.5	2.5	2.0	3.3	3.3	**2.68**
(R+C)/P	4.0	4.0	4.0	3.5	4.5	4.5	**4.08**

해수면 상승을 파악하고자 한강하구, 낙동강하구, 순천만 및 함평만에 대해 예측 모델링을 실시한 결과, 현재의 상황이 지속되면 해수면 상승으로 연안 생태계가 급격하게 변화될 것으로 예측되었다. 한강하구 등 4개 지역의 갯벌면적 변화를 모의 실험한 결과, 2050년부터 갯벌의 면적이 해수면 상승으로 감소하기 시작하여 2075년에 한강하구 갯벌은 99.3%(13,797ha, 여의도 면적의 16.27배), 함평만 갯벌은 20.2%(184ha, 여의도 면적의 0.22배), 순천만 갯벌은 7.8%(37ha, 여의도 면적의 0.04배), 낙동강하구 갯벌은 38.1%(742ha, 여의도 면적의 0.88배)가 감소할 것으로 조사되었다. 갯벌면적의 감소와 함께 내륙 지역도 해수면 상승으로 침수가 발생하여 전체적으로 내륙습지 감소가 나타나며 습지면적이 크게 감소할 것으로 전망된다.

3) 기후변화 생물지표 발굴과 평가

기후변화로 인한 생태계와 생물종에 미치는 영향을 파악하기 위해서는 기후변화에 취약한 생태계를 식별하고, 생물종의 민감성을 평가하는 것이 선행되어야 한다. 기후변화가 생물종에 미치는 영향평가기법은 국제자연보전연맹과 미국 환경보호청 등에서 개발하였다. 국제자연보전연맹에서 제시한 평가기법은 단순하고 적용이 편리한 것이 장점이며, 일상 생활에서 쉽게 접할 수 있는 일반종(generalist)과 희귀하거나 멸종위기에 처해 있는 특수종(specialist)에 공통적으로 적용할 수 있다. 한편 미국 환경보호청에서 개발한 평가기법은 매우 체계적으로 다수의 평가지표를 활용하며, 상당한 수준의 자

료가 확보된 일부 생물종에 대해 적용한다(이현우, 2010).

생물종의 생활사에 있어 멸종위기에 쉽게 처할 수 있는 매우 제한된 분포역(일부 지역에서만 관찰됨), 생활사(특정시기에만 출현하는 생물종), 번식체계(특정한 산란장소와 번식시기로 이루어진 생물종) 등으로 고려할 수 있다. 새로 태어난 어린 생물체가 기존 서식처에서 벗어나 기후변화로 변화된 새로운 적정 서식지로 이동하거나 산포능력을 지니고 있더라도 다른 몇 가지 요인으로 기후변화에 민감할 수 있다. 생물종의 내적 요인으로 새로운 서식지에 정착할 수 있는 능력에서 과거 서식지 범위를 벗어나 성공적으로 정착할 수 있는지 조사하여야 한다. 동물의 이동(migration), 식물의 산포(dispersal)를 가로막는 외적인 요인에는 지리적 장벽(산맥, 바다, 하천 등), 인간의 개발(농업, 벌목, 도시화, 건축물 등), 해당 종은 이동하거나 산포하였으나 먹이생물이 새로운 도착지에 서식하지 않거나 지연되어 도착하는 것 등이 있을 수 있다. 기후변화 민감성은 다음과 같은 생물종의 특성과 중복될 경우 더욱 심화된다. 첫째 번식율에 비해 사망률이 높은 생물종, 둘째 개체군의 크기가 작은 생물종, 셋째 병목 단계와 같이 극단적인 개체군 변동을 내재하고 있는 생물종, 넷째 긴 생활사를 갖춘 K-전략 생물종, 다섯째 근친교배 등으로 유전적 다양성이 낮은 생물종에서 기후변화 민감성은 높아진다.

표 2.1.9 생물종의 기후변화에 대한 민감성 식별 특성과 주요 내용

특성 그룹	주요 내용
특정한 서식지가 필요함	• 기후변화로 인해 변화하는 서식지에 대하여 보편종(generalist)이 덜 민감하고 특정 서식지를 선호하는 특수종(specialist)은 견디기 어렵다.
환경변화에 대한 내성범위가 낮음	• 강수량, 온도, 수소이온농도, 이산화탄소 농도 등 물리적으로 변화하는 데 생리적으로 내성이 좁은 종은 취약하다.

특성 그룹	주요 내용
기후변화로 교란될 특정한 환경신호에 의존함	• 많은 종들은 이동, 생식, 산란, 종자발아, 동면, 봄 활동 등을 위해 환경신호에 의존한다. 낮의 길이, 달의 주기 등은 기후변화의 영향을 받지 않지만, 강우와 온도는 기후변화의 영향을 받는다. 환경신호의 엇박자는 생존을 위한 먹이자원 획득 등 필수적인 생활과정에 불리하게 작용한다. 같은 종이라도 여러 개의 생활사 단계를 거치는 종, 암컷과 수컷 등에서 서로 다른 환경신호에 의존하는 경우에 취약성은 더욱 복잡해진다.
기후변화로 교란될 종간 상호작용에 의존함	• 포식자-먹이, 기생, 공생 등 종간 상호작용은 기후변화로 인해 한쪽이 감소하거나 생물계절의 엇박자가 발생할 때 영향을 받는다. 특정 먹이생물에만 의존하는 종에서 기후변화로 인해 취약해질 가능성이 높다.
새로운 서식지로 산포 또는 이동할 수 있는 능력이 부족함	• 현재 서식지는 점차 서식에 부적합해질 것이며, 이에 따라 생물종의 서식환경에 적합한 지역으로 이동하여야 하는 데 이동능력이나 산포능력이 부족한 종들은 기후변화에 취약하다.

산림청, 국립생물자원관에서는 기후변화 생물지표를 발굴할 때, 전문가의 직관적이고 경험적 판단에 의해 기후변화 지표생물종을 제시하였으나, 적합한 절차를 거치지 않고 임의로 선정할 경우 적절한 기후변화 대책을 수립하는 데 어려움이 나타날 수 있다. 이에 따라 기후변화 지표 생물종을 선정하면서 이후 모니터링과 재평가할 수 있는 체계를 마련하는 것이 필요하다. 다만 우리나라는 아직 생물종에 대한 조사자료가 충분치 않기 때문에 기후변화 영향에 대한 민감성, 멸종위험에 대한 취약성, 생물지표로서 용이성, 대표성, 정확성, 비용 등을 고려하여야 한다.

기후변화 생물지표를 선정하기 위해서는 다음 3가지 항목을 검토하여야 한다. 첫째 생물지표는 기후변화로 인한 모니터링을 실시하는 것이 중요하기 때문에 모니터링 적정성을 갖추어야 한다. 이를 위해 모니터링이 용이한 생물종을 선정하며, 생물종의 동정과 모니터링이 어려운 종은 가급적 배제한다. 둘째 생물종의 개체수와 서식지 분포현황을 토대로 기후변화에 따른 해당 생물종의 멸종위험 취약성을 살펴보아야 한다. 셋째 기후변화로 인한 생물종의 민감성을 살펴보기 위해 관련된 이해관계자, 전문가 의견을 수렴하고 최소한의 비용과 인력으로 최대의 효과를 얻을 수 있는 생물종별 기후변화 민감성 평가를 실시하여야 한다.

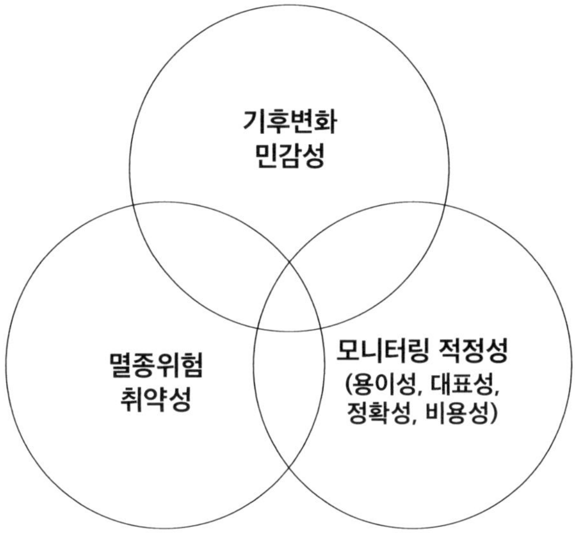

그림 2.1.10 기후변화 생물지표의 선정 조건

국립생물자원관에서 선정한 기후변화 생물지표 100종에는 기후요인에 민감한 일반종이 다수 포함되었다. 이를 통해 기후변화가 한반도 생물종의 분포에 미치는 영향 및 취약성에 대한 효율적인 감시 및 예측 방법을 마련하고자 하였다. 기후변화 생물지표(CBIS, Climate-sensitive Biological Indicator Species)는 기후변화로 인해 생물계절, 분포역 및 개체군 크기 변화가 뚜렷하거나 뚜렷할 것으로 예상되어 향후 지속적인 조사관리가 필요한 생물종이다.

다만 한반도 식생의 주요 식물종들이 다수 누락되었으나, 산림청에서 이와 관련된 식물종이 취약생물종으로 지정되어 산림청과 국립생물자원관의 상호 협조체계를 확립하여야 할 것이다.

표 2.1.10 기후변화 생물지표 100종 목록

구분			종수	대표 생물종
동물	척추동물	조류	14종	• 쇠백로, 박새, 큰기러기 등
		양서류	2종	• 맹꽁이, 북방산개구리
		어류	2종	• 금강모치, 연준모치
	무척추동물	극피동물	1종	• 빨강불가사리
		해면/자포동물	2종	• 큰수지맨드라미, 예쁜이해면
		연체동물	1종	• 오분자기
		절지(갑각류)	3종	• 청소새우 등
		절지(곤충)	21종	• 남방노랑나비 등
식물	관속식물	양치식물	7종	• 별고사리, 발풀고사리 등
		나자식물	5종	• 구상나무, 주목 등
		쌍자엽식물	30종	• 설앵초, 후박나무 등
		단자엽식물	2종	• 큰천담성, 큰두루미꽃
균계	균류	담자균류	5종	• 송이버섯, 능이버섯 등
원생생물	해조류	녹조류	1종	• 옥덩굴
		홍조류	2종	• 비단망사, 참빗풀
		갈조류	2종	• 주름뼈대그물바탕말
합계			100종	

국가 기후변화 생물지표 100종은 척추동물 18종, 무척추동물 28종, 식물 44종, 균류 및 해조류 10종으로 이루어졌다. 식물 가운데 구상나무와 설앵초는 한반도 고유종이면서 고산지역에만 생육하고 있어 기후온난화가 지속될 경우 한반도뿐만 아니라 지구상에서 멸종될 가능성이 높다. 한대성 생물로 뚜렷한 남방한계선을 보이는 만주송이풀, 북방아시아실잠자리, 어리대모꽃등에, 능이, 옥덩굴 등은 그 서식범위를 북쪽으로 이동하면서 우리나라에서는 사라질 것으로 전망되고 있다. 남방계 생물인 후박나무, 쇠백로, 검은큰따개비, 암끝검은표범나미, 멀꿀, 비단망사, 남방노랑나비 등은 북쪽으로 이동하면서 서식지를 넓혀가고 있는 대표종이다. 특히 후박나무는 기후변화로 인해 분포지의 북방한계선이 지난 60년간 전라북도 어청도에서 인천 덕적군도까지 북상하였다. 연체동물인 오분자기는 제주 인근해역에만 서식하였으나 난류에 의해 최근에는 남해안 지역으로 분포역이 확산되고 있다.

만주송이풀

북방아시아실잠자리

그림 2.1.11 기후변화 지표생물인 북방계 만주송이풀 및 북방아시아실잠자리

어리대모꽃등에　　　　능이

그림 2.1.12 기후변화 지표생물인 북방계 어리대모꽃등에 및 능이

지표종 가운데 설앵초(*Primula modesta* var. hannasanensis T. Yamaz)는 구상나무와 마찬가지로 제주, 경남의 고산지대에 생육하고 있으나 기후변화로 멸종위기에 처해 있다. 한반도 고유종이면서 고산식물로 기후변화에 의해 지구상에서 멸종될 위기에 처한 대표적인 지표종으로 구상나무, 설앵초를 제시할 수 있다. 또한 한대성 생물로 우리나라에서 사라질 것으로 예상되는 종으로 능이버섯, 어리대모꽃등에, 만주송이풀, 북방아시아실잠자리가 있다. 만주송이풀은 설악산 이북에서 자라는 북방계 고산식물로 꽃이 화려해 관찰이 용이하며, 기후변화로 개체군 축소가 예상된다. 북방계 잠자리인 북방아시아실잠자리는 남방한계선인 전북 무주에서 점차 북상하고, 북방계 곤충인 어리대모꽃등에는 전남 지방까지 출현하였지만 기후변화로 점차 북상할 것으로 전망된다. 마지막으로 능이버섯은 지리산과 속리산 이북에 분포하며, 기후변화로 분포지역이 축소되거나 북상할 것으로 예상된다.

2.2 기후변화와 자연재해

산업혁명이 시작된 18세기 후반에 약 280ppm이었던 대기 중의 이산화탄소 농도가 화석연료 사용의 급증으로 지속적으로 증가하여 최근에는 400 ppm을 초과하게 되었다. 대기 중 온실가스 농도 증가에 따른 전 지구 평균 지상기온은 지난 100년 동안에 약 0.85℃ 상승한 것으로 평가된다(IPCC 5차 보고서, 2014). 이러한 기온상승속도는 과거 지구역사에서 관측되는 빙하기에서 온난기로의 이행과정에서 확인되는 기온 상승속도(약 0.1℃/1000년)에 비하여 현저히 빠른 것이며, 이에 수반하여 지구상에는 다양한 형태의 이상기상현상이 빈발하여 물적·인적 피해가 1980년대 이후 급증하고 있다(그림 2.2.1).

지구상에서 모든 지역의 기후는 항상 변동하고 있는데, 경우에 따라서는 좀체 나타나기 어려운 현저하게 다른 조건의 기후가 나타나기도 한다. 이를 이상기상(기후)현상의 출현이라고 한다. 이상기상(기후)현상은 30년에 1회 정도의 빈도로 발생하여 농작물을 포함한 사회 전반에 걸쳐 재해를 유발한다. 이상기상현상은 각종 기상 요소 값이 정규분포를 한다고 가정하였을 때에 특정 시기에 나타난 값이 표준편차의 2배 이상 벗어난 것을 지칭하기도 한다(기상데이터 매뉴얼, 1998). 이상기상현상의 발생빈도는 기후변화의 영향으로 최근에는 4-5년에 1회의 비율로 빈도가 높아지고 있으며, 이상기상의 규모도 증폭되고 있다. 뿐만 아니라 기후에 큰 영향을 미치는 자연 진동현상인 엘니뇨(라니냐), 북극진동 등도 더욱 강화되고 있어서 가뭄과 홍수, 열파와 한파와 같은 극한 기상현상이 자주 출현하여 농산물 생산을 포함한 사회 전반에 피해를 끼쳐 사회 불안을 심화시키고 있다.

최근에도 2014년부터 시작된 가뭄이 지금까지 이어지면서 농작물의 생산량과 품질에 피해를 가져오고 식수와 용수 부족, 산불 다발, 하천 녹조 심화, 산림 생태계 파괴 등의 문제를 발생시키고 있다. 또 2015년 겨울에는 슈퍼 엘니뇨의 영향으로 초겨울에 강우가 이어지고 이상 고온현상이 나타나서 시금치 등의 겨울 채소에 큰 피해를 입혔고, 상주와 영동 등의 곶감 생산에 심대한 영향을 끼쳤다. 이를 계기로 기상재해에 따른 농가의 소득 불안정 해소 방안을 마련해야 한다는 요구가 농민단체와 국회로부터 제기되기도 하였다(농업정책보험금융원, 2016). 이상 기상현상의 증가는 기상정보에 대한 중요성을 인식하는 계기를 가져와서 기상산업이 새로운 블루오션으로 부상하는 이유가 되고 있다. 지구온난화로 인한 기후변화에 수반된 이상기상현상의 급증으로 1980년대 이전에 전 세계에서 발생한 기상재해의 규모는 2천 억 달러에 채 미치지 않았지만 최근에는 1조 달러를 상회하는 것으로 평가된다. 전 세계적으로도 기상 관련 산업은 블루오션 시장으로 주목받고 있다. 세계경제포럼(WEF)에 따르면 향후 10년간 기후변화로 인해 전 세계적으로 2500억 달러의 추가적 경제손실이 예상되고 있다. 실제로 미국 상무부에 따르면 기상에 민감한 산업의 GDP 비중은 42%에 달하고, 모든 산업의 70% 이상이 직간접적으로 기상에 영향을 받는다고 한다. 이에 대비해야 할 사회적 요구가 대두됨에 따라서 기상정보를 적극 활용한 기상산업은 다양한 분야의 산업과 국가경쟁력을 좌우하는 필수적 자산으로 빠르게 자리를 잡고 있다(기상청 실용기상기후학, 2012).

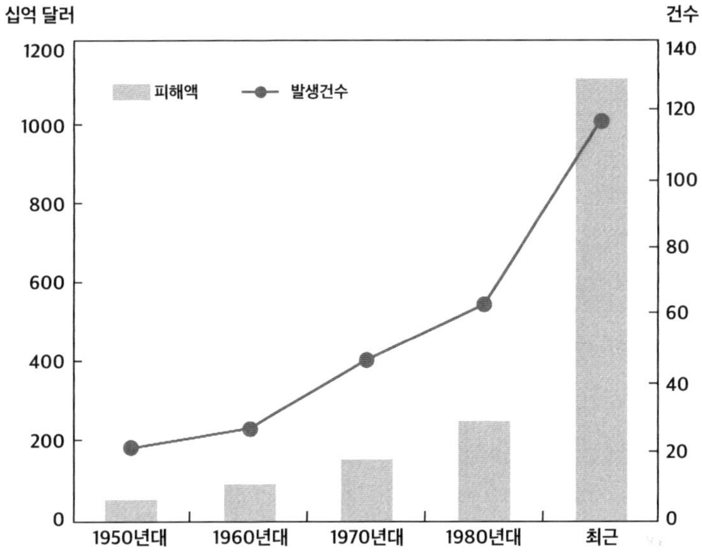

그림 2.2.1 기상재해 발생 건수 및 피해액
출처: Munich Re, "Topics Geo Annual Review: Natural catastrophes 2005",
기상청, "실용기상기후학" 재인용

전 세계적으로 발생하는 자연재해로 인한 경제적 손실 비중을 요인별로 살펴보면 가장 큰 비중을 차지하는 것이 강풍(50.97%)과 홍수(34.44%)로 인한 피해이다. 그 뒤를 가뭄(7.11%), 혹한과 혹서(3.69%), 산불(3.16%) 등이 차지한다(그림 2.2.2). 이 자료로부터 기상재해의 대부분은 강풍과 홍수에 기인한다는 것을 알 수 있다. 강풍과 홍수를 유발하는 가장 대표적인 기상현상은 태풍이기에 태풍의 활동이 기상재해의 규모를 결정하는 가장 중요한 요인임을 알 수 있다. 장기간에 걸친 태풍활동 자료와 태풍활동의 장래 예측은 기상재해의 피해를 예측하는 데에 가장 중요한 요인이 된다(기후변화영향평가 및 적응시스템 구축 I, 2005).

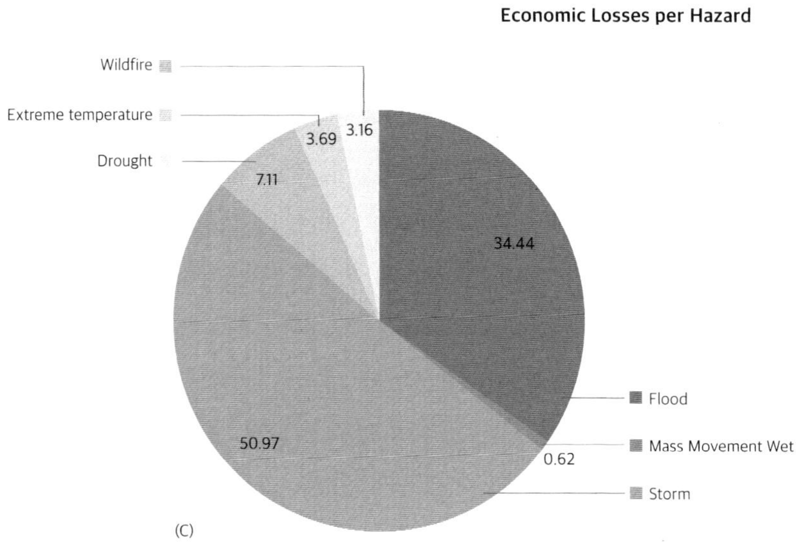

그림 2.2.2 최근 40년(1970-2009) 동안에 발생한 자연재해에 따른 재산 손실의 비중.
(자료출처: WMO/CRED Report of Mortality and Economic Losses Related to Climate Extremes (2012))

이상기상현상은 기후변화의 진척이 더욱 빨라질 21세기 중·후반에는 그 빈도와 강도가 더욱 높아질 것으로 예상되며, 그로 인한 피해도 훨씬 더 커질 것으로 예상된다(표 2.2.1). 예상되는 대규모 기상재해는 사회 안정성을 크게 훼손할 것으로 예상되는데, 이에 대한 적절한 대응정책(adaptation)은 사회 안정망을 높이는 것이다. 사회 안정망의 강화는 각종 시설에 대한 안전기준의 강화와 피해에 대한 적정한 보상체제를 갖추는 것으로 나누어 생각할 수 있으며, 피해에 대한 적정한 보상체제는 정부의 직접 보상뿐만 아니라 기상재해보험의 발전을 통하여 보완될 수 있다.

표 2.2.1 21세기에 예상되는 이상기후와 주요 영향

<table>
<tr><th colspan="2">21세기에 예상되는
이상기후현상과 발생가능성</th><th>예상되는 주요 영향</th></tr>
<tr><td rowspan="3">단순한 이상기후</td><td>최고기온의 상승</td><td>• 고령자와 도시 빈곤층의 사망률 및 중증질환 발생률 증가
• 가축 및 야생동물에 대한 고온 스트레스 증가
• 여행 목적지 변경
• 농작물 피해 위험 증가
• 전기 냉방 수요 증가 및 에너지 공급 안정성 훼손</td></tr>
<tr><td>최저기온의 상승</td><td>• 한파 영향 인명 피해 감소
• 곡물에 대한 피해와 이익의 발생 증가 (곡물별 다른 영향)
• 전염병 매개 병원 충 증가
• 난방 에너지 수요 감소</td></tr>
<tr><td>집중호우 증가</td><td>• 홍수, 산사태, 눈사태 등의 자연재해 증가
• 토양부식 심화
• 정부 및 민간 홍수 보험 및 재난구조 시스템 수요 증가</td></tr>
<tr><td rowspan="5">복잡한 이상기후</td><td>폭염과 가뭄 피해 증가</td><td>• 곡물 생산량과 품질의 감소
• 수자원의 양과 질의 악화
• 산불 화재 발생 증가</td></tr>
<tr><td>태풍활동증가
(풍속과 강수량의 증가)</td><td>• 인명(생명, 질병)과 물적 재산 피해 증가
• 연안침식과 연안 기반시설 피해 증가
• 양식과 연안 생태계 환경 피해 증가</td></tr>
<tr><td>자연주기 진동 현상
(엘니뇨 등)의 강화로
가뭄과 홍수의 심화</td><td>• 농산물, 목축업 생산성 하락
• 한발 지역의 수력발전량 감소</td></tr>
<tr><td>아시아 여름 몬순활동의
변동성 증가</td><td>• 홍수와 한발 규모 확대로 그와 연관된 산업 피해 증가</td></tr>
<tr><td>중위도지역의
폭풍 강도 증가</td><td>• 인간생명 및 건강 위험 증가
• 물적 자산과 사회 간접자본 손실 증가
• 연안 생태환경 피해 증가</td></tr>
</table>

자료출처: 한국환경정책평가연구원, 2005, 「기후변화 영향평가 및 적응시스템 I」

기상재해를 유발하는 호우와 강풍을 동시에 가져오는 것이 태풍이다. 그래서 우리나라에서 나타나는 기상재해의 상당 부분은 태풍과 관련된다. 실제로 정부가 지난 1995년부터 2004년까지 국내에서 발생한 자연재해를 분석한 결과 태풍은 국내 자연재해의 60.9%를 차지할 정도로 피해를 많이 내고 있다. 태풍 관련 피해액만 10년간 13조 원에 이를 정도로 태풍으로 인한 피해는 심각한 상황이다.

우리나라에 상륙한 태풍 중에서 인명피해가 가장 컸던 태풍은 1999년의 태풍 올가로 모두 30명이 사망하거나 실종됐고, 재산피해가 컸던 태풍은 3797억400만원의 피해를 낸 2002년의 태풍 루사였다. 태풍으로 인한 우리나라의 인명과 재산 피해를 살펴보면 다음과 같다(표 2.2.2).

표 2.2.2 우리나라의 태풍으로 인한 인명피해와 재산피해 순위(1904-2009)

인명				재산			
순위	발생일	태풍명	사망·실종(명)	순위	발생일	태풍명	피해액(억원)
1	‘36.8.20-28	3693호	1,232	1	‘02.8.30-9.01	루사(RUSA)	51,479
2	‘23.8.11-14	2353호	1,157	2	‘03.9.12-9.13	매미(MAEMI)	42.225
3	‘59.9.15-18	사라(SARAH)	849	3	‘06.7.09-7.29	에위니아(EWINIAR)	18,344
4	‘72.8.19-20	베티(BETTY)	550	4	‘99.7.23-8.04	올가(OLGA)	10,490
5	‘25.7.15-18	2560호	516	5	‘95.8.19-8.30	재니스(JANIS)	4,562
6	‘14.9.07-13	1428호	432	6	‘87.7.15-7.16	셀마(THELMA)	3,913
7	‘33.8.03-05	3383호	415	7	‘98.9.29-10.01	예니(YANNI)	2,749
8	‘87.7.15-16	셀마(THELMA)	343	8	‘00.8.23-9.01	프라피룬(PRAPIROON)	2,521
9	‘34.7.20-24	3486호	265	9	‘91.8.22-8.26	글래디스(GLADYS)	2,357
10	‘02.8.30-9.01	루사(RUSA)	246	10	‘07.9.13-9.18	나리(NARI)	1,592

자료출처: 기상청·국가태풍센터, 2011. 태풍백서

1904년부터 2009년까지 106년간 우리나라가 태풍으로 인해 입은 총 피해는 사망 또는 실종이 6,005명, 재산피해액 140,232억 원으로 연평균 사망 실종이 57명, 재산피해액이 약 1,336억 원에 이른다(기상청·국가태풍센터, 2011, 태풍백서). 표 3에 지난 106년간 우리나라에서 발생한 태풍피해를 인명과 재산 순으로 표시한 것이다. 재산피해는 1987년에 발생하였던 THELMA(셀마)를 제외하고는 모두 1990년대 이후에 발생한 것이다. 더욱이 2000년대 이후에 발생한 태풍이 5개나 포함되어 있는 것에서 알 수 있듯이 최근에 올수록 태풍으로 인한 재산피해가 급증하고 있는 것을 알 수 있다. 이는 기후변화로 인한 해수온도 상승의 영향으로 태풍의 강도가 강해진 것에도 원인이 있지만, 최근의 급속한 도시화와 각종 산업시설의 집적화(단지화)로 유수지 등이 감소하여 태풍 시에 강우량의 지표 유출량이 증가하는 것에도 기인한다(기상청 태풍백서, 2011). 반면에 인명피해는 1987년의 THELMA와 2002년의 RUSA(루사)를 제외하고는 1980년대 이전에 많이 발생하였다.

최근 태풍활동의 장래전망에 관한 연구에 의하면, 한반도로 훨씬 강한 태풍이 자주 영향을 미치게 될 것이라는 보고가 있으며, 매우 강한 태풍인 슈퍼태풍이 한반도로 상륙해올 가능성도 제기되고 있다.

이 문제와 관련하여, 2015년에 국립기상과학원의 최기선 박사 등이 1977년 이후 발생한 태풍을 대상으로 분석해 지구과학회지에 발표한 논문(최기선, 2015)을 보면, 1999년 이후부터 태풍이 최대 강도를 나타내는 위도가 증가한 것으로 분석됐다. 1999-2013년의 태풍들은 1977-1998년의 태풍들보다 열대 및 아열대 북서태평양의 북서해역에서 많이 발생해 태풍이 발생한 지점의 위도도 증가했다.

태풍의 진로도 1998년까지의 태풍들은 주로 필리핀 동쪽 먼 해상으로부터 인도차이나반도를 향해 서쪽으로 이동하거나 일본 동쪽 먼 해상으로 북상하는 경향을 보인 반면, 1999년 이후 태풍들은 주로 동아시아 중위도 지역으로 북상하는 패턴을 나타내 훨씬 고위도로 이동하는 경향을 보인 것으로 분석됐다.

또 서울대 지구환경과학부 허창회 교수 연구팀이 기후변화정부간협의체(IPCC)의 제5차 기후변화평가보고서에 활용된 20여 개 기후모델의 결과를 바탕으로 미래 열대 사이클론 활동을 예측한 것을 보면, 북대서양을 통과하는 허리케인의 빈도는 앞선 연구들과 마찬가지로 감소하는 경향을 보일 것으로 나타났다. 하지만 이와 반대로 북서태평양 해역의 태풍, 특히 동아시아의 중위도 지역인 한국과 일본에 상륙하는 태풍의 빈도는 증가할 것으로 예측됐다. 강도는 강화되더라도 빈도에는 큰 변화가 없을 것이라거나 오히려 줄어들 것으로 제시됐던 앞선 다른 연구 결과들과 다르게, 미래로 갈수록 한반도가 더 자주 더 강한 태풍의 위협에 시달리게 되리라는 우울한 전망이다.

슈퍼태풍의 한반도 내습 가능성도 제기되고 있다. 슈퍼태풍이란 초속 67m 이상의 속도로, 1000mm 이상의 호우를 동반하는 태풍을 말한다. 특히 최근 들어 카트리나 급의 태풍이 한반도를 강타할 것이라는 우려가 일고 있다. 태풍은 주로 8월부터 9월까지 한반도에 영향을 미치며 매년 많은 피해를 낸다. 일부에서 조만간 한반도에 슈퍼태풍이 불어 닥칠 것이라는 우려가 일면서 태풍에 대한 경각심이 더욱 커지고 있다. 일부 기상학자들은 기상관측 시나리오를 통해 슈퍼태풍의 한반도 강타시기를 시뮬레이션으로 실험한 결과 2030년이나 2100년 쯤 나타날 것으로 예상했다.

2014년 미국 위스콘신대학의 제임스 코신 교수와 그의 동료 과학자들은 1982년부터 2012년 사이에 발생한 태풍을 포함한 열대 사이클론 자료를 재분석해 전 지구적으로 발생한 열대 사이클론이 이동 중 최대 강도에 도달한 위도가 10년마다 북반구에서는 53㎞씩, 남반구에서는 62㎞씩 극 방향으로 이동한 사실을 발견했다고 학계에 알렸다. 당시 학술저널 <네이처>에 실은 연구 논문에서 이들은 대기 상하층 바람의 연직시어 변화, 해수면 온도로 대표되는 폭풍 잠재강도의 변화, 열대구역의 확장 등을 이동을 불러온 원인으로 지목했다.

제주대 태풍연구센터 소장인 문일주 교수 연구팀이 1975년부터 2012년까지 38년간을 19년씩 전·후반기로 나누어 북서태평양의 태풍과 슈퍼태풍 발생 빈도를 분석해본 결과, 태풍의 연평균 발생 빈도는 전반기 25.1회에서 후반기 24.6회로 2% 감소한 것으로 나타났으나, 슈퍼태풍의 발생은 태풍이 주로 발달하는 해역의 해양 열용량 증가 등의 영향으로 전반기 연평균 2.9회에서 후반기 연평균 4.4회로 52%나 증가한 것으로 분석됐다.

슈퍼태풍 상태로 한반도에 상륙한 태풍이 없어 한반도에 영향을 준 태풍 중에 최성기 때 슈퍼태풍 급으로 발달했던 태풍의 발생 빈도를 따져봤더니 전반기 연평균 0.58회에서 후반기 연평균 0.68회로 18% 증가한 것으로 나타났다. 1975년 이후 40년 동안의 북서태평양에서 발생한 슈퍼태풍의 도달 위도를 따져봤더니, 가장 많은 태풍이 도달한 위도는 전반기 북위 17도에서 후반기 21도5분으로 4도5분 북상했고, 최고 북상 위도는 전반기 북위 28도에서 후반기 34도로 6도 북상한 것으로 나타났다. 위도 1도가 110㎞이니, 북쪽으로 660㎞ 치고 올라온 셈이다. 문일주 교수가 미국 해양대기청(NOAA)의 1979년부터 2014년까지의 바닷물 수온 자료를 분석한 것을 보면, 필리핀 동부에서 한반도 주변까지 이어지는 해역은 북서태평양에서 발생한 태풍이 이동하는 해역 가운데서도 특히 빠른 수온 상승세를 보이고 있다. 태풍의 발달과 소멸에 결정적 영향을 미치는 대기 상층과 하층 바람의 차이인 연직시어의 장기적 변화도 갈수록 한반도 주변을 태풍 발달에 좋은 환경으로 바꾸는 방향으로 움직이고 있다. 이처럼 이들이 슈퍼태풍의 위험성을 경고하고 나선 것은 지구온난화와 관련이 깊다. 태풍은 발생한 지역의 해수면의 온도에 큰 영향을 받으며 수온이 높을수록 강력한 에너지를 발생시키는 특성을 갖고 있다. 특히 한반도 인근 지역의 해수면 온도가 꾸준히 상승하고 있는 만큼 위험성이 높다는 것이다.

태풍으로 인한 인적, 물적 피해는 태풍의 규모와 사회의 안정 망 구축 정도로 결정된다. 같은 규모의 태풍 활동이라고 하더라도 사회 안전망 수준에 따라서 피해 규모는 크게 달라진다. 한편으로 사회적 부가 축적되고 인구 밀도가 높은 지역은 그렇지 않은 지역에 비하여 피해 규모가 확대될 수도 있다. 따라서 태풍으로 인한 피해 예측은 태풍활동도 평가(기상학적 영역)와 그에 따른 사회 안전 수준 평가(경제적, 공학적 영역)를 종합하여야 가능할 것이다.

<읽을거리>

기후변화와 슈퍼태풍의 한반도 상륙

2010년 9월1일에서 2일에 걸쳐 우리나라 서해를 따라 북상한 후에 강화도와 서울을 지나 동해로 빠져 나간 태풍 곤파스로 인해 농작물, 교통 그리고 인명에 적지 않은 피해를 입었다. 곤파스가 우리나라를 지나갈 때 관측된 풍속은 서해안에서 40-50m/s였고, 수도권을 지나갈 때는 세력이 약화되어 20-30m/s에 지나지 않았다.

그럼에도 수도권의 지하철이 멈추고, 바람에 날린 건축자재에 사상자가 발생하였으며, 서해안에서는 과수단지의 낙과율이 심한 곳에서는 40%에 이르는 곳도 있었다. 다행히 곤파스는 바람만 다소 강하고 강수량은 적은 풍 태풍이었기 때문에 태풍의 북상 시에 우려하였던 것에 비하면 피해 정도가 적었다.

만약에 곤파스의 풍속이 2배 정도 더 강하고, 강우량도 10배 정도 더 많았다면 어떠하였을까? 그리고 곤파스의 이동속도마저 느려서 태풍이 한반도에 머문 시간이 반나절 정도가 아니라 허리케인 카트리나처럼 수일 정도로 길었다면 어떠하였을까? 이에 대한 답은 언급하지 않는 것이 오히려 속 편할 것이다.

이런 가정을 해보는 이유는, 오늘날 이런 무시무시한 태풍(슈퍼 태풍)의 도래가 멀지않은 장래에 우리나라에 현실로 닥칠 것이라는 경고를 기상학자들이 내어 놓고 있기 때문이다.

지구온난화로 지난 100년 동안에 지구의 평균기온이 약 0.74℃ 상승하였고, 태풍이 발생하여 북상해 오는 해역인 저위도 서태평양의 수온도 약 0.5℃ 상승하였다. 그런데 IPCC 4차 보고서(2007)에 의하면, 기온과 해수온의 상승속도는 최근에 올수록 훨씬 가파르게 빨라지고 있다.

최근 25년 동안에 발생한 온도상승이 그 이전의 100년 동안에 나타난 것과 비슷한 정도이다. 이러한 가속도는 앞으로 더욱 가파르게 진행될 것이라는 점에 전문가들의 견해가 일치하고 있다. 우리나라 기상연구소가 1904-2100년까지의 한반도 기후변화를 분석한 '한반도 기후 100년의 변화와 미래전망' 보고서에 따르면, 지난 100년간 한반도의 평균기온은 지구평균보다 2배 이상 올랐고 금세기 말까지는 더욱 빠르게 기온이 상승하여 현재보다 6.5℃ 정도 더 올라갈 것으로 예상하였다.

또 일본기상연구소의 기토(鬼頭) 박사도 기후예측 모델을 이용하여 작성된 기후변화시나리오를 근거로, 동아시아 지역의 온도는 금세기 말까지 현재보다 20% 정도 추가로 상승할 가능성이 높다는 사실과, 해수온도의 상승으로 태풍의 에너지원인 수증기량이 증가해 태풍의 강도가 더욱 거세질 것으로 예측하였다. 이 외에도, 전 세계에서 나온 대부분의 기후변화 예측에 관한 보고서는 태풍의 발생빈도에는 큰 변화가 없든가 오히려 감소할 가능성이 높지만 태풍의 강도는 강해질 것이라는 점에 동의하고 있다.

기후변화는 해수온도를 상승시키는 것에 머물지 않고, 전 세계에 이상기상을 가져오는 엘니뇨와 라니냐의 발생빈도와 강도를 강화시킬 것이라고도 한다. 특히 엘니뇨의 발생은 태풍의 활동에 큰 영향을 미친다.

엘니뇨 발생 시에는 태풍이 발생하는 영역이 수온이 높아진 북태평양의 보다 동쪽으로 이동하고, 수온이 높은 해역을 오랜 기간 지나면서 강화되어 우리나라 부근으로 이동해 오기 때문에 태풍의 강도가 강해지는 경향을 보인다. 또 지구온난화로 북태평양 고기압은 금년과 같이 9-10월이 되어도 약해지지 않아, 마치 7-8월의 한 여름과 같은 기상패턴을 유지하게 될 것이다. 그래서 과거엔 가을 태풍은 대부분 일본 열도 이남으로 지나갔지만 이제부터는 가을 태풍이 한반도로 상륙하기 적합한 기상조건이 유지될 것이다.

태풍이 곤파스처럼 한반도의 보다 북쪽으로 상륙해 가게 되어 피해 영역도 한반도 전역에 미치게 될 것이다. 이런 조건이 갖추어지면 마치 2005년 9월에 미국 동부 뉴올리언스 일대를 초토화시켰던 허리케인 카트리나 급의 슈퍼태풍이 한반도를 강타하게 될 것이다. 슈퍼태풍이란 초속 67m 이상의 풍속과 하루 1,000mm 이상의 비를 쏟아내는 초대형 태풍을 말한다.

가을에 이런 파괴적인 슈퍼태풍이 찾아오게 된다면 농작물 생산은 극심한 불안정 상태를 보일 것이다. 도로, 댐, 철로, 교량과 같은 사회 인프라와 건축물들은 견뎌내지 못하게 된다. 예로서, 슈퍼 태풍으로 하루 1,000-1,200mm의 강우가 발생하면, 국내 최대 규모를 자랑하는 소양강댐이 붕괴될 것으로 우려된다.

소양강댐은 최대 632mm 이상의 강우량에 대비하도록 설계되어 있다. 지난 2005년 일부 언론을 통해 공개된 '한강권역 댐 비상대처계획(Emergency Action Plan, 이하 EPA)' 시뮬레이션에 따르면 소양강댐이 붕괴될 경우 넘쳐나는 물은 5시간이 채 되지 않아 서울에 도착하게 된다. 이후 9시간 동안 한강 수위가 계속 불어나 결국 강원도를 비롯하여 서울 경기 인천지역의 47개 시군구가 전부 '물바다'가 된다.

정부는 이를 대비하기 위해 2004년 8월부터 소양강댐 보조 여수로 공사를 진행하고 있지만, 공사가 완료되어도 하루 810mm 정도의 강우량을 지탱할 수 있는 수준이라고 한다. 아직까지 우리나라는 하루에 1,000mm급의 강우량에 대비할 대책은 사실상 없는 셈이다.

오늘날 기후변화의 문제는 금세기 내에 인류가 해결해 내어야만 하는 숙제로 대두되어 있다. 전 세계가 기후변화에 대처하고자 하는 방법은 크게 3가지로 나누어 볼 수 있다.

첫째는 기후변화를 가져온 원인을 제거하자는 것이다. 즉, 온실가스 배출량을 금세기 중반 이내에 1990년 대비 50-60% 감축하여, 대기 중의 온실가스 농도를 450ppm 이내로 안정화 시키는 것이다. 이를 위해서는 화석연료 사용을 줄여야 하는 데, 신재생에너지의 개발과 에너지 효율의 향상 그리고 에너지를 적게 사용하면서 살아가는 생활의 혁신을 달성해야한다.

두 번째는 온실가스 배출량 감축에 최선의 성과를 달성한다고 하더라도 온실가스가 대기 중에서 사라지지 않고 머무는 시간이 100년 이상으로 길기 때문에 적어도 금세기 말까지 대기 중의 온실가스 농도는 지속적으로 증가해 갈 것이기에 기후변화의 진행은 막을 수가 없다. 따라서 각 지역별로 기후변화의 시대에 적응해서 살아갈 수 있는 대응책을 찾는 일이다.

세 번째는 기후변화 시대에 대응할 기술과 자금을 갖지 못한 개도국에 대한 선진국의 지원이다. 선진국은 기후변화로 인한 자연재해에 무방비로 노출되어 고통을 받고, 에너지 저효율 발전시설에 의존하고 있는 개도국을 도와야 한다는 점이다.

우리나라는 여전히 온실가스 감축의 문제에만 매달려 있는 것으로 보이는데, 두 번째와 세 번째 문제를 간과해서는 안 된다. 기후변화로 인한 피해는 사전에 적응 노력을 얼마나 하였는가에 따라서 많이 달라진다. 그 예로서, 2003년 태풍 매미가 일본과 한국을 번갈아가며 상륙했을 때 한국은 사망 131명, 이재민 1만 1천여 명, 재산피해 4조 7천억 원의 엄청난 손실을 불러왔다. 하지만 일본은 더 센 강도의 태풍 매미를 맞으면서도 사망 1명, 중상 1명, 재산 피해 500억 원에 그쳤다. 국격은 국가의 경제적 경쟁력에 앞서 자연재해 앞에 초라해 지지 않을 수 있는 사회의 안전에서 우선 찾을 수 있어야 한다.

신재생에너지 저널 (2010년 10월호)

2.3 기후변화와 환경오염

기후변화는 기후현상의 변화만이 아니라 대기, 수질, 토양, 해양과 육지의 생태계 등에 악영향을 미쳐 다양한 환경 문제를 유발하게 된다. 여기서는 지구온난화가 진척됨에 따라서 더욱 심각해질 수 있는 대기오염의 문제를 소개한다. 최근 우리나라는 난방 연료의 소비가 많은 겨울철이면 북풍계열의 바람에 실려서 중국내륙지역에서 우리나라로 수송되어오는 미세먼지와 우리나라에서 발생한 미세먼지가 합쳐져서 심각한 수준의 고농도 대기오염이 발생하고 있다(그림 2.3.1).

기후학자들은 장래에는 기후변화로 대기 환기 능력이 떨어지기 때문에 미세먼지 발생량을 대폭 감축하지 못한다면 동아시아의 대기 질이 더욱 악화될 수 있다고 경고하고 있다. 이 문제를 생각해 보자.

지구에서 부는 바람은 지구자전에 의한 전향력의 영향으로 북반구에서는 바람을 등지고 섰을 때에 우측이 고기압, 좌측이 저기압이 되어야한다. 남반구에서는 북반구와 반대로 바람을 등지고 섰을 때에 좌측이 고기압, 우측이 저기압이 된다. 이러한 원리로 지구 상공의 바람은 북반구와 남반구 모두에서 서풍이 불게 된다. 한편 풍속은 기압의 공간구배가 클수록 빠르다. 즉, 동일고도에서 고·저위도간에 기온 차이가 작아질수록 기압차가 작아져서 풍속도 느려진다. 우리나라 상공의 풍속이 겨울에 비해서 여름에 약한 건 이런 원리에 기인한다. 최근 동아시아의 고농도 미세먼지 발생의 원인 중의 하나로 북극의 급격한 기온상승이 지목되고 있다(그림 2.3.2). 기후변화로 고·저위도간의 기온차가 줄어들어 바람이 약해졌고 그 결과로 이 지역에서 발생한 많은 양의 미세먼지가 동쪽 해상으로 수송되지 못한 채 정체하게 되었다.

지구온난화로 인한 지구의 기온상승은 고위도일수록 빠르게 나타나는 것으로 평가된다. 고위도일수록 기온상승이 빠르게 나타나는 주요 이유는 고위도에는 지구온난화에 수반하여 설빙면적 감소가 동시에 나타나는 것에 있다. 설빙면적의 감소로 지표면의 태양복사에너지 반사율이 감소되면 결국 지표의 태양복사에너지 흡수량이 증가하여 온도가 더 많이 상승하게 되는 것이다. 그래서 지구온난화가 더욱 진행되는 장래에는 대기정체 현상은 더욱 심각해질 것으로 예상된다. 중국 난징대학의 랴오홍 교수 연구팀은 이에 관한 연구를 수행하여 2017년 3월에 <네이처 기후변화>에 연구논문을 게재한 바 있다. 이 연구에서 그들은 1950-1999년의 기후와 인간이 현재 상태로 온실가스를 계속 배출하는 경우를 가정한 경우에 2050-2099년에 예상되는 기후변화를 전 세계적으로 사용되고 있는 15개의 기후모델로 분석했다. 그 결과 극심한 고농도 미세먼지 사건이 발생하였던 2013년 1월만큼의 고농도 스모그가 발생하기 좋은 기상 조건이 발생할 수 있는 빈도가 현재보다 약 50%, 그러한 기상조건이 지속되는 시간은 약 80%나 증가할 수 있다는 결론에 도달했다.

그림 2.3.1 고농도 미세먼지로 혼탁해진 도시의 대기환경

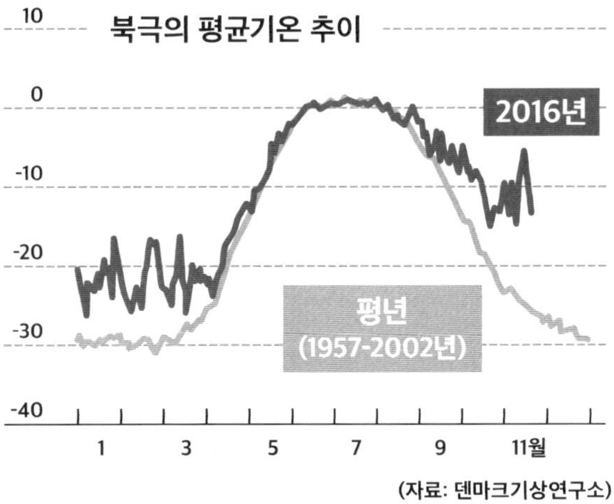

그림 2.3.2 겨울철 고위도 지역의 급격한 기온상승 현상

제3장

기후변화와 국제사회 대응

3.1 기후변화와 지속가능한 발전

3.1.1 지속가능한 발전의 개념과 원칙

환경문제는 자원의 채취에서 운반, 사용 및 처리에 이르기까지 전 단계에 걸쳐 일어나며 그것도 경제활동의 원리에 따라 체계적이고 연속적으로 일어나는 문제이다. 즉, 경제규모가 커지고 과학기술의 활용을 통한 경쟁력 제고를 추구하는 과정에서 발생하는 현대산업사회의 대량생산과 대량소비가 곧 환경문제를 야기했고 그 규모가 커짐에 따라 환경문제도 심화되었다. 선진국에서 환경에 대한 위기의식이 본격적으로 제기된 것은 1960년대이고 이에 따라 관련 행정기구와 법률을 확충하기 시작한 것은 1970년대부터다. 흔히 언론에 의해 널리 알려진 런던의 스모그 사건, LA 스모그사건, 그리고 러브커낼(Love Canal)사건, 이타이이타이병 등의 환경사건들이 직접적인 계기가 되어 선진국들로부터 관심과 대책을 강구하도록 하였던 것이다.

이에 유럽의 학자, 기업인, 교육자들로 구성된 로마클럽은 1972년 첫 번째 보고서인 '성장의 한계'를 발표했다. 로마클럽으로부터 의뢰를 받은 미국 MIT대학 메도우 교수 팀이 만든 이 보고서는 인류가 앞으로 당면할 위기의 요인과 양상을 다룬 것이었다. 투자, 인구, 환경오염, 자원, 식량 등을 중심으로 계량적 모형분석을 통해 작성한 '성장의 한계'는 '인구는 기하급수적으로 증가하는 데 비해 자원은 감소하고 있어 멀지 않은 장래에 인류가 쓸 수 있는 자원의 양은 인구 성장을 지탱해 줄 수 없을 지경에 이를 것'이라고 경고하였다(그림 3.1.1). 그 이후 환경이나 자원, 인간활동간의 공존관계는 오래 유지될 수 없다는 인식이 확산되면서 지속가능성의 평가대상과 척도는 더욱 확대되어 경제·사회체제 일반 혹은 인류사회의 진보나 복지향상 등에 대해서도 지속가능한 개념이 활발히 논의되게 되었다.[1]

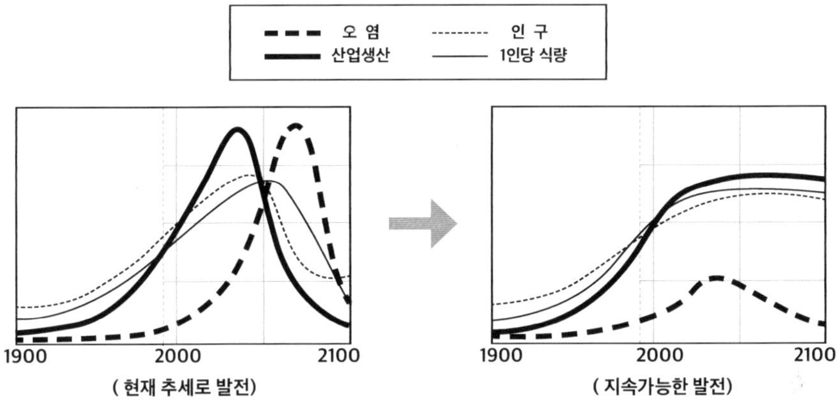

그림 3.1.1 지속가능한 성장곡선
자료출처: 강명구, 1996, 지속가능한 개발의 실현을 위한 지역공동체의 역할

국제적으로 논의되고 있는 지구환경문제에서 자원·환경의 문제가 범지구적 차원의 문제로 대두되자 국제환경문제를 종합적이고 정치적인 차원에서 검토하기 위해 1972년 6월 스웨덴의 스톡홀름에서 '유엔인간환경회의(UNCHE : U.N. Conference on Human and Environment)'가 개최되었다. 이 회의에서는 '하나뿐인 지구(Only One Earth)'라는 슬로건으로 지구환경보전을 처음으로 세계공통과제로 채택하였고 환경보전을 위한 26개의 원칙과 130개 권고사항을 내용으로 하는 인간환경선언을 채택함과 아울러 이의 실행을 위하여 유엔환경계획(UNEP: United Nations Environmental Programme)을 설치하였다.

1 환경부, 1997. 지방의제 21 모델개발연구

인간환경회의 10주년을 기념하는 UNEP 회의에서 채택된 '나이로비 선언'은 '환경과 개발에 관한 세계위원회(WCED : World Commission on Environment and Development)'의 설치를 결의하였고, 1987년 WCED의 위원장인 전 스웨덴의 수상인 브룬트란트(Gro Harlem Brundtland)여사 등 일련의 연구진이 작성한 '우리 공동의 미래(Our Common Future)'라는 보고서(일명 브룬트란트 보고서라 부름)에서 지속가능한 개발에 관한 정의 및 대처방안을 기술하였다.

환경과 개발에 관한 세계위원회의 보고서에서 제시한 지속가능한 개발이란 '미래세대의 욕구를 충족시키기 위해 그들의 능력을 저해하지 않으면서 현세대의 요구에 부응하는 개발(Development that meets the needs of the present without compromising the ability of future generations to meet their own needs.)'로 정의하고 있다. 즉, 우리가 물려줄 환경과 자연자원의 여건 속에서 우리 미래세대도 최소한으로 우리 세대만큼 삶의 질을 누릴 수 있도록 담보하는 범위 내에서 현재의 자연자원과 환경을 이용함을 의미한다. 이것은 환경자원이 인류를 수용하는 능력에는 한계가 있으므로 현재의 모든 인간활동은 이 수용능력의 범위 안에서 해야 한다는 것을 뜻하고 있다. 이러한 개념은 최근 정치·경제·사회 등 전 분야 정책 수립 시 가장 우선적으로 고려해야 할 기초개념으로 자리 잡게 되었다.

'지속가능함'은 지구가 버틸 수 있다는 뜻이며 '개발' 혹은 '발전'은 단순한 '성장'의 개념이 아닌 생활의 질의 향상이 포함된 개념으로 사용되고 있다. 이는 과도한 인구증가의 억제와 자원의 고갈을 막으면서 지구생태계를 보전하고 선진국과 후진국이 협력하여 세계 각 지역이 균형 있게 발전하는 것을 의미한다. 결국 지속가능한 개발정책은 오늘의 저(低)성장이 내일의 고(高)성장을 이끌어내는 동태적·장기적인 개발전략이며 근시안적인 고도성장정책보다 더 바람직할 것이라 하겠다. 이러한 맥락에서 지속가능한 개발은 그림 3.1.2와 같이 환경적으로 지속가능한 규모, 사회적으로 공평한 분배, 그리고 경제적으로 효율적 배분으로 나눌 수 있을 것이다. 이처럼 지속가능한 개발은 서로 연계가 될 수 있는 상호 연계적인 관계를 가진다고 할 수 있겠다.

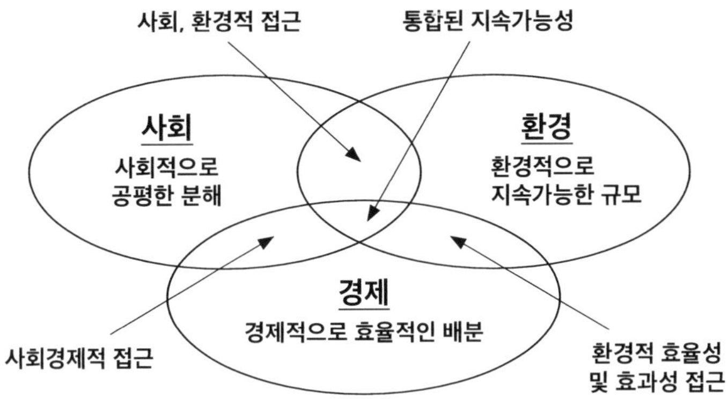

그림 3.1.2 지속가능한 개발을 위한 환경-경제-사회적 측면에 대한 접근
자료출처 : 임대웅(1999), 지속가능한 도시개발과 전과과정평가의 의의, 한국전과정평가학회 1999년 정기총회 연구논문집

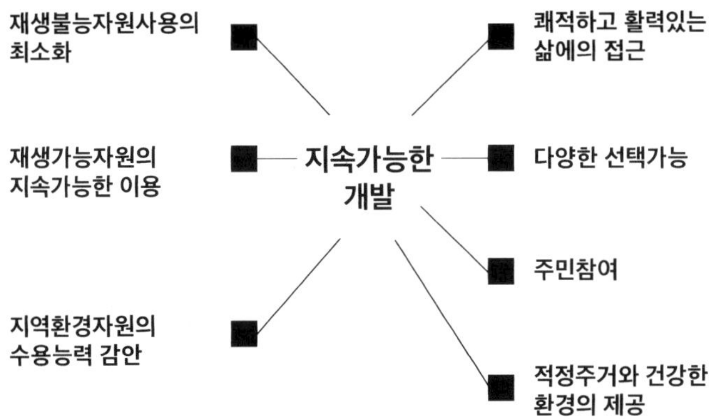

그림 3.1.3 지속가능한 개발의 구성요소
자료출처: 권태호·권종남, 1996, 지속가능한 도시개발의 방향에 관한 연구, 세명논총, Vol. 5 No.1

또한 그림 3.1.3에서와 같이 지속가능한 개발은 인간이 환경적으로 쾌적한 삶을 누리고 이와 더불어 다양한 환경을 제공하여 선택의 범위를 넓혀주고 환경권을 비롯한 시민권리의 차원에서도 적극적인 시민참여를 유도한다는 의미도 내포하고 있다. 마지막으로 지속 가능한 개발의 추구는 인간다운 삶의 유지에 필수적인 적정한 주거와 건강한 환경의 제공을 가능하게 한다.

그동안 활발히 논의되어온 지속가능한 개발은 처음에 산업사회의 개발개념에 대한 대안으로 제시했다면 이제는 그 개념을 각 국가나 지역별로 활용할 수 있는 구체적 실천방안을 모색하기에 이르렀다. 그러나 이러한 개념은 각 국의 경제개발과 환경적인 상황이 모두 다르기 때문에 사용자는 자신들의 이익에 맞는 쪽으로 해석하여 사용할 수도 있어 지속가능한 개발의 개념은 매우 다의적이라고 볼 수 있을 것이다. 쉽게 말해서 이 개념은 환경적인 면을 강조하면 환경적으로 건전한 것이라는 개념으로 이해되어지기도 하고, 다른 한편으로는 지속적인 개발에 중점을 두고 환경문제를 개발을 저해하지 않는 범위 내에서만 고려한다는 의미로 해석할 수도 있기 때문이다. 앞으로 지속가능한 개발의 구체적 개념정립에 대해서 반드시 논의되어질 필요가 있다.

지속가능한 도시개발의 원칙에 관해서는 Elkin 등이 제시한 미래성, 환경, 형평, 참여의 4가지 원칙이 대표적으로 받아들여지고 있는 추세이다. 또한 이창우는 지속가능한 도시개발이 미래, 자연, 참여, 형평, 자급의 5가지 요소(또는 대원칙)를 가지며 각 요소는 3가지의 기준(또는 소원칙)을 가지는 것으로 정리하였다. 그 내용은 다음과 같다.[2]

- **미래세대의 원칙**
  - 도시내에서의 어떤 활동도 미래세대의 이익을 손상시켜서는 안된다.

2 이창우, 1995. 도시농업과 지속가능한 개발, 대한국토도시계획학회 제83회 정기학술대회 논문집

- 현재 세대의 안전도 확보되어야 한다.
- 전통이 존중되며 노령인력이 가치 있는 인적자원으로서 인식되어야 한다.

• **자연보호의 원칙**
- 생명유지장치로서 도시생태계는 보호되어야 한다.
- 도시녹지와 야생 동식물은 보전되어야 한다.
- 유해오염물질의 배출은 통제되어야 한다.

• **시민참여의 원칙**
- 지역사회가 개발의 중심이 되어야 하며 지역사회 주민이 의사결정 과정에 반드시 참여하여야 한다.
- 정보·기술의 교환을 증진시킬 자유로운 정보 유통체계가 확보되어야 한다.
- 지방정부와 지역사회 주민간의 효과적이고도 밀접한 관계가 구축되어야 한다.

• **사회형평의 원칙**
- 공공재에 대한 공평한 접근기회가 부여되어야 한다.
- 분배적 정의가 실현되어야 한다.
- 부당한 도시개발정책에 대해 항의할 권리가 시민에게 부여되어야 한다.

• **자급경제의 원칙**
- 도시내의 생산적 자원은 시민의 필요에 부응하는 데 우선적으로 사용되어야 한다.
- 도시내의 모든 활동은 에너지효율을 추구하며 에너지 절약적이어야 한다.
- 도시내의 경제·사회활동에 참여하는 참여자의 수는 수용능력의 한계 내에서 통제되어야 한다.

3.2 기후변화협약

3.2.1 기후변화협약 발전과정

인간활동이 기후변화에 영향을 미쳤을지도 모른다고 처음으로 과학적 의문을 제기한 학자는 영국의 공학자 캘린더였다. 그는 1938년 발표한 자신의 논문에서 화석연료를 태울 때 나오는 이산화탄소가 기후변화에 많은 영향을 미치고 있다고 주장하였다. 1988년 이전까지 기후변화문제는 과학자들이나 시민단체 등 주로 비정부 부문에서 관심을 갖고 논의되었다. 그러나 과학자들이 기후변화 문제의 심각성을 널리 알리면서 전 지구적 문제로 인식되기 시작하였다. 1988년 유엔환경계획(UNEP)과 세계기상기구(WMO)의 지원을 받아 기후변화에 관한 정부 간 협의체(IPCC, International Panel on Climate Change)가 창설되었다. IPCC는 기후변화가 초래하는 영향을 평가하고 대책을 검토하여 종합평가보고서(AR, Assessment Report)를 작성한다(표 3.2.1).

표 3.2.1 기후변화에 관한 정부간 협의체(IPCC) 구성 및 운영 형태

구분	내용
규 모	• 기상학자, 해양학자, 빙하 전문가, 경제학자 등 3천여 명의 전문가로 구성
본부소재지	• 스위스 제네바
설립 목적	• 인간활동이 기후변화에 미치는 영향을 평가하고, 국제적인 대책을 마련하기 위해 설립 (전문가 평가보고서 발간)
설립 연도	• 1988년 11월
조 직	• 의장, 사무국장, 3개 실무 그룹 , 1개 태스크포스
수상 경력	• 2007년 노벨 평화상

IPCC는 1990년 8월에 1차 평가보고서를 발간하고 2100년에 지구평균기온이 약 3도 상승할 것으로 예상했다. 이를 억제하기 위해 대기 중 이산화탄소 농도를 현재수준으로 유지하기 위해서 즉시 인간 활동에 의한 이산화탄소 배출량을 60% 삭감하여야 한다고 제시하였다. IPCC 1차 평가보고서를 기초로 1990년 제2차 세계기후회의(137개국 참가)를 개최하고 지구온난화에 대하여 공동으로 대처하기로 하고 국제협약을 채택하기로 합의하였다. 이러한 합의를 이행하기 위해 기후변화에 관한 기본협약을 위한 정부 간 협상위원회(INC, Intergovernmental Negotiation Committee)가 설립되었다. INC는 1992년 6월 UNEP회의까지 기후변화협약을 제정하고 서명하기로 합의하고 199년 2월부터 1992년 5월까지 5차례의 위원회를 진행하였으며 1992년 5월 5차 위원회에서 기후변화협약을 채택하였다.

지구온난화 방지를 위한 국제사회의 노력을 통한 최초의 결실인 유엔기후변화협약을 1992년 6월 UN 환경개발회의(리우정상회의)에서 세계정상들이 서명하였다. 기후변화협약의 정식명칭은 기후변화에 관한 국제연합 기본협약(UNFCCC, United Nations Framework Convention on Climate Change)이며, 1994년 3월 21일 발효되었다. 기후변화협약의 당사국(party)는 2016년 5월 기준으로 196개 국가와 유럽연합(EU)을 더하여 197개로 거의 모든 국가가 협약당사국에 해당된다.

기후변화협약의 주요내용은 표 3.2.2에서 보는 바와 같이 지구온난화를 방지할 수 있는 수준으로 온실가스 농도를 안정화시키는 목적을 비롯하여 원칙, 의무사항, 기구 및 제도 등에 관한 사항으로 구성되어 있다.

표 3.2.2 기후변화협약 주요 내용

<table>
<tr><th colspan="2">전 문</th><th>내 용</th></tr>
<tr><td colspan="2">목적(2조)</td><td>• 지구온난화를 방지할수 있는 수준으로 온실가스 농도안정화</td></tr>
<tr><td colspan="2">원칙(3조)</td><td>• 형평성: 공통의 차별화된 책임, 국가별 특수사정 고려
• 효율성: 예방의 원칙, 정책 및 조치, 대상 온실가스의 포괄성, 공동이행
• 경제발전: 지속가능한 개발의 촉진, 개방적 국제경제체제 촉진</td></tr>
<tr><td rowspan="2">의무 사항</td><td>공통 의무 사항</td><td>• 온실가스 배출통계 작성발표, 정책 및 조치 이행(4조1항)
• 연구 및 체계적 관측(5조)
• 교육훈련 및 공공인식(6조)
• 정보교환 특정 의무사항</td></tr>
<tr><td>특정 의무 사항</td><td>• 배출원 흡수원에 관한 특정의무사항 :
1990년 수준으로 배출 안정화에 노력(4조 2항)
• 재정지원 및 기술이전에 관한 특정공약(4조 3항-5항)</td></tr>
<tr><td rowspan="2">기구 및 제도</td><td>기구</td><td>• 개도국의 특수상황 고려(4조 8항-10항)
• 당사국총회(7조)/사무국(8조)/과학기술자문 부속기구(9조)/이행자문기구(10조)/재정기구(11조)</td></tr>
<tr><td>제도</td><td>• 서약 및 검토(Pledge & Review) 제도(12조):
국가보고서제출 및 당사국총회 검토
• 이행과 관련된 의문점 해소를 위한 다자간 협의과정(13조)/분쟁조정제도(14조)</td></tr>
</table>

기후변화협약에 가입한 모든 당사국은 온실가스 배출량 통계를 작성하고 갱신하여야 하며 기후변화를 완화하는 국가 정책을 수립하고 시행하여야 한다. 기후변화협약 참여 국가들은 당사국(가입과 비준)과 비당사국(비준하지 않고 관찰자로 참여)으로 구분된다. 당사국은 부속서 Ⅰ(Annex Ⅰ: OECD회원국 등 선진국 중심으로 감축의무부담국가), 부속서 Ⅱ (Annex Ⅱ: 부속서 I국가 중 감축의무가중국가), 비부속서 Ⅰ(Non - Annex Ⅰ) 등의 세 그룹으로 분류된다(표 3.2.3).

부속서Ⅰ 국가는 온실가스 배출량을 1990년도 수준으로 되돌리는 것을 목표로 삼아야 한다. 부속서Ⅱ 국가는 개발도상국이 기후변화에 대응하는 것을 돕기 위하여 재원과 기술을 지원할 의무도 있다.

그러나 기후변화 협약은 가입국 간의 합의를 의미할 뿐 감축 의무를 구체적으로 어떻게 이행해야 하는지를 규정하지 않아 실효성이 크게 나타나지 않았다. 이에 국제사회는 1995년부터 매년 개최되는 기후변화협약 당사국총회(COP: Conference of the Parties)를 통해 보다 실천력 높은 기후변화대응을 위한 지속적인 논의를 진행하였다.

표 3.2.3 기후변화 당사국 분류

기후변화협약의 부속서 I · II 국가 목록(알파벳 순서)	
부속서 I (42개국+EEC)	• 호주, 오스트리아, 벨라루스, 벨기에, 불가리아, 캐나다, 크로아티아, 키프로스, 체코, 덴마크, 유럽경제공동체(EEC, 현재 EU), 에스토니아, 핀란드, 프랑스, 독일, 그리스, 헝가리, 아이슬란드, 아일랜드, 이탈리아, 일본, 라트비아, 리히텐슈타인, 리투아니아, 룩셈부르크, 말타, 모나코, 네덜란드, 뉴질랜드, 노르웨이, 폴란드, 포르투갈, 루마니아, 러시아, 슬로바키아, 슬로베니아, 스페인, 스웨덴, 스위스, 터키, 우크라이나, 영국, 미국 • 나중에 추가된 국가
부속서 II (23개국+EEC)	• 호주, 오스트리아, 벨기에, 캐나다, 덴마크, 유럽경제공동체, 핀란드, 프랑스, 독일, 그리스, 아이슬란드, 아일랜드, 이탈리아, 일본, 룩셈부르크, 네덜란드, 뉴질랜드, 노르웨이, 포르투갈, 스페인, 스웨덴, 스위스, 영국, 미국 ※ 터키는 나중에 삭제

자료출처: 환경부(2016) 교토의정서 이후 신 기후체제 파리협정 길라잡이

3.2.2 기후변화협약 당사국 회의

기후변화협약에 참여한 국가는 기후변화협약 7조에 근거하여 당사국총회(Conference of the Parties: COP)를 개최하고 참여하게 되어 있다(표 3.2.2 참

조). 당사국 총회는 협약에 따른 당사국의 의무사항과 제도적 장치를 정기적으로 검토하고 당사국이 채택한 조치에 관한 정보의 교환을 촉진하는 역할을 수행한다. 또한 온실가스 배출원과 흡수원에 관한 목록을 작성하고 온실가스 배출을 제한하는 조치의 효과를 평가하기 위해 비교 가능한 방법론을 개발하고 정기적인 개선을 촉진하고 지도하기도 한다(기후변화협약 제7조 2항).

당사국 총회는 1995년부터 매년 개최되고 있으며 필요에 따라 당사국의 서면요청에 의해 특별 회기를 개최하기도 한다. 당사국 총회는 2017년(독일 본) 23차까지 개최되었으며 기후변화에 대한 중요한 내용들이 논의되고 의결되어 왔다(그림 3.2.4). 다음에서 지금까지 개최된 당사국총회 가운데 중요한 의미가 있는 총회를 중심으로 내용을 요약하였다.

• 제1차('95. 3. 독일 베를린) : 2000년 이후의 온실가스 감축을 위한 협상그룹을 설치하고 논의결과를 제3차 당사국 총회에 보고하도록 하는 베를린위임 (Berlin Mandate) 사항 결정.

• 제2차('96. 7. 스위스 제네바) : 미국과 EU는 감축목표에 대해 법적 구속력을 부여하기로 합의함. 기후변화에 관한 IPCC의 2차 평가보고서 가운데 "인간의 활동이 지구의 기후에 명백한 영향을 미치고 있다."는 주장을 과학적 사실로 공식 인정.

• 제3차('97. 12. 일본 교토) : 부속서I 국가들의 온실가스 배출량 감축 의무화, 공동이행제도, 청정개발체제, 배출권 거래제등 시장원리에 입각한 새로운 온실가스 감축 수단의 도입 등을 주요 내용으로 하는 교토의정서(Kyoto Protocol)를 채택.

• 제6차('00. 11. 네델란드 헤이그) 및 속개회의(독일 본) : 2002년에 교토의정서를 발효하기 위하여 교토의정서의 상세운영규정을 확정할 예정이었으나 미국, 일본 호주 등 Umbrella그룹과 유럽연합(EU) 간의 입장차이로 협상이 결렬. 속개회의에서 EU와 개발도상국의 양보로 캐나다, 일본이 참여하면서 협상이 극적으로 타결되어 미국을 배제한 교토의정서 체제합의.

• 제8차('02. 10. 인도 뉴델리) : 통계작성, 보고, 메카니즘, 기후변화협약 및 교토의정서 향후 방향 등을 논의하였으며, 당사국들에게 기후변화에의 적응(Adaptation), 지속가능발전 및 온실가스 감축노력 촉구 등을 담은 뉴델리 각료선언(The Delhi Ministerial Declaration)을 채택.

• 제10차('04. 12. 아르헨티나 부에노스아이레스) : 과학기술 자문부속기구(SBSTA)가 기후변화의 영향, 취약성 평가, 적응수단 등에 관한 5년 활동계획을 수립. 1차 공약기간(2008-2012) 이후의 의무부담에 대한 비공식적 논의가 시작됨.

• 제12차('06. 11. 케냐 나이로비) : 선진국들의 2차 공약기간(2013-2017년) 온실가스 감축량 설정을 위한 논의 일정에 합의하고 개도국들의 의무감축 참여를 당사국총회를 통해 결정할 수 있다는 데 합의하였으며, 개도국의 온실가스 감축문제는 13차 총회에서 재논의하기로 결정.

• 제13차('07. 12. 인도네시아 발리): 2012년 이후(포스트 교토) 선진국, 개도국의 의무감축부담에 대한 논의 진행. 특히 교토의정서 의무감축에 상응한 노력을 하기 위해 선, 개도국 등 모든 국가들은 측정, 보고, 검증 가능한 방법으로 온실가스 감축을 수행토록 하는 발리로드맵 채택(2009년 말을 목표로 협상진행합의).

• 제15차('09. 12. 덴마크 코펜하겐) : 제13차 당사국총회에서 제시한 Post-2012체제에 대한 협상 완료 시한이었으나, 핵심 쟁점에 대한 정치적 합의문 수준인 '코펜하겐 합의문'을 도출하고 협상 시한을 1년 연장함. 합의문에 따라 다음 당사국총회인 멕시코에서 Post-2012체제에 대한 협상을 완료하기로 합의.

• 제17차('11. 11. 남아프리카 공화국 더반) : 2012년 만료되는 교토의정서 연장이 합의 되었으며, 2015년까지 새로운 조약을 마련하여 2020년까지 강제적 적용. 또한 제1차 의무감축 공약기간이 만료됨에 따라 EU 등 주요 선진국들은 2차 공약기간설정을 약속. 2020년 이후부터 한국을 포함한 중국, 인도

등 주요 개도국이 모두 참여하는 단일 온실가스 감축체제설립을 위한 협상 개시 합의(더반 플랫폼).일본, 러시아, 캐나다는 2차 공약기간 설정에 불참). 녹색기후기금(Green Climate Fund) 설계위원회가 채택되어 기금의 조속한 출범이 결정됨.

• 제18차('12.11. 카타르 도하) : 교토의정서 제2차 공약기간 연장합의(2013-2020). 2020년 출범 예정인 신 기후체제 협상을 2015년 말까지 완료하기 위한 합의문 작성 합의. 한국의 녹색기후기금(GCF) 사무국 유치결정을 인준(사무국 인천 송도 이전협정 체결). 제19차 당사국 총회에서 녹색기후기금 자금 조성전략을 마련키로 합의.

• 제20차('14. 12. 페루 리마) : Post-2020 감축목표를 포함한 각국의 기여 내용, 제출범위, 제출시기, 협의절차, 제출정보 등을 담은 관련 지침확정. 2020년 이후 신 기후체제를 규정하는 협정문 작성을 위한 주요 요소 도출 및 2020년까지 기후변화 대응 이행에 대한 점검 절차 마련. 우리나라가 아시아 최초로 국가단위의 배출권 거래제를 시행하고 GCF(녹색기후기금) 유치국으로 선진국에 상응하는 금액(1억 불)을 지원.

• 제21차('15. 11. 프랑스 파리) : 200개국 유엔기후변화협약 당사국 참석. 기존 교토의정서를 대체하는 파리협정 채택하여 2020년 이후 선진, 개도국 모두 온실가스 감축에 동참하는 신 기후체제 근간 마련. 지구평균기온상승을 산업혁명 이전에 비해 2도 상승 이내로 억제하고 1.5도 이하까지 상승 제한하는 국제사회 공동 장기목표 제시.

• 제22차('16. 11. 모르코 마라케쉬) : 파리협정 이행을 위한 세부지침을 2018년까지 마련하기로 합의하고 "기후 및 지속가능발전을 위한 마라케쉬 행동선언문" 채택.

기후변화 대응을 위한 국제사회의 주요 노력

1992년 유엔기후변화협약 채택(1994년 발효)

- 1992년 환경개발회의(UNCED)에서 서명을 시작한 기후변화협약은 형평성, 공통의 그러나 차별화된 책임과 개별 국가의 능력을 고려하여 선진국과 개발도상국에 다른 종류의 기후변화 대응 의무를 부과하였다.

  ※ 2016년 5월 현재, 196개국과 유럽연합(EU)이 당사국. 우리나라는 1993년 가입

1997년 (COP3) 교토의정서 채택(2005년 발효)

- 기후변화협약을 구체적으로 이행하기 위하여 제3차 당사국총회가 채택한 교토의정서는 제1차 공약기간인 2008년에서 2012년까지 선진국의 온실가스 배출량을 1990년도 수준에 비하여 평균 5.2% 감축하도록 규정하고 있다.

  ※ 2016년 5월 현재, 191개국과 유럽연합(EU)이 당사국. 우리나라는 2002년 비준.

2007년 (COP13) 발리행동계획 채택

- 제13차 당사국총회는 발리행동계획을 채택하여 교토의정서 제1차 공약기간 이후에 적용될 합의문을 채택하기 위한 Post-2012 협상을 시작하였다.

2009년 (COP15) 코펜하겐 총회에서 post-2012 협상 결렬

- Post-2012 협상 시한이었던 2009년 제15차 당사국총회에서 국가 간 의견 차이와 협상 과정상 문제로 협상이 결렬되어 기후체제에 위기를 초래하였다.

2011년 (COP17) 더반 총회에서 교토의정서 공약기간 연장, 신 기후체제 수립을 위한 Post-2020 협상 개시

- 제17차 당사국총회는 교토의정서 제2차 공약기간을 2013년부터 2020년까지로 정하였으며, 2015년 제21차 당사국총회을 협상 시한으로 설정하고 신 기후체제를 위한 Post-2020 협상을 시작하였다.

  ※ 교토의정서 제2차 공약기간을 규정한 도하개정문은 2016년 5월까지도 발효되지 않음.

2015년 (COP21) 신 기후체제의 기반이 되는 파리협정 채택

그림 3.2.4 기후변화협약 발전과정

자료출처 : 환경부(2016) 교토의정서 이후 신 기후체제 파리협정 길라잡이

3.3 교토의정서와 신 기후체제

3.3.1 교토의정서 체계

1) 교토의정서 체계 이해

1992년 기후변화협약 채택 이후 각국은 구속력 있는 감축목표가 제시되어 있지 않은 허점을 이용해 온실가스 감축을 위한 노력을 적극적으로 이행하지 않았다. 국제사회는 이를 보완하기 위한 제도적 장치의 필요성을 제기하였고, 이에 1997년 제3차 당사국총회(일본 교토)에서 지구온난화를 방지하기 위한 구체적인 감축목표와 의무를 담고 있는 '교토의정서(Kyoto Protocol)'를 채택하였다. 교토의정서는 1997년 12월 11일 채택되었고, 2005년 2월 16일 발효되었다. 당사국은 2016년 5월 현재, 191개 국가와 EU를 합하여 192개다.

교토의정서는 감축하여야 하는 온실가스의 목록(부속서A), 감축 의무를 부담하는 국가와 그들의 구체적인 감축량(부속서B) 등을 규정하고 있다. 제1차 공약기간(2008-2012년) 동안의 목표는 부속서B 국가 전체의 온실가스 배출량을 1990년도에 비하여 평균 5.2% 감축하는 것이었다. 교토의정서가 발효되기 위해서는 55개국 이상의 국가에서 교토의정서를 비준하여야 하고 부속서 I 당사국의 1990년 온실가스 배출량 합계가 전체 배출량의 55%를 충족시키도록 규정하였다. 미국은 감축의무의 경제적인 이유를 들어 교토의정서를 비준하지 않아 정식적인 교토의정서의 발효는 2004년 러시아가 교토의정서를 비준한 이후인 2005년에 이루어졌다. 교토의정서의 발효는 그동안 선언적인 협약서 및 협약의 향후 진행에 대한 불확실성을 닫고 감축 이행 목표와 수단을 결정지었다는 점에서 큰 의미를 가진다.

교토의정서는 표 3.3.1에서 보는 바와 같이 더 적은 비용으로 보다 효과적으로 감축 의무를 달성할 수 있도록 시장 요소를 도입하였다. 즉, 부속서 I 국가들 간에 온실가스 감축량을 이전할 수 있는 공동이행제도(JI, Joint Implementation)가 인정되었다. 할당받은 배출권을 거래할 수 있도록 하는 배출권 거래제(ET, Emission Trading)도 도입되었다. 청정개발제도(CDM, Clean Development Mechanism)도 도입되어 비부속서 I 국가에서 감축한 양을 부속서 I 국가로 이전할 수 있었다. 이렇게 감축량을 이전할 수 있도록 한 제도를 통틀어 '시장 메커니즘' 또는 '교토 메커니즘'이라 한다. 감축 의무를 이행하는 데에 유연성을 부여하였으므로 '유연성 메커니즘'이라고도 한다.

표 3.3.1 교토의정서 주요내용

<table>
<tr><td>온실가스</td><td colspan="2">CO_2, N_2O, CH_4, HFCs, PFCs, SF_6
(이산화탄소, 아산화질소, 메탄, 수소불화탄소, 과불화탄소, 육불화황)</td></tr>
<tr><td rowspan="2">감축의무</td><td colspan="2">Annex B(38개국, 기후변화협약상 Annex I 국가 중 터키, 벨로루시 제외)는 제1차 공약기간(2008-2012년)동안 1990년 대비 의무부담국가 전체 평균 5.2%를 감축하되 국가별로 차별화</td></tr>
<tr><td>-8%: EU, 스위스, 체코, 불가리아
-7%: 미국
-6%: 일본, 캐나다, 헝가리, 폴란드
-5%: 크로아티아</td><td>0%: 러시아, 뉴질랜드, 우크라이나
+1%: 노르웨이
+8%: 호주
+10%: 아이슬란드</td></tr>
<tr><td>교토 메커니즘</td><td colspan="2">• 공동이행제도(Joint Implementation): 선진국이 다른 선진국에 투자하여 감축한 온실가스의 일정량을 자국의 감축실적으로 인정하는 제도
• 청정개발체제(Clean Development Mechanism): 선진국이 개도국에 투자하여 감축한 온실가스의 일정량을 자국의 감축실적으로 인정하는제도
• 배출권거래제(Emission Trading): 온실가스 감축의무가 있는 국가에 배출쿼터를 부여한 후, 동 국가 간 배출쿼터의 거래를 허용하는 제도</td></tr>
</table>

2) 평가

교토의정서 부속서B 국가들은 제1차 공약기간 동안 온실가스 배출량을 1990년도에 비하여 평균 22.6% 감축하였다[3]. 이는 감축 목표였던 평균 5.2%를 크게 뛰어넘은 성과다. 또한 세계 128개국에서 약 8,000개에 달하는 청정개발제도(CDM) 사업이 수행되었다[4]. 그 덕분에 개발도상국은 감축량을 선진국에 판매하여 95-135억 달러의 수익을 얻을 수 있었다. 선진국도 CDM이 없었다면 지불하여야 했을 35억 달러의 비용을 절약할 수 있었다.

그러나 교토의정서를 채택할 무렵 세계에서 가장 많이 온실가스를 배출하고 있었던 미국이 의정서를 비준하지 않았다. 캐나다는 제1차 공약기간 후 의정서에서 탈퇴하였다. 일본과 러시아, 뉴질랜드는 탈퇴는 하지 않았지만 제2차 공약 기간에는 참여하지 않겠다는 의사를 밝히는 등 많은 국가들이 불참하였다. 또한 중국이나 인도처럼 온실가스를 많이 배출하는 국가들이 개발도상국이라는 이유로 감축의무가 없었던 것도 문제였다. 제1차 공약기간이 시작되기 직전인 2007년, 세계 온실가스 배출량에서 중국의 배출량이 차지하는 비중은 21.0%로 19.9%인 미국을 제쳤다.[5]

제1차 공약기간 동안 감축 의무를 지는 국가들의 온실가스 배출량이 세계 배출량에서 차지하는 비중이 22%에 불과하였다. 교토의정서 제2차 공약기간을 정하는 도하개정문은 채택되기까지 오래 걸렸고, 2016년 5월까지도 발효되지 못하였다. 이와 같이 협약 체제의 지속성이 불확실한 상황에서는 기후변화에 적극적으로 대응하기 어렵다. 이러한 과정 속에 기후변화에 제대로 대응하려면 이전과는 다른 새로운 체제가 필요하다는 인식이 국제사회에 대두되기 시작하였다. 이러한 새로운 체제 필요성에 대한 인식은 결국 2015년

3 UNFCCC. 2015. The Kyoto Protocol – A Critical step Forward.
4 UNFCCC. 2015. Achievement of the Clean Development Mechanism.
5 IEA. 2009. CO_2 Emissions from Fuel Combustion.

21차 당사국 총회에서 파리협정의 채택으로 이어지게 되었다.

3.3.2 신 기후체제 이해와 대응방향

1) 신 기후체제의 이해

2015년 12월 프랑스 파리에서 개최되었던 제21차 기후변화당사국총회(COP 21)에서 2020년 이후 신 기후체제에서 교토의정서(Kyoto Protocol)를 대체할 파리협정(Paris Agreement)이 채택되었다. 신 기후체제는 일부 선진국들만이 온실가스 감축의무를 부담한 교토의정서의 뒤를 잇는 새로운 기후변화 체제로, 세계 195개국이 온실가스 감축에 동참하기로 한 최초의 세계적 기후 합의로 평가되고 있다. 더불어 온실가스 감축 외에도 기후변화 적응, 재원, 기술, 역량배양 등을 포함한 포괄적 대응을 신 기후체제 방향으로 제시함으로서 그 의미가 크다.

신 기후체제의 출범은 2011년 더반에서 열린 제17차 기후변화당사국총회(COP 17)에서 그 시작의 문을 열었다. 당시 2020년 이후부터 발효 및 이행될 수 있는 기후체제를 논의하기 위해 '행동 강화를 위한 더반플랫폼 특별 작업반'(Ad Hoc Working Group on Durban Platform for Enhanced Action, ADP; 이하 ADP) 마련이 합의되고 2015년까지 기후변화협약 하의 모든 당사국에 적용 가능한 의정서, 또 다른 법적 문서, 또는 법적효력을 가지는 결과물을 만들기로 결정했다. 그리고 2013년 바르샤바 제19차 기후변화당사국총회(COP 19)에서 INDC 형태로 2020년 이후의 감축목표를 제출하는 데 합의했다. INDC는 2014년 리마, 제20차 기후변화당사국총회(COP 20)에서 현재 실행하고 있는 감축행동 또는 목표보다 더 진전된 행동 또는 목표를 담고 있어야 한다는 원칙(진전원칙)과 INDC에 대한 관련 정보 목록이 담긴 작성 지침에 대한 구체화에 합의했다. 이후 5차례의 공식적 ADP 협상과 INDC를 바탕으로 신 기후체제 합의문을 도출했다. 파리협정문은 교토의정서와 비교했을 때 감축 목표, 대상범위 및 국가, 설정방식 등이 강화되고 확대되었다는 점에서 차이가 나타난다(표 3.3.2).[6]

표 3.3.2 교토의정서 및 파리협정 비교

구분	교토의정서(2020년까지)	파리협정문(2020년 이후)
대상국	37개 선진국 및 EU (미국, 일본, 캐나다, 러시아, 뉴질랜드 불참) - 세계 GHG 배출량의 15-24% 대상	선진국·개도국 모두 포함 (195개국) - 세계 GHG 배출량의 100%가 대상
범위	온실가스 감축에 초점	감축을 포함한 포괄적 대응 (감축, 적응, 재원, 기술, 투명성, 역량배양)
적용시기	2020년까지 기후변화 대응방식 규정 1차 기간 : 2008-2020년 2차 기간 : 2013-2020년	2020년 이후
감축목표	1990년대 수준보다 5.2% 이하 감축	2100년까지 지구온도를 2℃ 이하로 유지
목표 설정방식	하향식(Top-down) - 글로벌 감축목표를 각국(선진국)에 하향식으로 차등 부과	상향식(Bottom-up) - 국가별 여건과 역량에 따라 감축목표 설정
용어	공약(Commitment)	국가기여방안[6] (Nationally Determined Contributions) 자율성을 강조하는 중립적 용어
시장 매커니즘	청정개발체제(CDM), 공동이행제도(JI), 배출권거래제도(ETS) 도입	기존 교토메커니즘 이외의 다양한 형태의 국제탄소시장 매커니즘 도입
재정지원	선진국 (1992년의 OECD 국가)	선진국 및 선진국 외 국가들의 자발적 재원 공급 장려
보고·검토	선진국 - 온실가스 인벤토리, 격년보고서(BR)	모든 국가 - 온실가스 인벤토리, 감축목표 달성 성과, 개도국 지원 제공·수혜 내용

출처 : 정학균 외(2016) ; 농림축산식품부 내부자료(2016)

6 파리협정문의 경우 NDC로 표기되어 있고 총회 결정문에 INDC로 표기되어 있으며, 이에 정학균 외(2016)의 경우 파리협정문에 대한 내용 정리로서 NDC로 표기함

파리협정의 주요 내용은 요약하면 다음과 같다. 첫째, 선진국과 개발도상국의 구분 없이, 온실가스 감축 의무를 가지며, 공동의 장기목표로서 감축 목표를 2℃로 강화하였다. 둘째, 감축목표에 대한 공약(Commitment)대신 국가기여방안(NDC)을 채택하여 자율성과 중립성이 강조되었다. 셋째, 각 국가는 2020년까지 장기 저탄소 개발 전략(long-term low greenhouse gas emission development)을 마련·제출한다. 넷째, 시장 매커니즘은 온실가스 감축목표의 효과적 달성을 위해 기존 교토매커니즘 이외 다양한 형태의 국제탄소시장(International Market Mechanism, IMM) 설립에 합의했다. 다섯째, 2023년부터 5년 단위로 파리협정 이행 전반에 대한 국제사회 차원의 종합 이행점검(Global Stocktaking)을 실시한다. 종합 이행점검은 단순한 온실가스 감축(mitigation)에 관한 점검만이 아닌 기후변화에 대한 적응(adaptation), 재정(finance), 기술(technology), 역량배양(capacity building) 등을 포괄하고, 각 국의 이행을 투명(transparency)하게 관리하는 절차로 개발도상국에는 일정 수준의 유연성을 허용한다고 나타내고 있다. 특히 파리협정은 적응을 감축과 동등한 수준의 목표로 제시함으로써 신 기후체제에서 적응의 위상이 격상되었고, 전지구적 적응목표와 역할을 설정하고 이를 종합적으로 추진할 체계를 마련했다는 점에서 큰 의의를 가진다고 할 수 있다.

2) 파리협정의 구조와 주요내용

신 기후체제 합의문 '파리 협정(Paris Agreement)'는 16개의 전문과 29개의 조항으로 구성되며 이행절차에 관해 구속력을 지닌다. 전문에는 '공통의 그러나 차별화된 책임(CBDR)', '개별 국가의 능력(respective capabilities)' 및 '국가별 상황(national circumstances)' 등의 원칙을 명시하고 있다. 협정문 제2조부터 제14조까지 신기후변화체제의 주요 6개 분야(감축, 적응, 투명성, 재원, 기술이전, 역량 배양)를 포함하여 합의내용을 기술하고 있으며, 제15조부터 제26조까지는 절차 및 행정 관련 내용을 담고 있다(표 3.3.3). 파리협정은 향후

55개 국가 또는 전 세계 배출량 55%이상 비준 시 발효하게 되며, 후속조치 논의를 위해 '파리협정 작업반(ad hoc Working Group on the Paris Agreement, APA)'을 신설하였다.

표 3.3.3 파리협정의 주요조항 별 내용

파리협정은 신 기후체제에서 적용될 내용을 총 29개 조항에 담고 있다. 목표와 의무 등 주요 내용을 담고 있는 조항은 다음과 같다.

조항	주요 내용
2조(목표)	산업화 이전 대비 온도 상승을 2℃ 이하로 유지하고 더 나아가 1.5℃까지 억제하기 위하여 노력
3조(총칙)	진전원칙으로 각 분야에 대한 NDC 제출
4조(감축)	세계적으로 조속하게 배출정점 달성 5년마다 NDC 제출 의무 / 이행은 국내에 맡김
5조(REDD+)	산림을 포함하여 온실가스 흡수원과 저장고 보전
6조(국제 탄소시장)	당사국들이 자발적으로 연계하여 온실가스 배출 감축량을 국제적으로 거래하는 것을 허용
7조(적응)	기후복원력을 높이고 기후변화에 대한 취약성을 감소시키기 위하여 적응 능력을 배양
8조(손실과 피해)	기후변화로 발생한 손실과 피해 문제의 중요성
9조(재원)	선진국은 선도적으로 개발도상국을 위한 재원을 조성·제공하고 다른 국가는 자발적으로 참여
10조(기술)	감축과 적응을 위하여 기술을 개발하고 개발한 기술을 이전하는 행위의 중요성 강조
11조(역량배양)	개발도상국의 역량을 배양하기 위하여 노력
13조(투명성)	감축·적응 행동 및 지원에 대하여 투명성 강화
14조(글로벌 이행점검)	5년 단위로, 세계적으로 이행을 점검
15조(이행·준수 메커니즘)	당사국이 파리협정을 이행하고 준수하도록 하기 위한 위원회를 설립하고 운영

자료출처 : 환경부(2016) 교토의정서 이후 신 기후체제 파리협정 길라잡이

파리협정의 주요조항 내용을 정리해 보면 다음과 같다.

• 목표 : 유엔기후변화협약 이행을 제고함에 있어 국제사회 공통의 장기 목표를 구체화하여 지구 평균기온 상승을 산업화 이전 대비 2℃보다 상당히 낮은 수준으로 유지하고, 1.5℃로 제한하기 위해 노력할 것을 명시하였다. 형평성 및 각국의 다른 사정에 고려하여 공통의 온실가스 감축노력을 추진하며 국가별 차별화된 책임 및 각국의 능력에 따른 감축 원칙을 반영하도록 하였다.

• 감축 : 협정문 제4조에는 감축에 대한 합의내용을 담고 있다. 주요 내용은 국가별 기여방안(NDC)은 자율적으로 정하는 방식을 채택하여, 5년마다 상향된 목표를 제출하되 공통의 차별화된 책임 및 구별 상황을 감안할 수 있도록 하였다. 선진국은 절대량 감축 방식을 유지하여 선도적 역할을 지속하며, 개도국에게는 국가별 상황을 고려하여 경제 전반을 포괄하는 감축 목표를 점차적으로 옮겨 가도록 권고하였다. 모든 국가는 차기 기여방안 제출 시 이전 수준보다 진전된 목표를 제시하고, 가능한 가장 높은 수준의 의욕을 반영하는 전진원칙을 제시하였다. 각국의 기여방안 제출은 구속력이 있으나, 이행은 국내적으로 노력해야 한다. 모든 국가가 2050년 장기 저탄소 개발 전략을 2020년까지 제출하기 위해 노력할 것을 언급하고 있다.

• 시장메커니즘 : 협정문 제4조에는 시장메커니즘에 대한 합의내용을 담고 있다. 온실가스 감축목표의 달성을 위해 유엔기후변화협약 중심의 시장 이외에 당사국 간의 자발적인 협력 형태도 인정하여 다양한 형태의 국제 탄소시장 메커니즘 설립을 합의하였다.

• 적응 : 협정문 제7조에는 적응에 대한 합의내용을 담고 있다. 개발도상국, 특히 기후변화의 부정적인 영향에 취약한 개도국의 대응노력 필요성을 감안하여 감축 외에 기후변화 대응을 위한 적응의 중요성과 적응 노력 및 국제협력에 중점을 두었다. 모든 국가가 국가기후변화적응계획 수립·이행 등 적응 행동을 적절히 이행하며, 적응계획과 이행 내용 등에 대한 보고서를 제

출하여 각국의 적응 정책, 이행사례 등에 대한 정보를 공유함으로서 협력을 강화한다.

• 재원 : 협정문 제9조에는 재원에 대한 합의내용을 담고 있다. 개도국의 협약에 따른 기후변화 대응 목적을 지속적으로 달성하기 위한 감축 및 적응에 있어 선진국의 재원 공급 의무를 규정하고, 향후 지원규모 확대, 재원 지원에 관한 투명성 향상 등을 규정하였다. 협약에 따라 선진국은 개도국에 기후변화 대응을 위한 재원과 공급을 의무화하는 내용을 규정하고, 기타 당사국들에게는 자발적인 재원 공급 및 지원을 장려하기로 하였다. 다양한 분야에서 재원조성에 선진국의 선도적인 역할을 강조하며, 공공재원의 역할을 인정하고 이전보다 진전된 재원 조성 노력이 필요함을 확인하였다. 재원 공급과 관련하여 선진국은 양적·질적 관련 정보를 격년 간격으로 제출해야 하며, 선진국 이외 국가들은 자발적인 정보 제공을 장려하였다.

• 기술개발 및 이전 : 협정문 제10조에는 기술개발 및 이전에 대한 합의내용을 담고 있다. 온실가스 감축 및 기후변화 회복력 제고에 있어 기술개발·이전의 핵심인 장기 비전을 공유하여 기술협력 확대 및 중장기 전략 마련을 위한 기후변화대응 기술의 프레임워크 수립을 결정하며, 기술의 개발 및 기술이전에 관한 국가 간 협력이 강화·확대되도록 규정하고 있다. 효과적·장기적인 기후변화대응을 위해 기술혁신 및 R&D 협력과 기술 활용 확대를 위해 기술·재정 메커니즘을 통한 지원을 진행하였다. 기술개발·기술이전에 관한 협력을 강화하며, 이를 위해 선진국이 지원을 하기로 하였다.

• 역량 배양 : 협정문 제11조에는 역량 배양에 대한 합의내용을 담고 있다. 당사국들이 개도국에 대한 효과적인 기후대응 역량 증진을 위해 협력의 필요성을 규정하였다. 역량배양에 대한 파리위원회 설립 내용을 규정하였다. 협약의 이행을 지원하기 위해 역량배양 활동은 적절한 제도적 장치를 통해 제고되어야 한다. 이에 관해 제1차 파리협정당사국 총회에서 결정도입을 고려하고 있다.

• 투명성 제고 및 글로벌 이행점검 : 협정문 제13조와 제14조에는 투명성 재고 및 종합적 이행점검에 대한 합의내용을 담고 있다. 효과적인 이행 제고 및 INDC 이행 투명성 강화를 위해 투명성 프레임워크를 확립하였다. 모든 국가에 온실가스배출량 인벤토리, 감축목표 달성 성과, 개도국 지원 등에 대한 보고를 의무화하고, 내용에 대한 검토(review)를 실시하였다. 각국의 온실가스 감축과 지원에 대해 전문가 검토와 다자협의를 거치는 등 이행성과를 보고하고, 성과점검을 받되, 개도국에게는 보고 범위, 주기, 검토 범위 등에 유연성을 부여하였다. 2023년부터 5년 단위로 파리협정의 목적과 장기 목표를 향한 공동의 노력을 평가하기 위해 국제사회 차원의 종합적 이행점검을 실시하였다. 종합점검은 감축·적응·이행수단 및 지원을 고려하여, 포괄적이고 촉진적인 방식으로 시행하기로 하였다. 이행점검을 위해 국가 온실가스 인벤토리, 감축목표 달성과 추진경과 등에 대한 보고를 의무화하기로 결정하였다.

3) 신 기후체제에 대비 하는 국제사회

파리협정이 채택되면서 선진국과 개발도상국 모두가 참여하는 신 기후체제를 위한 기반이 마련되었다. 이에 따라 국제사회에서는 신 기후체제를 대비하는 조짐이 나타나고 있으며, 주요 내용을 살펴보면 다음과 같다.

먼저, UNEP에 따르면 2015년 새롭게 추가된 재생에너지(대규모 수력발전 제외) 발전용량은 134GW로 2015년에 추가된 전체 발전용량의 53.6%를 기록하였다. 이는 처음으로 절반을 넘어선 것으로 매우 의미가 깊다. 이러한 재생에너지 발전의 효과로 2015년 이산화탄소 배출량은 1.5GtCO_2 만큼 감축(2013년 세계배출량 32.2GtCO_2)할 수 있었던 것으로 추정된다. 둘째, 2015년 세계 재생에너지 투자액은 2,859억 달러로 종전보다 5% 증가(2011년 2,785억 달러)하였다. 이는 석유 등 화석연료가격이 낮아서 재생에너지가 가격 경쟁력 측면에서 불리한 상황에서 달설한 기록이라 더욱 큰 의미를 지닌다. 셋째, 재생에너지에 투자하고 전력공급망을 관리하는 기술을 꾸준히 개발한 일부 국가들(독일, 포르투갈)에 있어서 일부 전력최고 수요시간외 재생에너지로 전력수급의 대부분을 충당한 사례를 보였다. 넷째, 전세계 친환경자동차공급은 2010년부터 2014년까지 연평균 20% 수준으로 성장하였다. 국제에너지기구 등에 따르면 2030년에는 친환경자동차가 전세계자동차 시장의 50%를 차지할 것으로 전망된다.

4) 신 기후체제 온실가스 감축 주요 국가별 목표

유엔 기후변화협약(UNFCCC) 주요 당사국들의 자발적 기여(NDC) 보고서에 따르면 에너지 다소비국들의 온실가스 감축목표는 목표 및 기준 연도, 조건부 여부에 따라 다양한 형식으로 제시되었다. 중국의 경우 2030년까지 GDP 단위당 온실가스 배출량을 2005년 대비 60-65% 감축하고, 인도는 GDP 단위당 온실가스 배출량을 2030년까지 2005년 수준 대비 33-35%를 감축하는 것을 목표로 하되, 녹색기후기금(GCF) 등 선진국들의 충분한 금융지원이 있을 시에만 감축의무를 달성하는 조건부 목표를 설정하였다. EU 회원국들은 2030년까지 1990년 온실가스 배출량 대비 40%를 감축한다는 다소 높은 목표를 설정하였고, 일본은 온실가스 배출량을 2030년까지 2013년 수준 대비 26%, 2005년 수준 대비 25.4%를 감축하는 것을 목표로 설정하였다. 우리나라는 감축목표를 2030년 BAU 배출전망치(Business As Usual) 대비 37%를 설정하여 UN에 제출하였다. 우리나라의 2030년 배출전망은 851백만톤CO_2으로 총 315 백 만톤CO_2(국내 219백 만톤CO_2, 국외 96백 만톤CO_2) 감축해야 하며, 이에 따라 「저탄소 녹색성장기본법」 시행령에 새로운 국가 온실가스 감축목표가 반영되었다(표 3.3.4).

표 3.3.4 세계 주요 에너지소비국의 자발적 기여방안(NDC)

국가	CO2 배출량		목표년도	기준년도	배출권 이용
	무조건부 목표	조건부 목표			
중국	60-65%/GDP	-	2030	2005	-
미국	26-28%	-	2025	2005	-
인도	-	33-35%/ GDP	2030	2005	-
일본	26%*	-	2030	2013	이용
독일	40%	-	2030	1990	-
캐나다	30%	-	2030	2005	이용
한국	37%	-	2030	BAU	이용
프랑스	40%	-	2030	1990	-
인도네시아	29%	41%	2030	BAU	조건부 목표에 한정
사우디	연간 130만 CO2톤 감축	-	2030	-	-
멕시코	22%	36%	2030	BAU	조건부 목표에 한정
영국	40%	-	2030	1990	-

* 기준년도 2005년 대비 25.4% 감축

자료출처 : 유엔 기후변화협약(UNFCCC) 홈페이지

유엔 기후변화협약(UNFCCC) 사무국이 2016년 5월 189개 당사국이 제출한 161개의 자발적 기여(INDC)를 분석한 결과, 한국을 비롯한 스위스. 멕시코, 캐나다, 일본, 모로코, 뉴질랜드, 노르웨이 등 81개국이 탄소시장 메커니즘을 활용할 계획이며, 자국 내 자발적 기여의 감축목표 일부를 탄소시장을 통해 달성할 계획이라고 밝혔다. EU-ETS 유럽연합 배출권거래제(EU-ETS :

European Union Emission Trading Scheme)의 경우, 28개 유럽연합 회원국 외 3개 비회원국(노르웨이, 아이슬란드, 리히텐슈타인)이 참여하는 등 점차 주변국가로 확장되고 있으며 중국은 도시단위 시범사업 후 2017년 하반기부터 국가단위로 확대할 예정이다.

5) 한국의 신 기후체제 대응전략과 감축목표

우리나라는 온실가스 감축 목표 달성을 위한 하나의 정책으로 온실가스 배출권거래제를 도입하였다. 온실가스 배출권거래제는 「온실가스 배출권의 할당 및 거래에 관한 법률」(약칭: 배출권거래법) 제3조 배출권거래제 운영의 기본원칙에 따라 기후변화 관련 국제협약 준수 및 경제 부문에서의 국가경쟁력 등을 기본 방향으로 삼고 2015년부터 시행 중에 있다. 대한민국 정부는 2030년 장기 감축목표를 체계적으로 달성하는 핵심 수단으로 온실가스 배출권거래제를 활용할 계획이라고 「기후변화대응 기본계획(2016.12.)」을 통해 밝혔다(표 3.3.5).

표 3.3.5 신 기후체제에서 기후변화대응 추진전략

	현재		향후 중장기 전략 방향
대응범위	온실가스 감축	⇒	감축·적응·투명성 등 포괄
감축수단	규제중심 (산업계 부담)	⇒	과학기술·시장 중심 (산업, 시장 진흥)
대응체계	단편적 대응 (개별부처 차원)	⇒	통합적 대응 (범부처 차원)
이행주체	정부 주도, 산업계 중심	⇒	민관협업, 全부문 노력
평가체계	-	⇒	주기적 평가·환류
국제점검	-	⇒	5년 단위 이행실적 점검

자료출처: 관계부처 합동(2016) 제1차 기후변화대응 기본계획

우리나라는 현재 유엔기후변화협약에서 개도국으로 분류되고 있지만 관련 법령의 마련, 조직체계의 구축, 인벤토리 산정·보고·검증(Measurement·R eporting·Verification, MRV) 절차 확립, 정기적인 통계 생산 등 잘 정비된 국가 온실가스 관리체계를 운영하고 있다. 이에 따라 UNFCCC와 IPCC 회의 등 국제사회에서 우리나라를 모범적인 사례로 평가하고 있다. 또한 우리나라는 주기적인 배출권거래제 기본계획 수립 및 추진체계를 개편하는 등 상시적인 노력을 기하고 있다.

우리나라는 파리협정을 통해 온실가스를 국내에서 2030년 BAU 대비 25.7%를 감축하고, 국제탄소시장 및 추가 감축을 통해 국외에서 11.3% 감축하는 총 37%의 감축 목표를 수립하였다. 감축량으로 보면 에너지 전환·산업·에너지 신산업에서 149백 만톤CO_2, 건물·수송에서 62백 만톤CO_2, 폐기물·공공·농축산에서 8백 만톤CO_2 감축하여 219백 만톤CO_2을 감축하고, 국외에서 향후 구축될 국제탄소시장 메커니즘을 통해 96백 만톤CO_2을 감축하는 것이다(표 3.3.6).

표 3.3.6 2030년 부문별 온실가스 감축목표

부문	BAU(백 만톤)	감축량(백 만톤)	감축률(%)	
			부문 BAU 대비	국가 BAU 대비
에너지 전환	(333)*	64.5	(19.4)	7.6
산업	481	56.4	11.7	6.6
건물	197.2	35.8	18.1	4.2
에너지신산업	-	28.2	-	3.3
수송	105.2	25.9	24.6	3.0
공공·기타	21	3.6	17.3	0.4
폐기물	15.5	3.6	23.0	0.4
농축산	20.7	1	4.8	0.1
국내 감축	851*	219	25.7	
국외 감축		96	11.3	

* 배출량 총계(851백 만톤)은 부문별 BAU에 공정배출, 가스제조 등으로 인한 배출량(약 2백만 톤) 및 탈루배출량(약 8.4백 만톤)이 추가된 수치이며, 전환부문의 BAU는 각 부문별 배출량에 간접적으로 포함되어 있어 전체 감축량 산정에서는 제외

자료출처 : 기획재정부(2017) 제2차 배출권 거래제기본계획(안)

3.4 기후변화와 에너지전환

3.4.1 개요

산업혁명 이래 오늘날까지 우리가 사용하고 있는 에너지의 대부분은 석유와 석탄과 같은 화석연료에 크게 의존하고 있다. 지구에 존재하는 화석연료의 양은 한정되어 있는데, 인간 활동에 필요한 각종 제품의 생산과 생활의 편리성을 위해 사용되는 에너지 수요는 나날이 증가하고 있어 가까운 장래에 에너지자원의 고갈로 인류는 큰 위기를 맞을 것이라는 경고가 제기되고 있다. 그런데 전 세계적으로 에너지 수요가 급증하는 원인은 어디에 있을까? 그중 가장 큰 원인은 급증하는 세계 인구에 있다고 한다. 지구상에는 매일 30만 명 이상의 아기가 새로 태어나고 있다. 그리고 사망자 수는 13만 명 정도이다. 그 결과 세계 인구는 하루에 20만 명 이상씩 증가하고 있다. 이와 같이 인구가 증가하면 그만큼 더 많은 에너지를 필요로 하게 된다. 여기에 경제성장에 따른 1인당 자원 소비의 증가도 에너지 소비증가를 더욱 가중시키고 있다.

세계 인구가 10억 명에 도달하기까지는 약 2백만 년이 걸렸다고 한다. 그런데 그 후 다시 10억이 증가하는 데에는 100년밖에 걸리지 않았다. 그리고 30억이 되기까지는 30년이 걸렸다. 40억에 도달하는 데에 걸린 시간은 다시 15년으로 줄었으며, 세계 인구는 2015년경에는 80억, 그리고 2050년경에는 150억에 이를 것으로 추정되고 있다.

이와 같은 기하급수적인 인구증가는 세계 에너지 기반에 중대한 영향을 끼치게 된다. 이렇게 늘어가는 세계 인구의 생활 요구를 충족시키기 위해서는 각종 편의시설의 건설과 물질의 대량생산이 요구되는데, 이를 위해서는 엄청난 규모의 에너지가 소비되어져야 한다.

오늘날 우리는 석유와 석탄을 비롯하여 재생이 불가능한 에너지원은 고갈되어가고 있으며, 연료소비의 과정에서 배출되는 이산화탄소와 각종 환경오염물질로 인하여 지구온난화와 대기오염과 같은 심각한 환경문제에 직면해 있는 실정이다. 이 문제를 해결하기 위해서는 현재의 화석연료를 대체할 수 있는 새로운 에너지원을 개발하여야 하며, 에너지 소비절약을 통하여 에너지원의 고갈 시기를 지연시키고 지구환경을 보전할 수 있도록 생활 방식을 개선해 가야 한다.

에너지란 일을 할 수 있는 능력을 말한다. 따라서 어떤 물체가 자신을 변화시킬 능력을 가지고 있거나 다른 대상을 변화시킬 수 있는 능력을 가지고 있는 물체는 에너지를 가지고 있다고 한다. 에너지는 다양한 양상으로 존재한다. 움직이고 있는 물체가 가지고 있는 에너지를 운동에너지라고 한다. 운동에너지는 물체의 질량이 클수록 그리고 움직이는 속력이 빠를수록 크다. 정지해 있는 물체도 에너지를 갖는다. 물체는 평형상태로부터 위치가 변하면 에너지를 저장할 수 있는데, 이러한 형태로 존재하는 에너지를 위치에너지라고 한다. 예를 들면 평형상태보다 늘어나 있거나 수축되어 있는 용수철이나 고무줄 그리고 높은 곳에 위치해 있는 물은 위치에너지를 가지고 있다. 이 외에도 에너지는 빛에너지, 전기에너지, 화학에너지, 열에너지, 핵에너지, 소리에너지 등의 형태로 존재한다.

그리고 이들 에너지는 한 형태에서 다른 형태로 전환될 수 있다. 일상생활에서 우리는 에너지를 사용한다고 하는 데, 사실은 에너지를 사용하여 없애는 것이 아니라 어떤 형태의 에너지를 다른 형태의 에너지로 바꾸는 것이다. 예를 들면, 가정에서 사용하는 전기기구들은 전기에너지를 다른 형태의 에너지로 바꾸어 준다. TV는 전기에너지를 빛에너지와 소리에너지로 바꾼다. 전열 기구는 열에너지, 전등은 빛에너지, 오디오는 소리에너지로 바꾸어 준다.

전기에너지도 핵에너지, 화학에너지 등이 변형되어서 만들어진 것이다.

이렇게 에너지는 서로 다른 형태로 변형될 수 있는데, 변형되는 과정에서 에너지가 감소하거나 없어지지는 않는다. 이렇게 에너지가 서로 다른 형태의 에너지로 전환되더라도 그 총량이 항상 일정하다는 것을 에너지보존법칙(열역학 제1법칙)이라고 한다.

에너지의 형태가 바뀌더라도 그 총량은 항상 일정하다는 것은 우리가 어떤 에너지를 사용해도 그것이 사라지지 않고 어딘가에 남아있다는 것을 의미한다. 그런데 왜 우리는 에너지부족을 겪고 있을까? 그 이유는 에너지가 다른 형태로 바뀔 때 바뀌어 가는 방향에 제약이 따르기 때문이다. 예로서, 전기에너지는 열에너지로 바뀔 수 있다. 그러나 일단 전환된 열에너지가 모두 전기에너지로 다시 바뀔 수는 없다. 일단 형태가 바뀐 에너지를 원래의 에너지로 완전히 전환시키는 것은 불가능하다. 이것을 열역학 제2법칙(엔트로피 법칙)이라고 한다.

그리고 우리의 생활에 이용되는 에너지를 제공해 주는 대상을 에너지원이라고 하는 데, 이에는 석탄, 석유, 천연가스와 같은 화석연료와 우라늄과 같은 방사능 물질뿐만 아니라 태양과 바람 그리고 해양의 높은 파고와 해류 및 지중의 열 등으로 다양하다. 이들에 대해서 알아보자.

3.4.2 화석에너지

화석에너지 혹은 화석연료란 어떤 생명체가 화석의 단계를 거쳐서 우리가 사용할 수 있는 에너지 자원으로 변하여 지중에 저장되어 있는 것을 말한다. 이 중에서 동물의 사체가 높은 땅 속에서 높은 압력을 받아 액체 상태로 변한 것을 석유라고 부른다. 석유로 변하는 과정에서 생성된 분해기체가 천연가스이다. 그리고 식물이 높은 압력을 받아 고체화되어 땅속에 저장되어 있는 것을 석탄이라고 부른다.

산업혁명은 19세기에 연료의 연소로 얻어지는 열에너지를 기계에너지로 전환하여 사용할 수 있는 기술을 개발하게 됨으로써 시작되었다. 20세기 초까지는 석탄이 주요 에너지원이었으나 그 후 석유와 천연가스의 사용이 꾸준히 증가하여 오늘날엔 전 세계 에너지 사용량의 85% 이상을 이들 연료가 차지하고 있다. 그런데 이들 화석연료는 매장 지역이 특정 지역에 편중되어 있어 가격과 공급 측면에서 항상 불안정한 요소를 지닌다. 또 재생이 불가능하고 매장량이 한정되어 있으며, 연소과정에서 환경오염물질을 배출한다는 단점을 가지고 있다.

특히 환경오염문제는 심각하다. 화석연료의 구성성분은 대부분 탄소이기 때문에 연소과정에서 연소되는 화석연료의 무게보다도 훨씬 많은 양의 이산화탄소가 배출되는데, 이것이 지구온난화 문제를 유발하여 지구환경을 위협하고 있다. 또 자동차와 산업체 등에서 배출하는 배기가스에 의한 대기오염은 물론이고 유류 저장탱크와 주유과정 및 각종 생산 공정에서 배출되는 오염물질로 인한 대기오염으로 생태계와 인간의 건강이 위협받고 있다. 이러한 이유로 인류는 화석연료 의존도를 줄여서 에너지 수급 불안정과 환경영향을 억제하고자 이를 대체할 수 있는 새로운 에너지원을 찾으려는 노력을 하고 있다. 이러한 노력에도 불구하고 앞으로도 상당기간 화석연료는 인류의 주요 에너지원으로서의 역할을 담당하게 될 것으로 예상되고 있다.

특정의 자원을 얼마나 오래 사용할 수 있는가를 평가한 값을 가채연수라고 한다. 예로서, 석유의 가채연수가 41년이라고 하는 데, 이것은 지금까지 발굴된 경제성이 있는 석유 매장량을 현재의 생산량으로 나눈 값이다. 따라서 이 값이 제로가 된다하여도 지하자원으로서의 석유의 양이 완전히 없어진다는 의미가 아니다. 또 채굴기술력의 향상과 신규로 매장량이 확인된다든가 연간 생산량에 변화가 있든가하면 가채연수는 변하게 된다. 따라서 41년 후에도 채굴할 석유가 남아 있을 수도 있고, 그 이전에 없어질지도 모른다. 다만, 화석연료는 재생 불가능한 에너지이기 때문에 언젠가는 고갈된다는 사실이다. 이들 화석연료에 대해서 자세히 알아보자.

1) 석탄

석탄은 식물이 고화되어 만들어진 고체연료이다. 인류는 수천 년 전부터 석탄을 연소하여 열을 얻었다. 하지만 산업혁명이 시작되기 전까지 인류의 주요 에너지원은 나무였고 석탄의 사용은 그다지 많지 않았다. 산업혁명이 시작되고 나서 서구 사회는 연료 수요가 급속히 증가하여 숲은 빠르게 벌채되어 갔고, 나무가격 또한 급등해 갔다. 그래서 석탄이 나무를 대체하는 연료로 자리 잡게 되었다. 산업혁명 기간 동안에 석탄은 발전소의 터빈, 배 그리고 산업체의 대형 엔진을 가동시키는 역할을 맡게 되었다. 오늘날에도 석탄은 석유와 함께 세계의 에너지원으로서 중요한 역할을 하고 있는데, 주로 화력발전용으로 사용되고 있다.

석탄은 전 세계적으로 가장 풍부하게 분포되어 있는 화석연료이며, 다른 화석연료에 비하여 수송이 쉽고 발열량이 많다는 장점이 있다. 반면에 여러 가지 단점도 안고 있다. 우선 석탄광산은 지표침식을 증가시킬 수 있다. 석탄광산에서 유출된 침출수는 수질오염을 유발할 수 있다. 또 석탄은 동일한 열량을 만드는 과정에서 여러 화석연료들 중에서 가장 많은 이산화탄소와 대기오염물질을 배출한다. 석탄을 채굴하는 데에는 위험이 수반된다는 점도 단점으로 들 수 있다. 매년 석탄을 채굴하는 과정에서 연간 수천 명의 광부가 사고로 목숨을 잃거나 상해를 입고 있다. 그리고 오랜 기간에 걸쳐 채광 일을 한 많은 수의 광부들이 석탄 먼지로 인한 진폐증으로 고통을 당하고 있다.

2) 석유

석유는 끈적끈적한 검은 액체 화석연료이다. 석유는 수억 년 전에 해양이나 얕은 연안 지역에 살았던 유공충 및 작은 동물과 조류의 잔해로부터 만들어졌다. 석유(Petroleum)는 기름(Oil)을 말하는 데, 이것은 라틴어 petra(rock)와 oleum(oil)으로부터 유래되었다. 대부분의 석유는 작은 구멍이 존재하는 사암이나 석회석으로 덮여있는 지중에 저장되어 있다. 석유는 전 세계 에너지원의 1/3 이상을 담당하고 있다. 자동차, 비행기, 열차, 그리고 배의 연료는 대부분 석유이다. 많은 가정에서 난방연료로 사용하기도 한다. 오늘날 우리나라의 연간 석유 소비량은 약 1천억 리터에 이른다. 이것의 대부분을 중동지역에 위치한 산유국에 의존하고 있어 이 지역의 국제정세가 불안정해지면 수급에 큰 지장을 받을 수 있는 실정에 놓여있다.

3) 천연가스

화석연료 중에서 3번째로 중요한 에너지원의 위치를 차지하고 있는 것이 천연가스인데, 이것은 메탄과 다른 기체들 간의 혼합물로 구성되어 있다. 천연가스는 석유와 같은 유기물로부터 생성되었다. 천연가스의 밀도는 석유보다 작기 때문에 유정에서 석유의 윗부분에 위치하고 있다. 천연가스가 위치해 있는 곳에서 사용처까지 가스관이 설치되어 있다. 그래서 미국에 설치되어 있는 가스관의 길이만 하여도 달과 지구사이를 두 번 왕복할 수 있는 정도라고 한다. 또한 천연가스는 액체로 압축되어 사용처로 운반되어 사용되기도 한다. 천연가스는 다른 화석연료에 비하여 여러 가지 장점을 가지고 있다. 무엇보다도 천연가스는 석탄이나 석유에 비하여 대기오염 물질의 배출이 훨씬 적다. 그리고 일단 가스관이 설치되고 나면 수송도 쉽다. 천연가스의 단점은 팽창되기 쉽다는 점에 있다. 그래서 가스가 유출되면 폭발과 화재가 발생하기 쉽다.

가스회사는 가스가 유출되어 폭발되는 것을 예방하는 일을 돕고 있다. 천연가스를 사용하고 있는 가정에서는 아마도 가스 냄새에 익숙해져 있을 텐데, 그것은 가스가 새는 것을 알아챌 수 있도록 가스회사가 냄새나는 기체를 천연가스에 혼합해 두었기 때문이다. 사실은 천연가스는 거의 냄새가 나지 않는 기체이다.

3.4.3 연료의 공급과 수요

에너지원으로서 화석연료를 사용함으로써 현대의 풍요로운 물질문명이 가능하게 되었다. 하지만 화석연료는 수억 년이 걸려 생성되었다는 사실을 기억하여야 한다. 그래서 화석연료는 재생이 되지 않는 자원으로 간주된다. 석유가 생성되어 저장되는 데에는 5억 년이 걸린다고 알려져 있다. 석유의 1/4은 이미 사용되었다. 화석연료가 생성되는 것보다 더 빠른 속도로 소비된다면 저장되어 있는 석유는 결국 고갈되어 버릴 것이다. 세계의 많은 나라들이 자국에 매장되어 있는 석유를 거의 소진하고 있다. 그러한 국가들은 매장량이 훨씬 많은 국가들로부터 석유, 석탄 그리고 천연가스를 수입하여야 한다. 화석연료의 지역적 불균형 분포로 인하여 종종 국제적인 정치 문제를 야기하곤 한다. 그 예로서 1970년대에 원유를 수출하는 국가들이 집단적으로 원유 공급량을 대폭 감축하기로 결정한 바 있다. 그러자 휘발유의 공급 부족이 발생하였고, 가격이 급등하였다. 사람들은 휘발유를 사기 위해 길게 줄을 서서 기다려야 하였다. 이러한 경험을 통해서 석유 수입국들은 스스로 통제할 수 없는 에너지원에 대한 의존도를 줄이려는 노력을 시작하였다. 즉, 새로운 에너지원을 개발하려는 노력이 시작되었다.

3.4.4 에너지 전환의 불가피성

2015년 파리에서 개최된 제23차 기후변화당사국회의에서 온실가스 감축에 관한 포스트 교토 체제를 선택하게 되었다. 2015 파리 신 기후 체제에 호응하여 전 세계 유수의 기업에서 산업생산에 필요한 에너지를 온실가스감축에 부담이 현저히 낮은 재생에너지로 전환해 갈 것을 약속하게 되었다.

다수의 글로벌 대기업에서 21세기 중반까지 완전한 재생에너지 사용 기업으로 탈바꿈하겠다고 선언하였는데, 이들 기업들은 파리 신 기후체제의 효력이 시작되는 2020년까지 총에너지의 80% 달성을 목표로 제시하기도 하였다. 이들 기업과 거래를 하는 모든 사업체들도 이 목표를 달성하여야 한다.

이들 대기업과 거래량이 많은 우리나라의 기업들도 빠른 시간 내에 재생에너지로 제품을 생산하여야하므로 화력과 원전 중심의 전력 생산체제를 재생에너지 중심으로 전환하여야 한다.

또 미국에서는 재생가능에너지 구매자 연합을 결성하여 재생에너지로 생산한 전기만을 구매하여 판매에 나서고 있다. 이러한 전력 거래시장이 점차 확대되어 간다면 장래에는 유럽에서 2030년 이후로 연료 연소형 엔진을 부착한 차량의 등록을 받지 않게 되는 것처럼 재생에너지만이 거래되고 기존의 에너지(화력, 원자력)는 전력거래에서 배제되는 시기가 도래할 수도 있을 것이다.

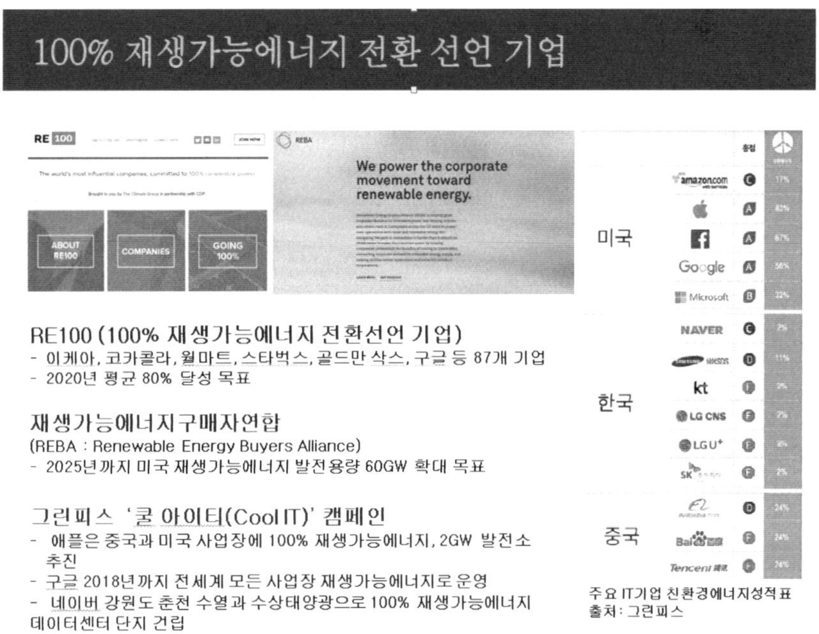

그림 3.4.1 전 세계 산업 부문의 장래 재생 사용 전환계획

3.4.5 신·재생에너지

신·재생에너지란 신에너지와 재생에너지를 가리키는 말이다. 이것의 정의는 기존의 화석연료를 변환시켜 이용하거나 햇빛, 물, 지열, 강수, 생물유기체 등을 포함하는 재생가능에너지를 변환시켜서 이용하는 에너지이다. 우리나라에서는 현재 11개 분야가 신·재생에저지로 지정되어 있다. 구체적으로 살펴보면, 재생에너지로 태양열, 태양광발전, 바이오매스, 풍력, 소수력, 지열, 해양에너지, 폐기물에너지의 8개 분야, 신에너지로는 연료전지, 석탄액화 가스화, 수소에너지의 3개 분야이다.

1) 태양에너지

맑은 날에 태양에 노출되면 따뜻함을 느낄 수 있는데, 그것은 태양에서 온 에너지의 덕분이다. 이를 태양에너지(solar energy)라고 한다. 태양은 빛과 열의 형태로 에너지를 끊임없이 보내준다. 태양에너지는 대부분의 신재생에너지에 직접적 또는 간접적인 에너지원이 된다. 지구가 하루 동안에 받는 태양에너지는 전 세계가 40년간 사용할 수 있는 에너지양에 해당한다. 태양에너지는 오염을 유발하지 않으며, 향후 수 십 억년 동안 고갈되지도 않는다. 그렇다면 왜 태양에너지가 화석연료를 대체하고 있지 못할까? 하나의 이유는 태양에너지는 태양이 비추고 있을 때에만 유용하다는 것에 있다. 야간이나 흐린 날에는 이를 대신할 수 있는 에너지원이 있어야 하는 것이다. 또 다른 문제는 비록 지구가 태양으로부터 매일 엄청난 양의 에너지를 받고 있지만, 그것은 넓은 면적에 분산되어 있다는 사실이다. 충분한 에너지를 얻으려면 아주 넓은 면적으로부터 에너지를 모아야 한다.

<태양에너지를 이용하는 기술>

태양에너지를 모아서 사용하는 기술의 발달이 미래 인류가 필요로 하는 에너지를 제공하는 데에 큰 기여를 하게 될 것이다. 오늘날 발전하고 있는 대표적인 관련 기술을 알아보자.

태양 발전시설 태양 에너지를 모으는 방법의 하나는 거대한 거울을 이용하는 것이다. 태양 발전소에는 길게 늘어선 거울이 태양광을 물이 차있는 수조로 집중시킨다. 물이 끓으면 증기가 발전기를 돌려 전기를 만든다.

쏠라 셀 쏠라 셀을 이용하면 태양에너지를 바로 전기에너지로 전환할 수 있다. 쏠라 셀은 실리콘으로 만들어진 여러 층의 박막과 다른 여러 부품으로 구성된 복합체이다. 쏠라 셀로 생산되는 전력량은 셀이 설치되는 면적과 태양빛을 전기로 전환할 수 있는 효율에 의존한다. 쏠라 셀은 전자계산기, 전등, 전화 외에도 다른 소형 장치에 전기를 제공하는 데에 널리 이용되고 있다. 건물에 쏠라 셀을 설치하려면 비용이 많이 든다. 그래서 쏠라 셀이 많이 보급되는 곳은 주로 화석연료의 보급이 어려운 지역이었다. 하지만 최근에는 정부가 시설 건립에 필요한 자금을 지원하고, 생산된 전력을 고가로 구매해 주는 제도에 힘입어 쏠라 셀을 이용한 대규모 태양광 발전시설이 빠르게 보급되고 있다.

태양열 시스템 태양에너지는 건물을 가열하는 데에 사용될 수 있다. 태양열 시스템은 수동형과 능동형의 두 가지 유형으로 나눌 수 있다. 수동형 태양열 시스템은 펌프나 팬을 사용하지 않고 태양광을 열에너지로 전환하는 것이다. 맑은 날 양지에 주차되어 있던 차량의 내부로 들어가 보았다면 수동형 태양열 시스템을 경험한 셈이다. 태양에너지는 빛으로서 유리창을 통해서 차 내부로 들어간다. 차 내부로 들어간 태양광선은 좌석과 다른 부위를 가열하게 되고, 차 내부의 공기는 가열된 부위로부터 열을 받아 가열된다. 가열된 공기는 차 내부에 갇혀있기 때문에 기온이 점차 올라간다. 이러한 원리를 건물에 적용하면 건물 내부를 가열할 수 있다. 능동형 태양열 시스템은 포착한 태양 에너지를 펌프와 팬을 이용해서 분산시킨다. 태양 빛이 검은 금속으로 이루어진 포집 부분에 닿으면 열로 전환이 된다. 파이프를 통해서 물이 포집 부분을 지나면서 태양 빛에서 전환된 열에너지를 흡수한다. 가열된 물은 저장 수조로 흘러간다. 펌프와 팬이 그 열을 건물 전체로 분산시킨다.

2) 풍력발전

풍력은 사실은 태양에너지의 간접 생성물이다. 태양열은 지표를 불균등하게 가열한다. 이 불균등 가열이 지역별로 다른 기온과 기압분포를 만들어 낸다. 지역 간의 기압분포 차이로 인하여 공기가 한 지역에서 다른 지역으로 이동해 간다. 이것이 바람이다. 바람이 터빈을 돌려 전기를 만들어 낸다. 풍력 발전소는 많은 풍차로 이루어져 있다. 이들 풍차가 대규모의 전력을 생산한다. 오늘날 전 세계의 풍력발전소가 생산하는 전력의 양은 1%에도 미치지 못하는 실정이지만 매우 빠른 속도로 성장하고 있는 에너지원이다. 풍력발전소는 발전 과정에서 오염물질을 배출하지 않는다. 화석연료의 수급이 어려운 남극 같은 곳에서는 주요 에너지원 자리를 차지하고 있다. 몽골초원에는 70,000개 이상의 풍력 터빈이 설치되어 전력생산이 이루어지고 있다. 그런데 풍력은 어디에나 유용한 것이 아니다. 에너지원으로 가치를 가지기에 충분할 정도로 강한 바람이 항상 불어주는 한정된 장소에서 유용하다. 풍력 발전기에서는 소음이 발생하며 간혹 너무 강한 바람이 불면 파손되기도 한다. 또 산지에 건설하려면 삼림자원 훼손이라는 환경문제를 유발하기도 한다. 이러한 단점에도 불구하고 화석연료가 점차 고갈되어지고 단가도 높아지고 있기 때문에 풍력발전의 주요성은 더욱 높아져가고 있다.

3) 수력발전

태양에너지는 수력발전의 간접 에너지원이 되기도 한다. 물 순환에 있어서, 태양에너지는 지표상의 물을 가열하여 증발시킨다. 수증기는 상공에서 응결하여 다시 비와 눈의 형태로 지표로 돌아온다. 지표에 내린 강수는 하천을 따라 흘러서 호수와 바다로 가는데, 이렇게 흐르는 물은 또 다른 에너지원이 될 수 있다. 흐르는 물은 터빈을 돌려서 전기를 생산할 수 있다. 댐은 하천을 흐르는 물을 막아서 인공적인 호수를 만드는 것인데, 이를 저수지라고 부른다. 댐에 갇혀진 물은 댐의 아래쪽에 나있는 터널을 따라서 흘러 나간다.

터널을 지나는 물이 터빈을 돌려 전기를 생산한다. 수력발전은 흐르는 물을 이용하는 것이다. 이 유형의 전기발전이 오늘날 전 세계에서 가장 널리 사용되고 있는 재생에너지이다. 일단 댐과 발전설비가 건립되고 나면 매우 저렴하게 전기를 생산할 수 있다. 수력발전의 또 다른 장점은 대기오염이 발생되지 않는다는 점이다. 풍력이나 태양발전과 달리 에너지를 안정적으로 생산할 수 있다는 점도 큰 장점이다.

하지만 수력발전에도 한계가 있다. 댐이 건설될 수 있는 적합한 부지는 이미 대부분 댐이 건설되어져 있다. 그리고 댐은 토지의 수몰, 안개발생에 따른 일조량 감소 등의 요인에 의해 환경에 부정적인 영향을 미친다.

4) 조석에너지

흐르는 물에는 해양의 조석도 있다. 달과 태양의 중력이 연안지역의 해면 수위가 일정한 간격으로 상승과 하강을 반복하도록 만든다. 어떤 연안에는 만조 시에 엄청난 양의 물이 만으로 흘러들어가서 고수위를 만들어낸다. 이 물은 간조 시기가 되면 다시 먼 바다로 빠져 나간다. 조석발전소는 이와 같은 일정한 해면 수위변화의 이점을 이용하기 위해 건설된 발전소이다. 해수가 유입되는 얕은 만을 따라서 댐이 설치되어 만조 시에 유입되는 물을 가둔다. 간조가 되어 물이 빠져 나갈 때 수력발전과 같이 댐에 설치된 터빈을 돌려 전기를 생산한다.

하지만 전 세계적으로 조석발전소를 건립하기에 적합한 연안지역이 거의 없다는 것이 한계이다. 만을 따라서 댐을 설치하면 화물선과 어선이 다닐 수 없게 된다. 이러한 점이 조석발전의 확대를 가로막는 요인이 되고 있다.

5) 바이오매스에너지

난방과 조명의 수단으로 가장 오래된 연료는 나무이다. 나무가 광합성을 할 때, 태양에너지가 이산화탄소와 물을 보다 복잡한 다른 분자들로 전환시킨다. 나무를 연소시키면 광합성 과정으로 만들어졌던 분자들이 원래 상태로 돌아가면서 에너지를 방출한다. 생물체로부터 얻어지는 연료를 바이오매스라고 부르는데, 나무도 그 중의 하나이다. 그 이외의 바이오매스로는 나뭇잎, 음식물 쓰레기 및 동물의 배설물 등이 있다. 화석연료가 부족해짐에 따라서 사람들은 삶의 가까이에서 얻을 수 있는 바이오매스연료를 찾게 되었다. 예로서, 1970년대 초에 석유가격이 급등하자 하와이의 사탕수수 농장의 농부들은 사탕수수 부산물을 사용하는 방법을 생각했다. 그들은 땅에 매립하여 폐기하고 있던 부산물을 발전용으로 태우기 시작하였다. 오늘날 카우아이(Kauai)의 내륙지역에서 소비되고 있는 전기에너지의 거의 1/4은 이러한 바이오매스를 이용해서 생산하고 있다.

바이오매스 물질을 다른 연료로 전환시킬 수도 있다. 예로서, 옥수수, 사탕수수 및 그 이외의 곡물들을 알코올로 전환시킬 수 있다. 가솔린에 알코올을 혼합시킨 것을 가소올(gasohol)이라고 부른다. 가소올은 차량의 연료로 사용될 수 있다. 박테리아가 폐기물을 분해시키면 폐기물이 메탄가스로 전환된다. 매립장에서 생산된 메탄은 난방용으로 사용되고 있다.

알코올과 메탄은 재생에너지원이다. 하지만 이것을 대량으로 생산하는 데에 소요되는 비용은 화석연료를 사용하는 것보다 더 많이 든다. 그리고 나무가 재생에너지라고는 하지만, 나무를 다시 심어서 베어낸 나무를 대신하게 하기까지는 긴 시간을 필요로 한다. 결과적으로, 바이오매스 연료는 아직 세계적으로 그다지 많이 사용되고 있지는 않다. 하지만 화석연료가 더욱 부족해지게 되면, 바이오매스 연료는 미래에 에너지 수요를 충족시키는 데에 더 큰 몫을 하게 될 것으로 예상된다.

6) 지열에너지

지각 아래에는 마그마라고 불리는 매우 뜨겁고 두꺼운 액체로 이루어진 층이 있다. 어떤 곳에서는 마그마가 지표에서 아주 가까운 깊이에서도 발견

된다. 심지어는 용암으로 지표로 분출되기도 한다. 이런 고온의 지구 내부로부터 나오는 열을 지열에너지라고 한다.

아이슬란드나 뉴질랜드와 같은 어떤 지역에서는 마그마가 지하의 물을 끓는점까지 가열하기도 한다. 뜨거운 물과 증기는 에너지원으로서 유용하다. 아이슬란드의 어떤 지방에서는 전체 가구의 90% 이상이 이러한 열을 이용해서 난방을 해결하고 있다. 지열에너지는 전기를 생산하는 데에도 이용할 수 있다.

지열에너지는 무한정 이용할 수 있는 값싼 에너지이다. 하지만 이것도 다른 에너지원과 마찬가지로 단점을 안고 있다. 마그마가 지표 가까이에 위치해 있는 지역은 그다지 많지 않다. 그 이외의 지역에서는 이 에너지를 얻기 위해서는 깊이 지중으로 들어가야 한다. 깊이 굴착을 하려면 비용이 많이 든다. 그럼에도 지열에너지도 미래에는 중요한 에너지원의 역할을 할 것으로 예상된다.

7) 수소에너지

연료가 탈 때, 아무런 오염물질을 발생하지 않고 오직 물만 만들어지는 진다. 따라서 연기도 없고, 스모그나 산성비를 만들지도 않는다. 그리고 천연가스처럼 파이프라인을 통해 수송할 수 있다. 그리고 지구상에 그 양이 엄청나게 많다.

이렇게 이상적인 연료가 있으니, 그것이 수소이다. 하지만 수소연료에도 문제가 있다. 지구상에 있는 수소의 거의 전부는 산소와 결합해서 물로 존재해 있다. 그래서 순수한 수소는 물의 전기분해를 통해서 얻을 수 있다. 그래서 수소를 얻는 데에 소비되는 에너지가 다시 수소를 연소시켜서 얻을 수 있는 에너지의 양보다 더 많다. 그럼에도 과학자들은 수소를 미래의 훌륭한 연료에서 배제시키지 않고 있다. 현재, 수력발전소는 전기 수요가 낮을 때에는 가동을 줄인다. 이 여분의 전력을 수소생산에 사용하게 된다면 이들은 항상 가동을 최대로 유지시킬 수 있다. 마찬가지로, 태양광 발전소는 낮 동안에 필요한 양을 초과해서 전기를 생산하기도 한다. 이렇게 남아도는 전기를 이용해서 수소를 생산할 수 있다. 수소를 보다 싼 가격에 생산할 수 있는 기술이 개발된다면, 수소는 중요한 에너지원이 될 수 있을 것이다.

8) 연료전지

연료전지 발전원리는 수소와 산소를 전기화학적으로 반응시켜 전력을 생산하는 장치이다. 물을 전기분해하면 수소와 산소가 발생한다. 연료전지는 이와 반대로 수소와 산소가 결합되어 물이 생성되는 과정에서 얻어지는 열을 이용한다.

$$2H_2 + O_2 \rightarrow 2H_2O + \text{전기, 열}$$

그래서 화력발전과 달리 연소과정이 없으며, 발전 과정에서 발생하는 것은 전력과 물, 그리고 열뿐이다. 그래서 대기오염의 발생이 거의 없으며, 소음도 거의 발생하지 않는다. 또 발전효율이 아주 높다는 장점이 있다. 터빈을 돌려서 전기를 생산하는 방식에서는 전기를 생산하기까지 열과 운동에너지로 소실되는 에너지가 많다. 연료전지는 이러한 과정이 없기 때문에 이상적인 에너지효율은 80% 이상에 이른다. 터빈을 돌려 전기를 생산하는 방식에서는 출력규모가 작으면 에너지효율이 더욱 낮아지는 경향을 나타내지만, 연료전지는 출력의 규모에 관계없이 일정한 높은 효율을 얻을 수 있다는 것도 큰 이점이다. 이러한 특성으로 인하여 연료전지는 자동차, 가정, 휴대기기용 등으로 활용될 여지가 크다.

3.4.6 원자력 에너지

• **핵분열과 원자력발전** 핵반응은 물질을 에너지로 전환시킨다. 1905년에, 아인슈타인은 에너지와 물질 사이의 관계를 기술한 새로운 공식을 알아

내었다. 이것이 유명한 E = mc2이라는 방정식이다. 방정식에서 E는 에너지를, m은 물질의 질량이다. 그리고 c는 빛의 속력이다. 이 방정식은 물질이 에너지로 전환되면 엄청난 양의 에너지가 생성된다는 것을 말하고 있다. 핵분열이란, 원자의 핵이 다른 2개의 더 작은 핵으로 나누어지는 것을 말한다. 원자력발전은 우라늄 등의 방사성 원소로 이루어진 원자연료가 가진 핵에너지를 이용해서 발전한다. 천연의 우라늄의 조성은 핵분열이 일어나기 어려운 원자량 238을 가진 것이 대부분이고, 핵분열을 하는 원자량 235를 갖는 우라늄의 양은 0.7%밖에 포함되어있지 않다. 원자력 발전에서는 우라늄 235의 비율을 5% 정도로 농축해서 사용하는 것이 일반적이다.

원자핵이 핵분열을 할 때 발생하는 열에너지로 고압의 수증기를 만들어, 발전기에 연결되어 있는 터빈을 돌린다. 원자로의 종류는 연료와 사용하는 감속재와 냉각재 등에 따라서 다르다. 현재, 우리나라에서 가동되고 있는 원자력 발전소에서는 농축 우라늄을 연료로 하는 경수로(핵분열 속도를 늦추어 주는 감속재·냉각재로 경수~보통의 물을 이용)가 이용되고 있다. 원자로의 종류도 다양하지만, 핵에너지를 열에너지로 바꾸고, 그것을 이용하여 고압의 수증기를 만들어 터빈을 돌리는 방식이 가장 일반적이다.

• **원자력 발전의 장점** 발전 과정 중에는 이산화탄소와 대기오염물질이 발생하지 않는다. 발전단가가 대부분의 신·재생에너지뿐만 아니라 화석연료에 비해서도 훨씬 낮다는 점도 원자력 발전이 갖는 장점이다. 그리고 아주 적은 양의 연료로 많은 양의 전기를 생산할 수 있다. 예로서, 원자력 발전소를 1년간 운전하는 데에 필요한 우라늄 양은 석유를 연료로 이용하는 화력발전소에서 소비하는 석유 중량의 6만분의 1 이하에 지나지 않는다. 이것은 연료의 운반과 저장에 큰 이점으로 작용한다.

• **원자력 발전의 단점** 원자력발전의 가능성이 처음으로 제시되었을 때에 사람들은 핵 분해가 안전하고 청정한 거의 무한정의 에너지원을 제공해 줄 것으로 기대했었다고 한다. 오늘날 원자력 발전소는 미국에서 약 20%, 프랑

스에서 약 70% 그리고 우리나라에서 소비되는 전력의 약 40%를 차지하는 등 전 세계 에너지 보급에서 큰 비중을 담당하고 있다. 하지만 원자력 발전은 안전에 문제를 안고 있다. 원자력 발전소에서 발생한 대표적인 안전사고로 1986년에 우크라이나 체르노빌 원자력발전소의 원자로 폭발사건을 들 수 있다. 사건은 근무자가 안전수칙을 지키지 않아 발생한 것으로 밝혀졌다. 러시아의 체르노빌 원자력발전소에서 원자로가 폭발하여 10일간이나 방사능물질이 외부로 유출되었다. 유출된 방사능물질은 암과 백혈병, 사산 및 기형아 발생을 유발하는 물질로서 바람에 실려 사고지점으로부터 수천 킬로미터 떨어진 곳까지 수송됨으로써 폴란드 국경을 거쳐 핀란드남부, 노르웨이, 스웨덴에서도 검출되었다.

이 사고로 사고지역 내의 많은 건물을 비롯해 자연생태계가 심하게 오염되어 발전소로부터 30킬로미터 이내에 거주하던 약 13만 5,000여명이 이주하였다. 이 사건의 초기 사망자는 31명에 불과했지만 구소련 당국의 발표에 의하면 방사능 감염으로 인해 사고발생 4년 후에는 사망자가 300명 정도로 늘어났으며, 1986년에서 1990년까지의 통계자료에 따르면 체르노빌 발전소의 방사능 영향지역에서 갑상선 질환, 암, 백혈병 등의 발생률이 50퍼센트 이상 증가하였으며 유산, 사산, 유전적 기형아 발생률도 크게 증가하였다.

원자로의 용해에 따른 폭발사고는 안전수칙에 충분한 주의를 기울이면 피할 수 있는 문제이다. 이보다 더 어려운 문제는 원자력발전 과정에서 만들어지는 방사성 폐기물의 처리이다. 방사성 폐기물은 수천 년 이상 위험물질로 존재한다. 과학자들이 오랜 기간에 걸쳐서 이것을 안전하게 보관하는 방법을 연구해오고 있지만, 아직도 미해결의 상태로 남겨져 있다. 마지막으로 원자력발전은 건립과정에 비용이 많이 소요되며, 안전장치를 철저히 하려면 더욱 많은 경비가 지출되기 때문에 이를 모두 고려하면 발전단가가 기대만큼 낮지 않다는 점을 단점으로 지적되고 있다.

3.4.7 에너지 절약

당장 화석연료가 고갈된다면 세계가 어떻게 될 것인지를 상상해 보자. 전기의 80%가 일시에 사라질 것이다. 건물의 냉난방 시설은 사용이 불가능해진다. 난방과 음식을 만들기 위해서 사람들은 나무를 벌채하기 시작할 것이기에 숲이 사라져 갈 것이다. 대부분의 교통수단은 운행을 중지할 것이다. 자동차, 버스, 열차, 비행기 그리고 배는 연료의 고갈로 멈추어 설 것이다. 라디오, TV, 컴퓨터, 전화와 같은 통신수단도 자유롭게 이용할 수 없게 된다.

화석연료가 당장 동이 나지는 않겠지만, 그것을 언제까지나 사용할 수는 없다. 사람들은 그때를 대비해서 미래를 준비하기 시작하였다. 첫째, 새로운 화석연료를 대체하는 에너지원을 개발하는 것이다. 두 번째, 화석연료를 사용할 수 있는 기간을 가능한 연장할 수 있도록 에너지 사용을 줄이는 방법을 개발하는 것이다. 이 점에 대해서 알아보자.

에너지의 사용을 줄이는 것을 에너지 절약이라고 한다. 예를 들자면, 차량을 이용하지 않고 걸어서 상점을 다녀왔다면 차량운행에 소비될 연료를 절약한 것이 된다. 에너지 절약은 에너지 수급과 미래의 에너지 부족문제를 해결하는 데에 도움이 되며, 화석연료 사용을 억제하여 지구온난화의 원인 문질인 이산화탄소 발생을 줄여 지구환경의 보전에도 기여하게 된다.

에너지 효율성이 높은 제품을 사용하는 것도 에너지를 절약하는 하나의 방법이 된다. 에너지의 효율성이란 특정의 기구에 투입된 에너지 중에서 제품이 본연의 역할을 하는 데에 소비한 에너지의 비율을 말한다. 난방기가 아닌 제품이 가동되고 있는 중에 외부로 방출되는 열이 많을수록 에너지효율이 낮다고 한다. 에너지 효율이 높은 제품과 그것을 사용하였을 때의 에너지 절약 효과에 대해서 알아보자.

• **조명** 가정에서 조명으로 소비하는 전력의 양은 10% 내외에 이른다. 백열등으로 조명을 하면 전기에너지를 빛에너지로 전환시킬 수 있는 효율이 10%에 지나지 않는다. 나머지는 열로 소실된다. 반면에 형광등은 백열등이

소비하는 전기의 1/4로 같은 양의 빛을 낼 수 있다. LED 조명은 형광등보다 도 더 높은 효율을 갖는다.

• **건물의 냉난방** 건물에 냉난방 효율을 높이는 가장 간단한 방법은 단열재를 도입하는 것이다. 단열재는 건물의 내부와 외부 공간과의 열 교환을 억제시킨다. 섬유 유리질로 만들어진 15cm 두께의 단열재를 벽에 설치하면 두께 2m 두께의 콘크리트 벽과 같은 정도의 단열 기능을 할 수 있다. 또 현대 건물은 유리창이 차지하는 면적비율이 높은데, 이 유리창을 이중으로 설치하면 2중 유리창 사이의 공기가 단열재의 기능을 하여 에너지 절약을 가져올 수 있다.

• **운송수단** 공학자들은 엔진과 타이어의 개선을 통해 차량의 에너지 효율성을 개선하고자 노력해 왔다. 이와 달리 도로의 운행 차량 수를 줄이는 것도 에너지를 절약하는 좋은 방법이다. 대중교통을 이용하면 자가용의 수를 줄여 에너지를 절약할 수 있다. 또 여러 사람이 협력하여 카풀을 하는 것도 좋은 방법이다. 장래에 전기자동차의 비중이 높아지면 에너지 효율이 크게 개선될 것이다. 그 이유는 발전소에서 대량으로 전기를 생산하여 이용하는 것이 개별 차량의 엔진이 차량이 이동하는 데에 필요한 에너지를 만드는 것보다 훨씬 높은 효율을 달성할 수 있기 때문이다.

<읽을거리>

인류의 진화와 에너지전환

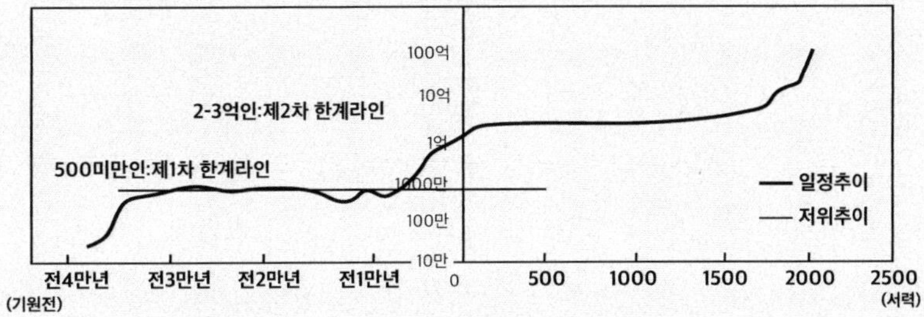

호모사피엔스가 출현한 것은 대체로 기원전 4만 년 정도로 추정되고 있다. 그 후 3만 년이 지난 기원전 1만 년까지 인구는 대략 5백만 명을 넘지 않았을 것이라고 한다. 그 후 농경이 시작되면서 인구가 증가하기 시작하여 기원 1년에는 세계 인구가 2-3억에 이르렀을 것으로 추정된다. 이 정도의 인구가 산업혁명이 이루어진 200년 전까지 지속되었는데, 화석연료의 도움이 없는 농경을 통해 부양될 수 인구의 한계가 이 정도였던 셈이다. 산업혁명과 함께 인구는 다시 폭발적으로 증가하여 오늘날에는 60억을 넘는 사람들이 지구에 살고 있다. 이러한 인구 증가는 앞으로도 상당기간 지속되어 2050년경에는 지금의 2배인 120억을 초과할 것으로 예상된다. 하지만, 이러한 인구 증가는 사람이 살아가는 데에 필요한 여러 요소들, 그중에서도 "물, 에너지, 식량"의 3대 요소가 안정적으로 공급될 경우를 가정하였을 때에만 가능할 것이다. 고갈을 맞고 있는 화석연료를 대체하는 에너지원의 개발이 이루어지지 못한다면, 미래 인간의 장래는 어떻게 될까?

제4장

기후변화와 지역사회

4.1 기후변화와 녹색도시

4.1.1 녹색도시 개념과 구조[7]

지금까지의 도시는 경제적 비용과 편리성, 기능성을 중시하는 개발이 우선시되는 도시였다. 이러다 보니 도시는 고층 고밀로 개발되고 에너지와 자원을 많이 소비하는 구조를 갖게 되었다. 이는 필연적으로 탄소배출밀도가 매우 높은 도시가 될 수밖에 없고 기후변화시대에 적응하기 힘들게 되었다. 이에 비해 녹색도시계획은 건물의 배치와 설계에 있어 무엇보다 에너지 효율성을 강조하며, 태양열, 풍력 등 지속가능한 자연 에너지 도입을 추구한다. 도시에서 발생하는 생활폐기물은 폐기장에 그대로 매립하는 것이 아니라 자원 재활용 시스템을 이용하여 최대한 매립량을 줄이도록 한다. 교통에 있어서는 현재 화석연료 위주의 교통수단을 전기, 친환경 등의 에너지 사용으로 전환하도록 한다. 따라서 이러한 노력을 통해 녹색도시는 환경오염과 온실가스 발생을 최소화하고, 친환경 도시 산업기반을 통해 세계화, 지방화에 따른 도시경쟁력 강화를 도모하는 도시로서, 환경의 가치 속에서 지속가능한 미래 성장을 추구하는 것이 목표이다(그림 4.1.1).

7 이재준, 녹색도시의 꿈, 상상, 2011. pp.74-89 및 원제무, 녹색으로 읽는 도시계획. 조경, 2010.에서 발췌하여 인용하였음.

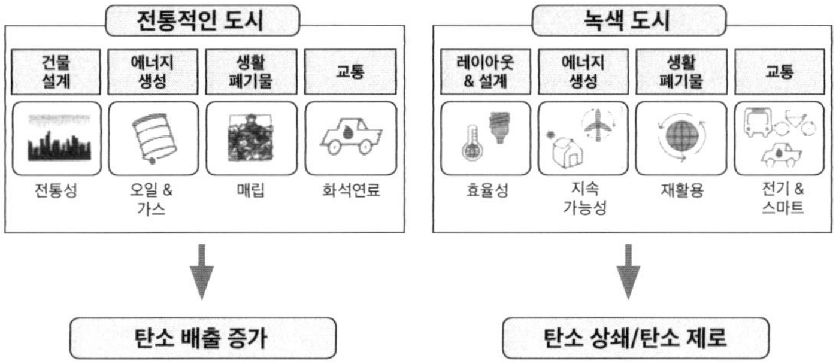

그림 4.1.1 전통적인 도시와 녹색도시의 계획 차이

이러한 녹색도시는 도시공간구조와 녹색교통체계 등 녹색도시를 위한 집합형태를 결정하는 구성요소로서 도로와 필지의 형태로 결정되는 기반요소(support)와 녹색에너지, 녹색건축 등 단위건축물의 형태로 이루어지는 충진요소(infill)로 구분된다. 이와 함께 우리의 일상생활과 산업측면에서의 탄소저감을 위한 실천요소(action)가 유기적으로 이루어져야 비로소 녹색도시로 발돋움할 수 있다(그림 4.1.2 참조).

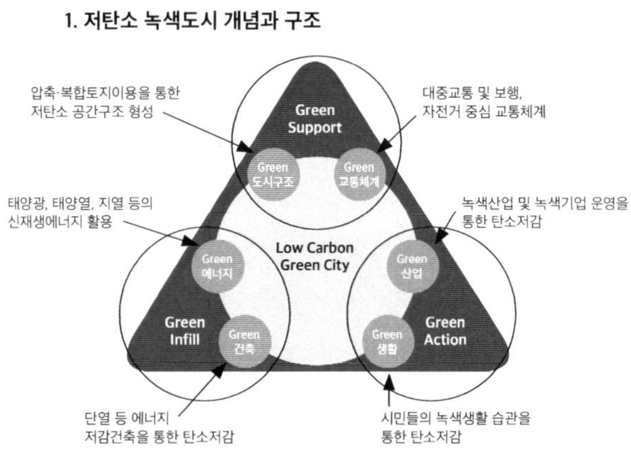

그림 4.1.2 녹색도시의 개념과 구조

1) 녹색공간구조

녹색공간구조는 편익시설 및 공공시설 집중, 집약적 도시공간구조와 복합적 토지이용을 통해 에너지 효율적인 도시구조를 마련하는 것이다. 녹색공간구조 차원에서는 에너지 효율적인 압축·복합적 토지이용과 더불어 탄소흡수를 위한 녹지체계와 가뭄, 홍수 등에 대비할 수 있는 기후변화 대응 체계를 마련할 필요가 있다.

• 녹색공간구조 계획원칙

① 자가용 중심의 도시구조를 대중교통 중심으로 전환

② 직주근접을 통해 통근거리 최소화

③ 복합용도개발(주거, 상업, 업무 등)을 통한 이동거리 최소화와 에너지 효율적 공간 조성

④ 도시 내 바람길 확보 등을 통한 도시열섬현상 방지

⑤ 풍부한 녹지 공간 확보를 통해 탄소흡수능력 확보

2) 녹색교통체계

녹색교통체계는 우리가 생활하는 주거지역 중심에 지하철, 노면전차 등의 대중교통을 연결하고 통학, 쇼핑, 레저 등 생활환경은 자전거와 보행으로 연결하는 녹색교통을 생각할 수 있다. 자동차로부터 발생하는 탄소배출을 최소화하자는 취지이다.

승용차 위주인 우리나라와는 달리 아랍에밀레이트의 마스다르 신도시는 외부와는 경전철운송체계를 결합하여 광역적 이용 편리성을 확보하되, 도시 내부는 오로지 보행과 자전거 혹은 전기자동차를 이용하는 녹색교통을 실천하고 있다.

최근 논의되는 자전거 도시가 바로 이 같은 녹색교통개념을 적용하는 도시를 말한다.

독일의 메세스타츄 림과 UAE의 마스다르 시티는 도시 및 단지 내 차량통행이 불가하며, 영국 베드제드 주거단지는 렌터카 개념의 차량공유시스템인 Car-Share 프로그램을 운영하여 탄소 배출을 줄이고 있다.

• 녹색교통체계 계획 원칙

① 도시 내 교통망을 탄소저감 및 유해가스가 거의 없는 녹색교통망으로 대체

② 대중교통 네트워크의 확대·발전

③ 대중교통망에 대한 접근성 향상

④ 사용자 중심의 지속가능한 대중교통망 정책 유지

⑤ 도심 내 자동차 진입 억제 등 교통수요관리

대중교통 중심의 도시

• 주거기역에서 지하철, 버스 등의 대중교통을 쉽게 이용가능

보행자 및 자전거 중심 도시

• 자전거와 보행으로 통학, 쇼핑, 레저활동 등을 연결

청정 환경 교통도시

• 천연가스 버스, 전기 자동차 등 친환경 교통수단으로 매연을 차단

3) 녹색에너지

녹색에너지는 태양광, 태양열, 지열, 바이오에너지 등의 재생에너지와 연료전지, 수소에너지 등의 신에너지 등을 활용하여 화석연료 사용을 최소화하는 에너지 소비구조를 마련하는 것이다. 도시에서 적용 가능한 신재생에너지는 태양광, 태양열, 지열, 풍력, 연료전지, 열병합발전 등 다양하다.

• 녹색에너지 계획 원칙

① 지역특성(일조, 풍량 등)을 고려한 신재생에너지 확보방안 마련
② 전력생산, 에너지 효율 증대, 에너지 사용 절감 등의 구체적 방안 마련
③ 공공시설은 주차장 등의 모든 공간은 신재생에너지 발전시설로 적극 활용
④ 옥상, 벽면 등의 자투리 공간을 활용하여 신재생에너지 발전시설 설치
⑤ 전기·하이브리드 자동차 등 이용 장려 정책 마련
⑥ LED 신호등 등 에너지 효율이 높은 전기제품 사용
⑦ 음식물 쓰레기, 나무찌꺼기 등 활용방안 마련(자원순환, 바이오매스 활용)

표 4.1.1 녹색에너지 유형

시스템 종류	에너지원	공급에너지		
		온수	냉수	전기
열병합 발전 시스템	가스	O		O
태양열 시스템	태양	O		
태양광 시스템	태양			O
풍력 시스템	바람			O
연료전지 시스템	음식물 쓰레기에서 추출된 가스	O		O
소각열 시스템	가연성 쓰레기	O		
냉방 시스템	전기, 가스, 지열, 온수		O	

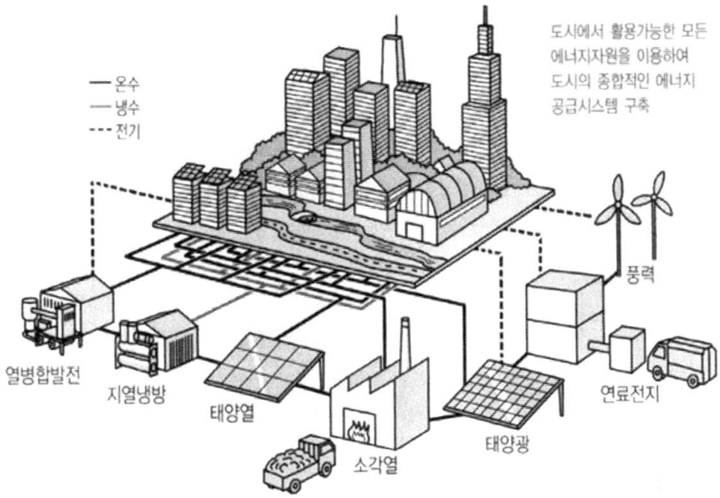

그림 4.1.3 녹색에너지 공급 개념

4) 녹색건축

녹색건축은 고단열·고기밀 자재, 자연환기 등의 에너지 저감 방안과 태양광, 바이오매스 등 신재생에너지 활용 등을 통해 CO_2 배출이 '0(Zero)'화된 녹색건축 기법을 도입하자는 것이다. IPCC 4차 평가보고서 자료에 의하면 건물 부문의 온실가스 잠재량이 가장 높다고 한다. 또한 감축을 위한 투입비용 대비 효과도 매우 높아 선진 국가들의 경우 건물의 신축, 유지, 보수에서 에너지 효율을 높이기 위한 노력을 기울이고 있다.

• 녹색건축 계획 원칙

① 건축물은 남향배치를 통해 태양에너지 활용 극대화

② 고단열 자재 및 삼중창을 통해 벽체 및 개구부 단열효과 극대화

③ 자동 환기시스템 등을 통해 내부공기 순환

④ 태양열, 지열 등을 활용하여 냉·난방에너지 효율 극대화

⑤ 태양광 등 신재생에너지를 활용하여 전력생산
⑥ 주변지역에서 생산된 건축자재 사용으로 건설단계 물류 이동최소화
⑦ 옥상 및 벽면녹화를 통해 외부 복사열 방지

5) 녹색산업

저탄소 녹색도시를 위해서는 친환경적인 도시산업과 녹색문화산업, 첨단지식산업 등을 통해 환경 및 경제적으로 지속가능한 도시구조를 형성하는 것이 필요하다. 즉, 친환경적인 신기술 산업에서부터 지역의 문화와 자연을 활용한 녹색관광산업에 이르기까지 탄소를 발생시키지 않고 환경적으로 부하를 주지 않는 다양한 성장산업을 도입하는 것이다. 또한 기업에서 발생하는 물질 및 폐기물의 순환을 통해 환경의 보호는 물론 에너지의 효율 증대를 도모할 수 있으며, 기업 운영 및 유통과정 등에서의 저탄소 실현 등 저탄소 녹색도시를 위한 산업구조로 변화하는 것이 필요하다.

• 녹색산업 계획 원칙

① 녹색성장산업 간 물과 에너지 교환을 위한 자원순환 네트워크 형성
② 녹색성장산업에 관한 신규창업 Incubator 역할 수행
③ 지역별 녹색성장산업을 특화하여 R&D 거점 구축
④ 지역 관광자원과 연계된 녹색관광 상품 개발·홍보
⑤ 주거단지와 연계하여 직주근접 체계 구축

6) 녹색생활

녹색생활은 사람들이 일상생활에서 직접 에너지소비를 절감하는 방안이다. 도시민이 냉·난방 온도 및 시간 줄이기, 자원절약하기, 에너지절약형 자동차 구입하기 등을 통해 참여하는 방안과 사업자가 생산, 유통, 판매·서비스 등의 활동에서 자원 및 에너지절약 등을 실천하는 방안이 있다. 시민들의

생활양식에 대한 변화가 요구되는 것은 온실가스 배출량 중 상당량이 가정 및 상업 등 사람이 생활하는 건물과 수송부문에서 발생하고 있기 때문이다. 최근 국립환경과학원에서 발표한 자료에 의하면 생활 속 에너지 절약으로 2020년 배출된 것으로 예상되는 온실가스배출전망치(BAU)의 9.4%를 감축할 수 있다고 밝혔다.

• 녹색생활실천 원칙

① 가정에서의 자원 절약, 에너지 절약 실천 등 도모

② 주택의 재건축 및 신축시에는 고단열, 고기밀 자재 사용

③ 자원 절약, 에너지 절약형 상품 등의 그린 상품 구입 노력

④ 자동차 구입 시에는 저공해·에너지 절약형 자동차를 선택하고, 공회전 금지 및 급출발 금지 등 에코 드라이브 운동 동참

⑤ 사업자는 생산, 유통, 판매·서비스 등 사업 활동에서의 환경부하 경감을 위해 노력

⑥ 사업소, 점포 등에 대한 에너지 절약형 건물의 건설 및 사용 노력

⑦ 친환경 건축물 보급을 권장하고, 녹색생활을 실천하는시민과 기업에게 다양한 인센티브 방안 마련

4.1.2 녹색도시 계획기법[8]

1) 압축적 복합토지이용

탄소저감을 위한 지속가능한 도시 형태는 토지의 이용 측면에서 환경의

8 LH 토지주택연구원, 기후변화 적응 도시모델 및 적용기법 개발, 2014. pp.89-144 및 이재준, 녹색도시의 꿈, 상상, 2011. pp.90-173 의 내용을 발췌하여 인용하였음

질과 에너지 소비와 밀접하게 관련된다. 이러한 측면에서 압축적 복합토지이용은 교외로의 외연적 개발을 억제하고, 자동차 이용 억제와 보행·대중교통 활성화, 이동 거리의 최소화 등을 통해 이산화탄소 발생을 억제하는 효과가 있다. 압축적 복합토지이용을 위해서는 다음의 계획요소들이 고려된다.

• 도심부의 집약적 개발과 외곽 오픈스페이스 보전

도시외곽으로의 무질서한 시가지의 확대는 농지와 자연환경을 파괴한다. 따라서 스마트 성장(smart growth)과 콤팩트 시티(compact city)와 같은 효율적이고 압축적인 토지이용을 도모할 필요가 있다. 압축적 토지이용은 지역의 적정한 고밀도 개발을 통해 시가지 확산을 막고, 녹지대를 보전함으로써 지속가능한 도시 형태를 구현하는 것이다. 압축적 도시 공간구조를 형성하는 것은 무분별한 개발을 통해 개발 밀도를 높이는 것이 아니다. 도심부의 집약적 개발과 복합용도계획을 통해 효율적인 도심공간을 형성하는 대신 외곽 오픈스페이스를 보전하는 것이다. 압축도시는 이러한 효율적 토지이용으로 환경의 파괴를 최소화 하는 것을 의미한다.

압축적 도시공간구조 형성을 통해 탄소저감을 실현하기 위해서는 지하철과 경전철, BRT 등의 주요 역세권 주변은 주거, 업무, 공공, 상업시설 등의 복합적인 고밀개발을 통해 토지이용의 효율성을 높일 필요가 있다(그림 4.1.4). 또한 외곽지는 원활한 대중교통체계와 자전거 및 보행 친화적인 도시계획·설계를 통해 중심지로의 접근성을 높이고, 저밀도로 개발해야 한다. 시가지 녹지 주변부에는 공공적인 시설의 배치를 재검토하고, 특정용도 제한을 통해 외곽 지역에 대규모 상업시설 등의 입지를 제한해야 한다.

① 중심지와 그 주변지역은 주거, 상업, 업무, 공공시설의 복합개발을 통해 토지이용의 효율성을 제고하고, 도시의 자족기능을 향상시킬 수 있는 압축형 개발을 유도하여 저밀도 시가지 확산을 방지해야 한다.

② 외곽지는 원활한 대중교통체계와 자전거를 통해 중심지와의 접근성을

높이도록 하며, 저밀도로 계획하는 것이 바람직하다.

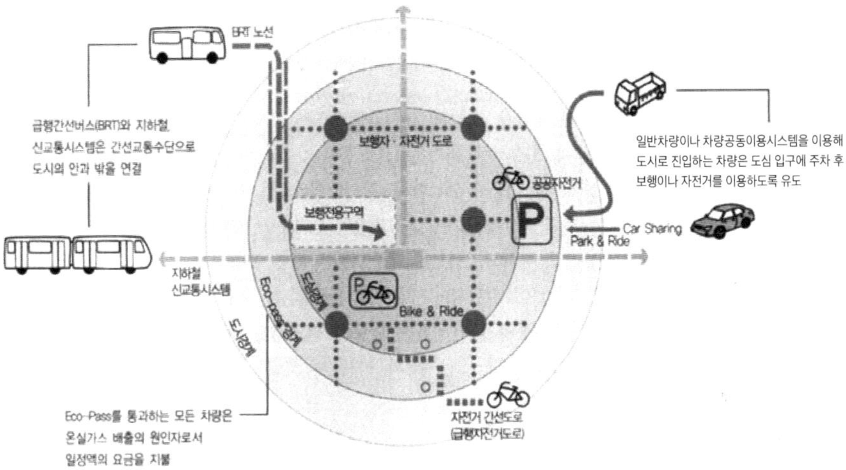

그림 4.1.4 압축토지이용을 위한 교통체계 개념도

• 도시환경을 고려한 디자인

압축적이고 집약적인 토지이용은 다양한 기능과 역할로 인해 도시의 매력과 생활의 편리성이 증대될 수 있지만, 소음·진동·공해·일조·경관·교통혼잡 등의 환경저해 문제가 유발될 수 있다. 따라서 빌딩바람, 일조권, 주민건강, 녹지 공간 등을 충분히 고려하여 도시환경을 조성해야 한다. 도심지역은 도시녹화와 수공간 조성 등의 친환경 도시디자인의 도입으로 중심시가지 환경의 개선 및 향상에 힘써야 한다.

도심지역은 다양한 기능의 집중으로 인한 소음, 진동, 공해, 일조, 경관, 교통 혼잡 등의 환경저해 요소를 충분히 고려하여 설계한다.

도심지역은 도시녹화, 수공간 확보 등의 친환경 도시디자인을 도입하여 환경 개선에 힘써야 한다.

• 복합용도계획

토지를 복합적으로 이용하는 복합용도계획은 여러 목적의 통행을 유발하는 토지이용 시설 즉, 상업과 업무, 주거, 공공시설 등을 수평적, 수직적으로 혼합하여 배치하는 것을 의미한다. 최근의 도시문제인 도심 공동화와 직주분리로 인한 교통량 증대와 교통 혼잡 등의 문제점을 개선하는 효과가 있다. 복합용도계획은 통행거리를 감소시키며 대중교통 및 도보의 이용을 촉진시킬 수 있으며, 일정한 도보이동 가능거리에서 주거와 상업, 업무 등 고용시설의 공간적인 혼합배치는 파생되는 통행발생 빈도를 줄일 수 있다.

복합용도계획은 서로 시너지 효과를 발휘할 수 있는 용도 간의 적절한 혼합으로 지역의 활성화를 도모할 수 있으며, 불필요한 통행발생을 줄일 수 있다. 따라서 교통의 편리성이 높고 도시개발 잠재력이 높은 대중교통 결절점을 중심으로 다양한 도시기능을 적절하게 배치할 필요가 있다.

교통의 결절점 주변은 공공 교통기관의 편리성이 높고 도시개발 잠재력이 높은 지역으로서 중심지역이 되도록 다양한 도시기능을 집중하도록 한다.

도심지역과 근린지구 등 지역별로 상업 및 업무시설, 주거시설, 공공시설을 적절히 배치하도록 한다.

• 직주근접 도모

직주근접(職住近接)은 직장과 주거지가 인접한 곳에 위치하는 것을 의미한다. 직주근접을 추구하는 것은 지역 내 자족시설(일자리)과 함께 지역에서 살 수 있는 쾌적한 주거환경 조성과 교통 여건 등의 다양한 기반시설을 갖춤으로서 출퇴근 교통량과 통행거리를 줄이고 지역의 활력을 높이기 위함이다. 직주근접을 도모하기 위해서는 상업·업무지역, 자족시설 등 주요 일터가 위치하고 있는 지역은 주요 교통 결절점으로의 접근성을 최대한 고려하도록 토지이용을 수립하여, 대중교통과 보행, 자전거 등을 통한 출퇴근을 유도하도록 계획하여야 한다. 통근권역을 설정하여 최대한 대중교통 역으로부터 도보권에 위치한 지역에 자족시설을 배치할 수 있도록 해야 한다(그림 4.1.5).

① 직주근접 통근권역을 설정하여 최대한 대중교통 역으로부터 도보권에 위치한 지역에 자족시설을 배치한다.

- 1차 권역 : 자전거통행권 내부에 위치
- 2차 권역 : 도보권내 버스정류장(혹은 지하철역)-이동-도착지점에서 도보권에 위치

② 통근권을 고려하여 지역경제기반(일자리) 창출을 위한 도시자족시설 등을 배치하고 지역특화산업을 유치한다.

그림 4.1.5 직주근접개념의 녹색교통체계 개념

2) 기후변화 적응 도시구조

최근 지구온난화에 의한 도시지역의 온도변화는 교외지역에 매우 높게 상승하였으며, 열대야 등의 야간기온 상승 등으로 인하여 에어컨 가동 등의 전력소비 증대, 도시민의 생활환경 저하 등의 문제점을 야기하고 있다. 도시

지역의 열섬 현상은 그 동안의 무분별하고 양적위주의 도시개발과 확장으로 인한 도시환경의 부정적인 영향으로 나타나고 있으며, 이제는 열섬을 완화할 수 있는 다양한 계획기법을 통해 기후변화시대에 대응하는 도시계획·개발이 이루어져야 한다.

① 도시를 시원하게 하는 기능을 가진 대규모 녹지, 동굴, 농지, 하천 및 호수 등은 최대한 보전하도록 한다.

② 가로녹화, 녹지 및 바람길 확보 등을 통해 Cool Spot을 확대하고 이를 네트워크화 한다.

③ 특히 하천 주변지역의 건물과 녹지 공간 배치 시, 바람길을 확보할 수 있도록 주변지역을 관리한다.

• Cool Spot의 보전 및 확대

Cool Spot은 도시를 시원하게 하는 기능을 가진 대규모 녹지, 동굴, 농지, 하천 및 호수 등을 뜻한다. 가로녹화와 녹지, 바람길 등을 통해 이러한 Cool Spot을 확대하고 이를 네트워크 하도록 하며, 하천 주변지역 등은 공원 및 녹지대, 저층저밀의 주거단지 중심으로 계획하는 것이 필요하다(그림 4.1.6).

입체녹화 : 벽면/옥상

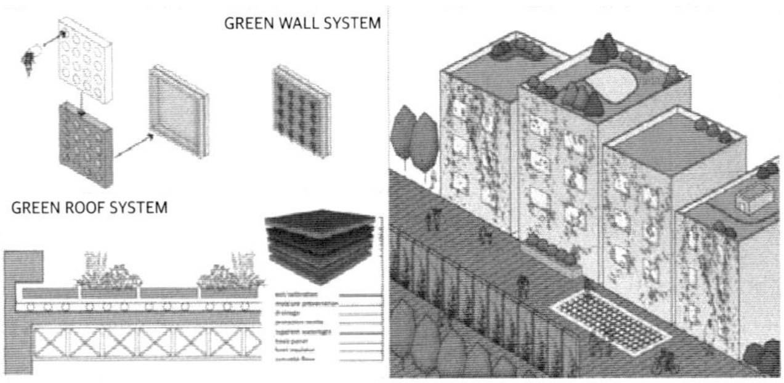

그림 4.1.6 건물입체녹화 개념

• 열섬차단구역

열섬차단구역 또는 열섬차단벨트는 도심부의 인공지반 및 녹지부족으로 인한 온도 상승을 막고 압축도시로 인한 도시환경 악화를 해결하기 위하여 흙길과 나무 식재, 옥상 및 벽면녹화, 실개천 등을 조성하는 것이다(그림 4.1.7). 개발로 인해 고밀도의 상업 및 업무지역, 주상복합, 주거단지로 조성되거나 기존 도심의 열악한 도시환경을 개선하기 위해서 열섬관리가 필요한 지역은 '열섬차단구역(벨트)'으로 지정하여 관리하는 방안을 모색할 수 있다.

① 건축물이 밀접한 상업지역 및 업무지역은 보행 전용공간을 중심으로 열섬저감을 위한 녹도와 실개천을 도입하도록 한다. 이때 녹지의 조성은 상가 건물 앞보다는 건물과 건물 사이 중앙 부분에 조성하여, 사람들의 휴식 공간 및 이동 공간으로 활용함으로써 녹지 조성으로 인해 상가 측에 피해가 가지 않도록 해야 한다.

② 주거단지의 경우 주거단지를 가로지르는 녹도와 실개천을 1개 이상 조성하여 열부하를 막고, 쾌적한 보행환경 조성에 기여하도록 한다.

③ 도시열섬발생 예방차원의 바람통로 및 열섬저감 대책의 집중적으로 필요한 지역 (고밀주고단지, 주상복합단지, 상업단지 등)은 열환경 관리지역으로 지정하고, 정밀 바람장 및 열환경 시뮬레이션을 실시하여 열섬 및 바람의 정체현상을 완화할 수 있도록 건축물을 배치하고 열환경 관리계획을 수립하도록 권장한다.

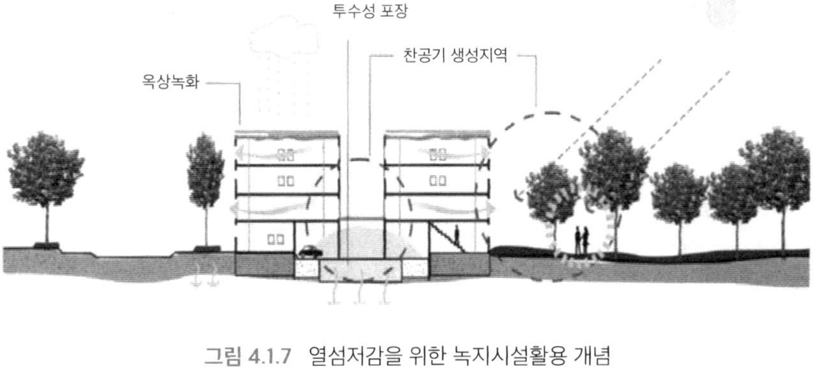

그림 4.1.7 열섬저감을 위한 녹지시설활용 개념

• **바람길 네트워크 구축**

바람길 네트워크는 녹지와 물, 오픈스페이스의 네트워크를 추진함으로써 도시 내에 산이나 바다로부터의 신선한 공기가 흐르는 길을 만들어 도심에 신선한 공기를 공급하는 것을 말한다. 즉, 숲에서 나온 신선하고 차가운 공기가 도시 내의 공기를 밀어 올리면서 오염물질을 확산시키는 것인데, 이러한 과정을 통해 도시의 온도가 저하되고 대기 순환이 촉진되는 효과를 볼 수 있다. 이를 활용하기 위해서는 도시에서 바람이 다니는 길을 파악하고 그것을 도시녹지계획에 반영시켜 바람통로를 형성하는 것이 필요하며, 건축물의 배치, 층수, 건물의 간격 등을 적절하게 조절해서 도시 내에 대기의 원활한 이동이 이루어 질 수 있다(그림 4.1.8).

① 공기 댐(air dam)을 최대한 보전하는 계획이 이루어지도록 해야 한다.

② 사업 대상지 및 주변의 구릉지는 녹지의 보전, 도입 외에 신규의 건축행위는 금지하여 바람 생성 지역으로 지속적인 보전을 도모한다.

③ 만약 주변부에 신선하고 차가운 공기를 공급하는 비교적 풍부한 녹지축, 수림대, 산림, 하천 등이 존재하지 않는 경우는 인공 수림대 등의 인위적 공기 댐을 조성하여 신선한 공기 공급처를 확보해야 한다.

④ 도시의 주풍향을 고려하여 단지 및 건물을 배치하고, 공원녹지체계와 연계하여 바람길을 구축한다.

⑤ 공기 댐과 대상 지구를 이어주는 필터나 방풍 역할을 하는 수림대나 녹지축 등의 연결요소 조성을 통해 돌풍이나 오염공기의 유입을 막고, 그 간격 유지를 통해 신선한 공기가 도시 내부까지 수송되도록 바람길을 조성한다.

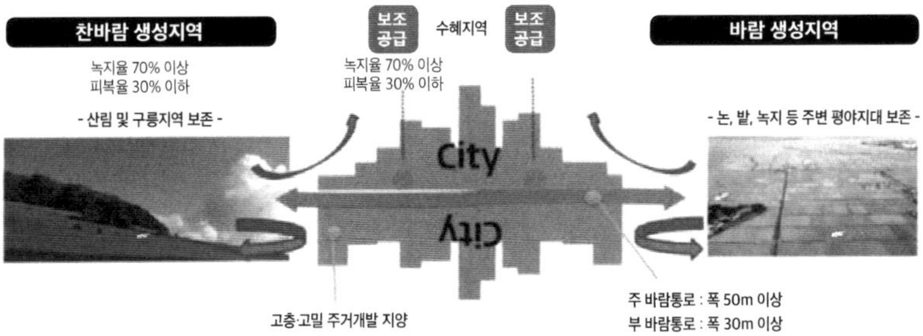

그림 4.1.8 바람길 네트워크 계획 개념

• **바람길을 고려한 건물배치**

바람길을 고려한 건물배치는 주변 산지나 구릉지에서 불어오는 국지적인 바람을 고려하여 건축물을 배치하는 방안이다. 산지의 신선한 공기를 유입하기 위해서는 횡적인 건물배치보다는 바람 방향의 종적인 배치가 필요하며, 산 주변의 구릉지 지역에는 건물 입지를 되도록 제한하는 것이 바람직하다(그림 4.1.9).

① 산지의 신선한 공기 유입을 위해 산지 및 구릉지 하단부를 횡으로 가로막는 건물 배치를 지양한다.

② 산 주변 구릉지역에는 건물입지를 제한하고 부득이한 경우 5층 이하의 저층 저밀로 조성하고, 3m 이상의 건물간격을 유지하여 바람의 이동을 도모한다.

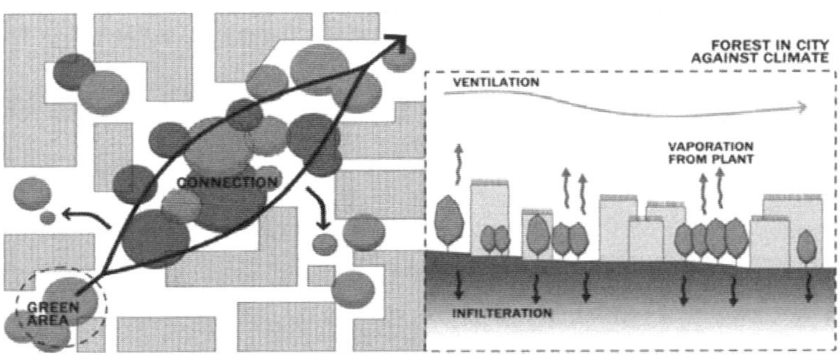

그림 4.1.9 열조정과 바람순환을 위한 도시숲조성

- **자연배수시스템 Natural Drainage System**

도시화에 따른 환경변화는 기후의 변화, 우수저류능력의 저하, 불침투수 유역의 증대, 지표면 조도의 감소, 생활용수량의 증가, 수질오염을 발생시키며, 수분량의 변화를 가져왔다. 도시강우의 부정적인 영향과 하천유출의 문제를 감소시키기 위해서는 잔디도랑, 유수녹지 등의 도입을 통해 자연배수시스템(Natural Drainage System)을 갖추는 것이 필요하다(그림 4.1.10).

① 잔디도랑, 침투트렌치, 유수녹지, 생태연못 등의 자연배수체계 시설을 도입하여 최대한 자연상태의 물 흐름을 유지하도록 한다.

② 지역적 토지 특성에 부합하고 설치 장소를 고려한 침투시설을 설치하고 개발 전후 지하수위를 같게 유지하는 것을 침투시설 설치의 목표로 한다.

③ 식생수로(도로, 공원의 콘크리트 배수로를 식생형 수로로 조성), 저류지·저류보·소류지, 옥상녹화, 침투블록 등 다양한 빗물 관리시설을 조합해 설치한다.

④ 빗물침투시설은 침투정, 침투트렌치 등을 설치하여 빗물이 토양에 유입되도록 설계하고, 가능하면 관경 300mm 이하의 우수관 중 20% 정도를 침투트렌치 및 도랑 등으로 대체하는 것을 권장한다.

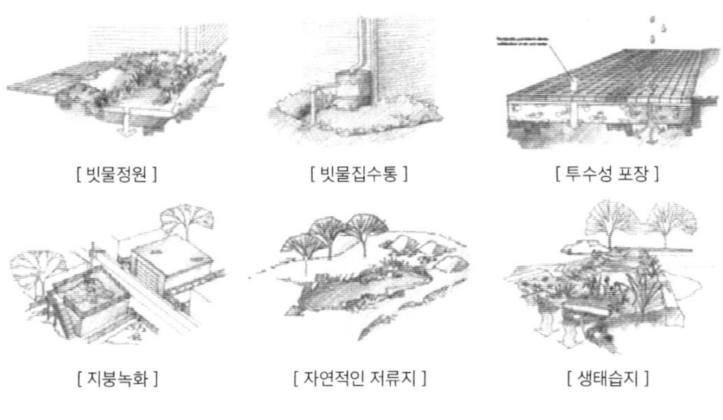

그림 4.1.10 자연저류 및 배수시스템 유형

• 우수 이용

빗물을 이용하면 댐의 취수량이 줄고, 물을 정수 처리하는 양이 줄어 그 비용 또한 절감되며, 운반비용 역시 줄일 수 있다. 아파트, 주차장, 공원, 운동장, 건축물 등에 저류조를 설치하여 빗물을 이용하는 방안을 최대한 모색해야 한다(그림 4.1.11).

① 지역적 강우특성과 빗물이용환경을 고려하여 건축물 설계 단계에서부터 빗물이용시설을 도입하도록 한다.

② 지붕면을 포함한 다양한 집수면에서 발생하는 빗물을 최대한 저류하도록 계획한다.

③ 대규모 주택개발 시 빗물정원(볼록한 화단, 가로변 녹지 등을 오목한 지역으로 조성)을 조성한다.

④ 저장된 빗물은 화장실, 청소, 조경, 냉각용수 등 다양하게 활용할 수 있도록 계획한다.

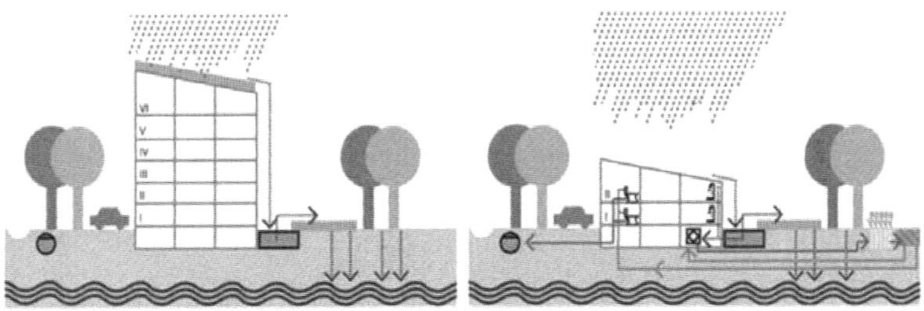

그림 4.1.11 우수이용계획개념

• 우수 침투

도시개발에 따라 콘크리트 구조물 및 아스팔트 포장이 증가하면서 자연 및 생태적 기능이 훼손되고 도시열섬효과 같은 기후변화·도시홍수 등 자연재해에 취약한 구조와 생태적 문제에 직면하게 되었다. 이러한 문제를 해결하기 위해 개발로 인해 훼손되기 쉬운 도시공간의 생태적 기능을 유지하고, 홍수 등의 자연재해를 예방할 수 있는 '생태면적률'과 '자연지반녹지율' 개념을 도입하는 것이 필요하다(그림 4.1.12). '자연지반'은 지하에 인공구조물이 없으며 물의 자연 순환이 가능한 지반으로(토층에는 불투성 포장금지) 생태면적과 더불어 자연지반 녹지를 확보함으로써 자연 순환 체계를 도모해야 할 필요가 증대되고 있다.

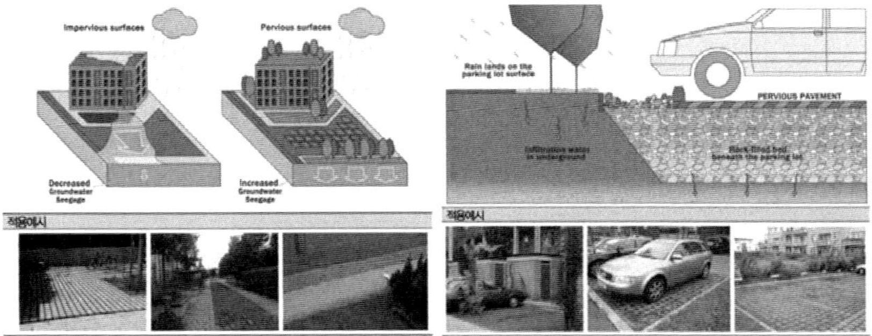

그림 4.1.12 우수침투 확대계획 개념

- **그린네트워크 구축**

녹지네트워크 설정은 개발지역과 생태적 배후지로서 주변지역의 양호한 숲, 수림대의 구릉지, 경작지, 보호수, 노거수, 해안, 하천, 호수, 못, 저습지 등의 특성을 파악하여 활용하는 것으로 주변지역과의 생태적인 연계성을 의미한다.

개발에 따른 환경 훼손을 최소화하고 개발과정에서 환경과 조화되는 자연환경과 거주환경이 융화되는 새로운 친환경 도시를 형성하고, 도시 내 열섬현상을 방지하고 녹화에 따른 탄소흡수, 쾌적한 주거환경을 조성하는 것을 목표로 한다.

① 토지가 지닌 환경적 가치와 성능(잠재력)을 과학적 기준에 의해 평가하

여 환경적으로 보전해야할 필요성이 높은 지역을 설정한다.

② 보전적지 분석내용을 기초로 일정한 녹지거점과 네트워크(망) 형성의 방향과 폭을 결정하는 작업은 다음과 같은 작업을 통해 설정한다.

③ 주 녹지축은 대상지 외부의 핵심녹지와 대상지 내부의 징검다리 녹지를 연계하며, 근린공원, 생활권공원 등은 주 녹지축을 고려하여 위치와 규모를 결정한다.

④ 부 녹지축은 녹색회랑, 그린웨이 등 선적 녹지와 주 녹지축이 연계되도록 조성한다.

⑤ 생활권 녹지축은 텃밭과 같은 단지 내 조경 공간 등 점적 녹지공간과 부 녹지축과 연계되도록 조성한다.

• 탄소흡수 도로계획

탄소흡수를 위해서는 주로 탄소를 발생하는 도로 주변의 녹화계획을 통해 탄소를 흡수하는 방안이 모색될 필요가 있다. 탄소흡수를 위한 도로계획은 도로변 2열 식재, 중앙분리대 녹화, 가로장치물 녹화, 벽면녹화 등을 통해 도로부문에서의 녹화를 최대화하여 탄소흡수를 높이고 보행자 및 자전거 이용자에게 쾌적한 환경을 제공하여 보행 및 자전거 이용을 활성화시키는 것이다(그림 4.1.13).

① 도로변 식재는 낙엽송 등 탄소흡수율이 높은 조경 수종을 식재한다. 단, 경관과 주변 생태를 고려하여 조성한다.

② 간선도로변 2열 식재를 통해 풍부한 녹지공간을 마련하도록 한다.

③ 차도 사이에 2m 너비의 중앙분리대를 설치하여 탄소흡수가 가능한 녹지공간을 조성하도록 권장한다.

④ 중앙분리대는 녹시율 증진과 열섬완화를 위해 교목 위주의 키 큰 나무 식재를 권장한다.

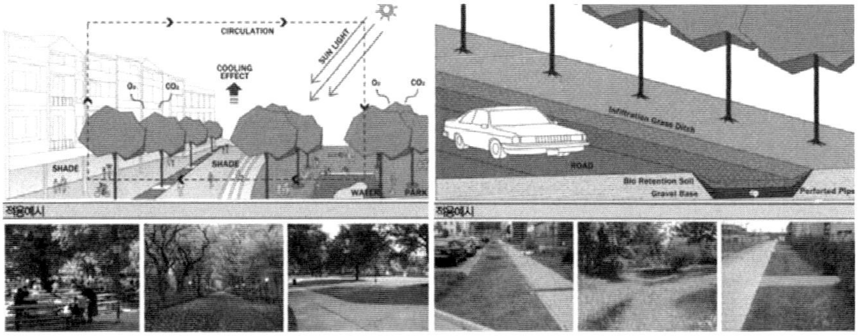

그림 4.1.13 탄소흡수 도로 조성계획개념

4.1.3 녹색도시 조성사례[9]

1) 독일 프라이부르크

프라이부르크는 이미 세계적으로 널리 알려진 독일의 대표 환경도시이다. 인구는 20만 명이며, 1970년대 초부터 시정부와 시민단체, 환경단체 등이 연계하여 에너지 절약운동을 시작으로 환경적, 사회적, 경제적 지속가능한 도시구현을 위해 노력해왔다. 프라이부르크의 녹색환경도시 조성을 위한 개발구상은 다음과 같다.

- **에너지 절약 및 에너지다변화 정책**
  - 저에너지 건축만 허용하는 조례시행
  - 열병합 발전 및 태양광발전설비 사용
  - 축구장 등 공공시설에 태양열 집열판 설치

9 국토연구원의 저탄소 녹색도시 조성사례 발표자료(2009년 8월 21일)에서 발췌하여 정리하였음.

- **녹색교통 위주의 교통시스템**
  - 주택가 일부 지역에 제한속도 30km/h의 교통안정구역지정
  - 자전거 이용 활성화정책
  - 1인당 자전거 보유대수 1대 이상
  - 중앙역에 자전거 전용주차장 설치
- **친환경 생태도시계획**
  - 쓰레기 분리 수거 및 퇴비화
  - 어린이 놀이터 생태공원화
  - 도심에 총연장 15km, 폭 50cm 규모의 수로를 통해 열섬효과 방지 및 관광자원화

이러한 개발구상하에 실시된 분야별 녹색도시조성사례를 살펴보면 다음과 같다.

- **녹색에너지**
  - 태양에너지 활용확대가 시정의 최우선과제로 추진
  - 건물에너지 절약 강제기준 적용
  - 태양에너지 정보센터를 통해 도시 태양에너지 이용정보현황 제공
  - 회전형 태양건물 헬리오트롭 건축
  - 군부대 이전 후적지인 보봉지역 개발을 통해 150여채 태양광 주택단지(에너지 저소비형 건물) 조성

그림 4.1.14 프라이부르크 녹색에너지 사업 사례

- **에너지 수요 관리**
  - 기본요금제 없이 종량제 에너지요금(에너지소비만큼 요금부가)
  - 시간대별 에너지 비용산정
  - 태양열, 소수력을 이용한 잉여 전력은 자체 전력회사에 판매 가능
  - 교육, 홍보 기능 강화로 지역 주민 스스로 에너지 관리정책에 주체로 참여하도록 유도
- **폐기물정책**
  - 쓰레기 발생량을 원천적으로 줄이고 소각처리금지(발생량: 1991년 58만 톤에서 2000년 39만 톤으로 감소)
  - 자원 재활용율은 1990년 25%에서 2000년 57%로 증가
- **녹색교통**
  - Park & Ride 시스템이 구축되어 시내외곽에 주차한 뒤 전차나 도보, 자전거를 이용하여 도심진입
  - 대중교통을 모두 이용할 수 있는 환경정기교통권을 시와 주정부 보조금을 통해 공급
  - 도심 노면전차는 레일의 이음새를 없애고 선로에 잔디식재
  - 도시전체에 약 160km 자전거 전용도로설치
  - 중앙역에 자전거전용 주차시설(Mobile)설치(2층은 1천대 자전거가 동시 주차할수 있는 주차장, 3층은 자전거수리소)

그림 4.1.15 프라이부르크 녹색교통 사례

• **녹지조성**

옥상녹화를 통한 미기후 개선과 에너지절감고려

어린이 놀이터 생태공원화(고목 그루터기나 통나무 등을 자연스럽게 배치)

도심을 관통하는 소수로 설치(길이 15km 폭50cm)

그림 4.1.16 프라이부르크의 다양한 녹지시설

2) 스웨덴 하마비 허스타드

하마비 허스타드는 스웨덴의 수도 스톡홀름 도심에서 남쪽으로 약 5km 떨어진 지역에 조성된 신도시이다. 개발기간은 1992년부터 2015년이며, 규모는 200ha 계획인구는 17,500명이다. 허스타드는 스톡홀름시에서 지속가능한 도시주거모델 구축을 전제로 부족한 주택수요를 충족시키고자 조성하였다. 허스타드 개발 기본구상은 다음과 같다.

• **친환경 에너지 사용**

- 태양광, 지열, 풍력 등의 재생에너지를 활용한 환경친화적 도시 조성

• **쾌적하고 낭만적인 주거환경조성**

- 중세, 르네상스, 바로크, 21세기 다양한 도시구조 등에서 영감을 받아

건물사이를 좁게 하여 유럽 중세 골목이 주는 낭만적인 분위기 조성

- **워터프런트(Waterfront) 장점 극대화**
  - 해변에 면한 지리적 특징을 살린 단지 배치
  - 해수를 정화하여 단지내로 유입시켜 비오톱 조성
- **녹색교통수단 중심 도시형성**
  - 1세대당 차량보유를 1.5대로 제한
  - 경전철, 수상택시 운영
  - 카풀, 자전거 활용으로 대기오염감소

분야별 주요 계획내용은 다음과 같다.

- **토지이용 및 주거단지계획**
  - 단지 외곽의 기존 소규모 공업시설을 유지하면서 수변공간은 주거공간으로 계획하여 자연환경에 밀접한 주거공간 형성
  - 주거단지 배치는 중정형 설계를 기본으로 수변공간으로 통경축을 확보
  - 주거단지 중정 입구에 단차를 두어 자전거 보관소나 주차장, 코어위치, 중정 내부의 프라이버시 보호
  - 주거단지 사이에 보행자전용도로 설치
  - 주거단지 주변은 녹지축으로 연결되고 주동의 테라스가 연결됨

그림 4.1.17 허스타드 주거단지 조성사례

• **녹색교통, 녹지 조성**

- 스톡홀름 중심부까지 경전철, 버스노선, 수상교통수단에 우선권 부여
- 카풀 형성을 권장하고 자동차 주 연료는 하수처리시설에서 나오는 바이오가스 사용
- 수변공간의 물이 차고 빠지는 부분에 초지를 조성하여 넓은 오픈스페이스 확보
- 녹지에 많은 식용작물재배와 목재 담장사용

그림 4.1.18 허스타드의 다양한 녹지조성 사례

• **에너지 순환**

- 바이오가스 등 신 재생에너지를 통한 에너지 순환시스템으로 친환경적 재생에너지조달
- 폐수 및 폐기물로부터 재생가능에너지를 추출하는 자원순환시스템 구축
- 태양열을 이용한 Heat Panels를 설치하여 난방의 50% 담당
- 환경정보센터를 설치하여 환경교육 및 홍보활동 전개

3) 독일 림

림은 뮌헨도심에서 동쪽으로 약 7km지점에 위하고 있다. 규모는 556ha이며 계획인구는 16,000명으로 설정하였고, 개발기간은 1990-2013년으로

되어있다. 림의 개발목적은 뮌헨 무역박람회 개최장소를 확보하는 데 일차적 목적이 있었으며, 도시지역내 주거, 상업, 산업, 여가 선용 등의 공간을 확충하고자 하였다. 이러한 목적에 따른 림의 개발기본구상은 다음과 같다.

- **컴팩트 시티형 도시개발 지향**
  - 주거지역 및 박람회장 등의 업무시설은 고밀도로 건설하여 한정된 토지를 효율적으로 이용(지구의 1/3을 업무단지, 1/3을 고밀주거단지 나머지, 1/3을 오픈스페이스로 조성)
- **생태도시 건설이념에 입각한 주거환경 형성**
  - 지구 주변으로 보전녹지 및 공원 조성(폭 400m의 대규모 녹지를 이용한 비오톱 네트워크)
  - 전체 개발면적의 49%에 달하는 녹지계획
  - 생태도시 구상이 상위 토지이용계획부터 건축계획까지 체계적으로 적용
- **친환경적이고 지속가능한 도시개발모델실현**
  - 바람길 확보(바람순환을 위한 테라스, 아케이드, 건축물 높이 제한)
  - 친환경 건축자재 사용
  - 지붕넓이, 지붕녹화유무, 건물층수 등에 따른 다양한 우수활용계획(정원+세탁용, 정원+세탁용+화장실)
  - 태양에너지 이용
  - 기존 뮌헨공항 포장면을 적극 활용(개발에 따른 새로운 포장면적 최소화)
  - 지구 동서축은 버스와 승용차이용, 남북측은 보행 및 자전거도로 이용
  - 교통안전과 소음저감을 위해 주차시설은 외곽에 배치
  - 주거단지 중 2곳(200가구)에 "자동차 없는 삶"이라는 시범프로젝트 시행

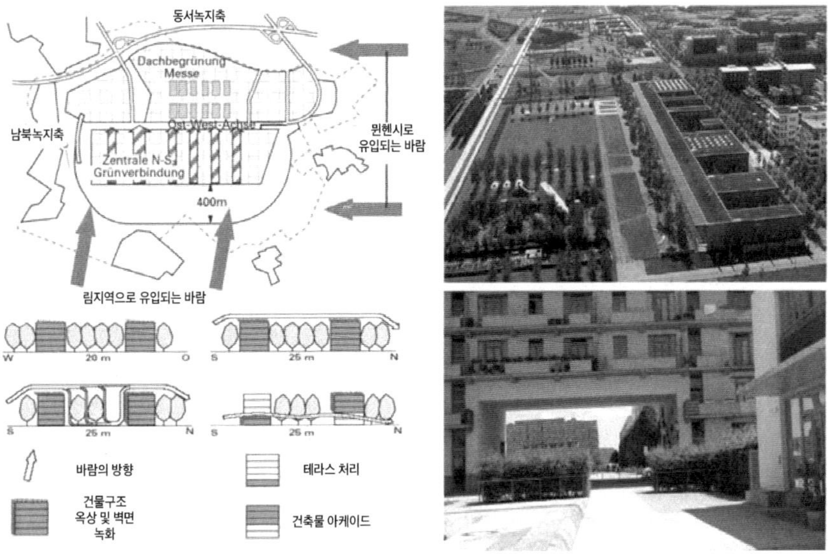

그림 4.1.19 림의 바람길을 고려한 단지 배치

4.2 기후변화와 농업

4.2.1 기후변화로 인한 농촌 위기

최근 들어 이상기후 현상에 따른 태풍 등 자연재해 증가로 농업분야 피해유형이 다양화되고 있으며, 피해규모도 대형화되고 있는 추세이다. 이상기후는 과거의 발생유형이나 강도와 다른 양상을 나타내는데 주로 지구온난화가 원인으로 지목되고 있다. 온실효과로 인하여 지구의 기온이 상승하면서 기후시스템이 교란되고, 이에 따라 태풍, 가뭄, 홍수 등의 이상 기후 현상이 빈번하게 발생하고 있다. 우리나라는 2040년대 이르면 현재보다 기온이 2.0-3.2℃ 상승할 것으로 예상하고 있으며, 이로 인해 대부분 지역이 아열대 기후로 변할 것으로 예상되고 있다. 현재 동남아 지역에서 나타나는 폭염, 폭우, 태풍 등 기상현상이 우리나라에서 일상화 또는 대형화될 것이며, 특히 폭염과 열대야가 현재보다 큰 폭으로 증가될 것이다. 이러한 이상기후는 특히 농업문야에 직접적이고 심각한 피해를 야기하게 된다. 농업재해는 불시에 광범위한 지역에 동시다발적으로 발생하고, 동일한 지역에서 동일한 시점에 발생한 재해라고 할지라도 재해농가, 작목의 종류, 재배관리 기술 등에 따라 피해의 정도가 상이하게 나타날 것이다.

기후변화가 작물과 식량 생산에 영향을 미치고 있다는 것은 세계 여러 지역에서 분명하고 관측되고 있으며, 긍정적인 영향보다는 부정적인 영향이 더 보편적으로 보고되고 있다. 지구의 평균기온이 3-4℃ 이상 높아질 것으로 예상되면서 농업 생산성은 지대한 부정적 영향을 받을 것이다. 이에 따라 세계의 식량생산과 식량안보에 심각한 위협이 될 것으로 전망되고, 이러한 위협은 열대 지역에서 더욱 크게 나타날 것으로 예상된다. 왜냐하면, 열대지역에 위치한 국가는 대개 경제적으로 취약하며 이로 인해 적응능력이 낮은 상태에 있으며, 온대지역에 비해 빈곤율이 높기 때문이다(환경부·국립환경과학원, 2015). 국내외 기후변화 전문기관에 따르면 지구 평균기온은 지속적으로 상승할 것으로 예측하고 있다. 기후변화는 농업부문에 있어 긍정적인 측면과 더불어 부정적인 측면이 매우 강한 것으로 조사되고 있다.

세계적으로 지구 온난화에 대한 경고가 점차 현실화되는 가운데 국내에서도 이상기상이 과거에 비해 빈번하게 발생하고 있다. 온난화가 빠르게 진행되고 있는 한반도의 경우, 이로 인한 극한 기상이 발생하며 대규모의 기상재해가 발생하고 있다. 한반도는 최근 100년간 기온이 1.7℃ 상승하여 지구 평균 온도상승보다 2배 이상 높은 수준이다. 평균기온, 폭염일수, 강수량, 적설량 등에서 예기치 못한 기후변화로 농업재해에 대한 위험성은 지속적으로 증가될 것으로 전망된다. 이상기상에 의한 농업재해의 다양화에 대한 예방대책과 사후복구 대책을 시급히 마련해야 한다.

기후변화가 농업에 미치는 영향과 대응전략은 다양한 접근이 필요하다. 김창길 등(2012)은 기후변화 대응전략으로 국가차원의 단계적이고 적극적인 대응 필요성을 강조하고 있다. 이를 위해 기후변화 적응기술의 개발과 보급, 국가 통합식량시스템 구축 등과 더불어 유기적 협력관계 구축이 요구된다. 또한 농업분야는 탄소를 배출하는 제조업과 달리 탄소를 흡수하는 산업으로 기후변화에 적극 대응할 수 있다. 지구온난화 속도를 감속시킬 수 있는 농업의 중요성을 감안하여 기후변화 대응에 있어 농업분야의 재해 대응과 재난 대응이 시급하며, 기후변화를 일으키는 온실가스 감축과 기후변화로 인한 이상기후 대응책을 제시하는 것이 바람직하다.

1) 기후환경 변화와 농촌 기상재해

2010년까지 지난 40년간 농작물에 큰 피해를 준 기상재해로는 풍수해와 가뭄해, 냉해로 구분할 수 있다. 집중호우와 태풍에 의한 풍수해는 최근 빈번하게 나타나는데, 1998년과 2002년, 2003년에 가장 큰 피해를 나타냈다. 반면 여름철 저온에 의한 극심한 냉해는 과거 주로 발생하였으며, 특히 1980년대 냉해는 전체 논 면적의 50% 정도에서 발생하여 벼 작물에 엄청난 피해를 주었다. 가뭄 피해는 대략 7년마다 한차례 발생하여 다른 기상재해에 비하여 발생빈도가 높으며, 주로 고온 피해와 함께 나타나는 특징을 보이고 있다. 1994년 가뭄과 고온으로 콩, 고추 등 밭 작물에 큰 피해를 입혔으며, 그 면적은 전국적으로 144,000ha에 이른다.

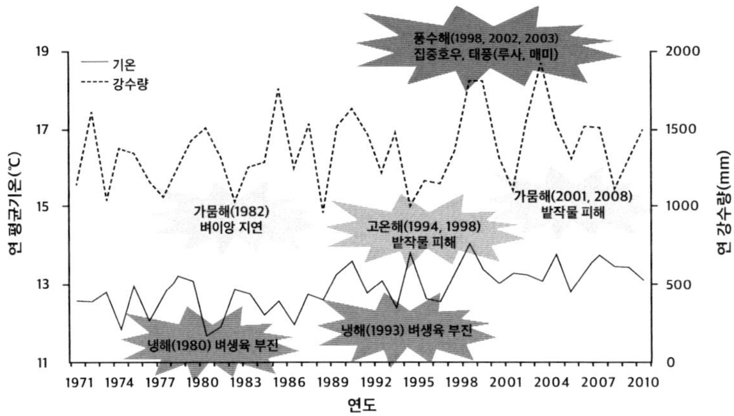

그림 4.2.1 농업부문의 기상재해 연대기

자료출처: 강기경·심교문, 2012

우리나라에서 그동안 발생하였던 농업재해를 요약하면, 풍수해는 주로 농작물 생육시기인 5-10월 사이에 발생하는 데 최근 들어 피해면적은 점차 감소하고 있다. 가뭄 피해는 주로 5-6월 벼농사 모내기를 힘들게 하거나, 7-8월 밭농사 고추, 참께 등의 생육을 저해하는 것으로 나타났다. 용수개발, 관정개발, 산림녹화 등에 의해 가뭄에 의한 피해는 점차 줄어들고 있으나, 일부

밭 작물에 대해 피해는 빈번하게 일어나고 있다. 우박 피해는 주로 초여름(5-6월)과 초가을(9-10월)에 국지적으로 발생하며, 냉해는 7-8월 찬 성질을 가진 오호츠크해 기단이 세력을 남으로 확장함에 따라 저온 현상이 나타나 농작물 피해를 일으킨다. 앞서 살펴본 한반도의 전형적인 농업 기상재해는 기후변화로 인해 점차 변화될 것으로 생각된다. 한반도의 기온상승과 강우패턴 변화, 해수면 상승 등으로 태풍, 집중호우 등 전형적인 농업 기상재해의 발생이 심화될 뿐만 아니라 예상하지 못한 시기와 지역에 발생하며, 발생강도도 높아질 것으로 전망되고 있다. 아울러 폭염, 황사, 저온, 서리 등 새롭게 농업 기상재해를 일으키고 있어 점차 재해형태가 복잡하고 다양화되고 있다.

2) 미래 먹거리, 아열대작물로 대비

농촌진흥청(2017)은 기후변화 적응역량을 강화하기 위해 아열대작물 20종을 선발하여 재배기술을 개발·보급하고 있다. 지구온난화가 진행됨에 따라 새로운 기후환경에 부합되는 아열대작물 재배면적이 늘어나고 있다. 제주를 비롯한 일부 지역에서는 재배가 용이하고 노동력이 적게 드는 파파야, 바나나 재배를 실시하고 있다. 친환경으로 재배하기 쉽고 기존 재배작물에 비해 소득을 높이면서 아울러 지구온난화에 대처할 수 있어 재배면적을 확대하는 것이 필요하다.

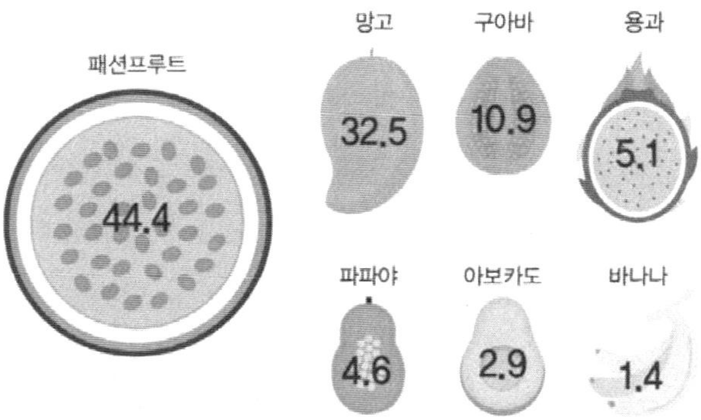

그림 4.2.2 국내에서 재배되는 주요 열대과일

지구온난화로 인해 우리나라는 최근 아열대작물 재배로 소득이 높아지면서 아열대작물 재배면적이 증가하고 있는데, 2015년 362ha에서 2017년 428.6ha(채소 326.2, 과수 102.4)로 늘어났다. 앞서 제시한 2017년의 아열대작물 재배면적은 참다래(키위) 재배면적 1,300ha를 제외한 것이며, 참다래를 포함한 아열대작물의 2017년 재배면적은 1,728.6ha이다. 농촌진흥청(2017)은 아열대작물 연구를 2008년부터 시작해 대략 50종의 아열대작물을 도입해 국내 환경에 맞는 20종을 선정하였다.

선발된 아열대 작물 20종

- 채소(12종): 오크라, 삼채, 여주, 공심채, 강황, 사탕무, 얌빈, 게욱, 롱빈, 아티초크, 인디언시금치, 차요테
- 과수(8종): 망고, 패션프루트, 용과, 올리브, 파파야, 아떼모야, 구아바, 훼이조아

기후변화로 평균온도가 상승함에 따라 2020년 즈음 우리나라의 아열대 기후지역은 경지면적의 10.1%로 늘어날 것으로 예측되고 2060년 26.6%(RCP8.5), 2080년에는 62.3%로 늘어나 한반도 대부분이 아열대 기후에 속할 전망이다. 농촌진흥청(2017)에서는 20종의 아열대작물을 선정하였으며, 특히 과수 5종(망고 등), 채소 8종(여주, 아티초크 등) 총 13가지 작목의 재배기술을 집중 보급하고 있다. 아열대 과수 중 망고는 열풍기, 히트펌프, 다겹 보온커튼 등을 이용해 에너지 46% 절감기술을 개발했다. 또한 망고의 수고(樹高)를 낮게 키워내는 방법으로 노동력 36% 절감과 품질 20%를 높이는 기술을 개발하여 농가에 보급하였다. 아열대 채소는 기능성이 높은 작목을 도입해 선발하고 있으며 관련 재배기술도 개발해 수량을 높이고 있다. 혈당치를 낮추는 성분이 함유된 여주는 무가온 시설재배기술로 수량을 24% 늘렸다. 혈중 콜레스테롤을 낮추는 효과가 있는 롱빈은 노지재배 정식기를 밝혀내 수량을 33% 높였다. 신장과 간장의 기능을 개선하는 성분이 있는 아티초

크는 우리나라 환경에 맞는 품종을 선발하고 수량을 27% 높일 수 있는 재배 기술을 개발했다.

농촌진흥청(2017)에서는 도입한 아열대작물의 기능성분도 분석하며, 아열대작물의 한식 요리를 발굴하기 위해 대학 연구팀 및 요리전문가와 함께 관련 조리법(레시피)도 개발하고 있다. 여주 소고기전, 파파야 샐러드, 공심채 새우교자, 오크라 장아찌, 차요테잎 추어탕, 파파야 깍두기 등 아열대 13작물을 이용해 95개의 요리 조리법을 만들어 책자로 발간한 바 있다. 기후변화와 더불어 소비자 기호도 변화, 다문화 가정 등의 영향으로 아열대작물 소비는 꾸준히 늘 것으로 예상된다. 2020년에는 아열대작물 재배면적이 1,000ha 이상 늘어날 전망이다.

4.2.2 아열대 기후대 확산과 농업환경

지구온난화로 아열대 기후대 확대 전망으로 주요 원예작물 주산지의 재배환경 변화와 재배적지 변동이 예상된다. 기후변화로 아열대 기후는 현재 제주와 남해 일부에서 2080년에는 한반도의 중부 내륙까지 확대될 것이다. 아열대 기후대에 적합한 경지면적은 현재 전체 경지면적의 10.1%에서 2080년에는 우리나라에서 아열대 기후대에 적합한 경지면적이 62.3%에 이를 것으로 예측된다(농촌진흥청, 2017).

기후변화 시나리오에 따른 경지면적의 변화를 살펴보았다. IPCC에서 제시한 RCP8.5 시나리오를 이용하여 우리나라 아열대 기후대를 공간적으로 예측하였다. 아열대 기후대의 개념 정의(Trewartha)는 “연중 가장 추운 달의 평균 기온이 -3℃~18℃, 월평균 기온이 10℃가 넘는 달이 8개월 이상인 지역”으로 규정할 수 있다.

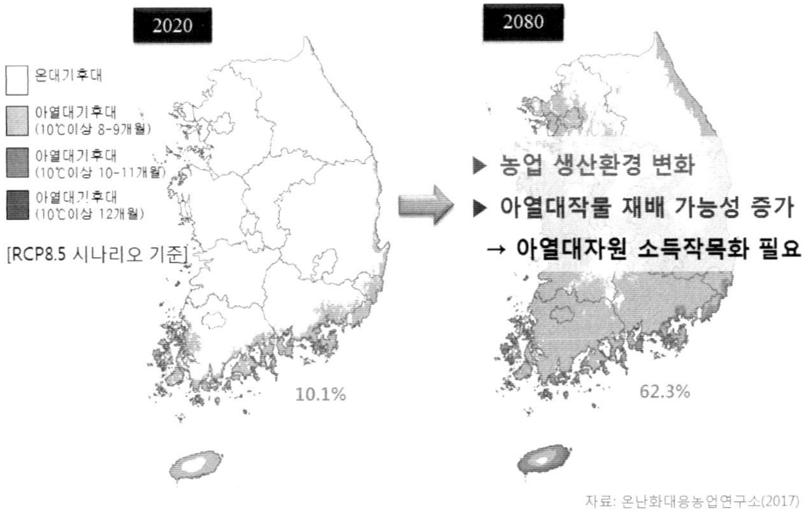

그림 4.2.3 기후변화로 인한 기후대 이동 및 농업 생산환경 변화

아열대 기후대의 확대로 제주지역에서 재배되는 원예작물의 재배지가 북상하고 면적도 확대될 것으로 전망된다. 연평균기온 2℃ 상승 시 감귤 재배 가능지가 약 36배 확대될 것으로 예상되며, 월동 배추와 난지형 마늘과 같은 난지형 원예작물의 재배지역은 계속 한반도 북쪽으로 확대될 것이다. 아열대화로 인해 아열대 과수 재배면적이 늘어나 망고 등 9개 작목이 증가 추세를 보일 것이다. 기후변화 전망에 따른 재배환경의 변화와 소비자의 기호도 변화로 열대·아열대 작물에 대한 수요가 계속 증가하고 있다. 웰빙에 대한 소비자들이 관심이 증가하면서 맛있고 기능성이 많은 열대과일 및 채소의 소비 또한 증가 추세이다.

4.2.3 기후변화와 재배면적

1) 벼 재배

벼는 여름작물이기 때문에 온도가 높아지면 재배가 가능한 곳이 확대될 것이다. 그리고 품종과 재배 양식은 기후적응을 위한 변동이 일어날 것이다. 작물기간이 현재보다 10-17일 정도 늘어날 것으로 예상되며, 이앙재배에서는 조생종 재배지대는 중생종으로, 중생종 재배지대는 만생종으로 바뀌게 된다. 동일한 작물에서도 개화시기에 따라 조생종, 중생종, 만생종으로 구분한다. 조생종은 표준적인 개화기의 것보다 일찍 꽃이 피고 성숙하는 종이며, 만생종은 표준적인 개화기보다 늦게 꽃이 피고 성숙하는 종을 말한다. 대개 조생종은 7월말부터 8월초, 중생종은 8월초에서 중순, 만생종은 8월 하순경에 이삭이 밖으로 출현한다. 현재 온도가 낮아 벼농사를 실시하지 못하는 해발고도 600m 이상의 산간지대에서도 일부 조생종 벼농사 재배를 실시할 수 있게 된다. 재배양식은 건답직파 또는 담수 직파재배가 확대될 것이다.

기온 상승에 따른 쌀의 생산량은 현재의 재배시기를 유지한다면 등숙기간의 고온으로 인해 20-37% 줄어들게 된다. 여기서 등숙기간이란 개화 후 종자의 배젖 또는 떡잎에 녹말 등이 축적되는 시기를 말한다. 만일 등숙에 알맞은 조건으로 재배시기를 변경하면 대략 18% 수확량을 늘릴 수 있을 것이다. 벼의 재배시기를 결정할 때 가장 먼저 해당지역의 기후조건에 부합되는 출수기를 파악하는 것이다. 자포니카는 출수기 이후 40일간(등숙기간)의 일평균기온이 21.5℃일 때, 가장 높은 수확을 얻을 수 있다. 따라서 지역여건에 적합한 등숙기온을 고려하여 출수시기를 확인하고 재배양식과 품종을 결정하여야 한다.

출수 후 40일간의 일평균기온이 21.5℃가 되는 출수기와 등숙기간을 현재 상태와 지구온난화에 의한 2℃ 상승되었을 때를 비교한 결과는 다음 표 4.2.1과 같다. 만일 기후변화로 한반도 기온이 2℃ 상승하였을 때 알맞은 출수기는 지역간 차이 없이 현재보다 대략 10일 가량 늦어지게 된다. 이를 위해서는 벼의 출수시기를 10일 가량 늦출 수 있어야 한다. 여름철의 기온상승이 높아지고, 여름철의 일정 기온 이상을 계속하여 유지하기 때문에 모내기에서 출수기까지의 현재 기간을 10일 이상 늘려야 한다. 그러나 현재 우리나라에서 재배하는 자포니카 품종의 특성으로는 이와 같이 출수시기를 늦추기 어려운 실정이다.

표 4.2.1 자포니카 품종의 현재 기상조건과 기후변화에 따른 적정 출수시기

지역	출수시기		지연 일수
	현재 기상조건	기후변화 (2℃ 상승)	
수원	8월 20일	8월 29일	9일
광주	8월 27일	9월 5일	9일
밀양	8월 24일	9월 3일	10일
대구	8월 26일	9월 5일	10일

벼는 식물학적으로 단일성 작물로 알려져 있지만, 실제로 감온성 품종과 기본 영양생장형 품종은 낮의 길이로 인한 영향이 거의 없는 것으로 밝혀졌다. 다만, 자포니카 만생종은 고온 단일조건에서 출수가 유도되고, 낮의 길이에 민감하게 반응하는 것으로 알려졌다. 예를 들면, 수원에서 재배하는 자포니카에 알맞은 출수기는 8월 20일이고, 대부분의 벼 품종이 이 시기를 중심으로 출수하고 있다. 그런데, 기온이 2℃ 상승하면, 수원지역에서 적절한 출수기는 8월 29일로 늦추어지는데, 이 시기에 맞춰 출수하게 하려면 현재 품종의 특성으로는 재배가 곤란하다. 온도는 올라가지만 낮의 길이는 변함이 없어 온도와 낮의 길이에 민감한 자포니카 품종의 출수시기를 맞추기 어려워진다. 이에 따라 기후변화에 적합한 품종 육성이 필요하다.

2) 맥류 재배

맥류는 월동기간의 혹한을 피하여 재배적지를 선정한다. 보리의 경우, 1970년대 중반까지는 대전 이남에서만 재배가 이루어졌으며, 맥주보리는 남해안 일부에서만 재배하였다. 기온이 상승하면 맥류의 재배지역도 북상하여 한반도의 재배가능지역이 증가할 것이다. 월동 작물의 재배 북방한계선은 작물의 내한성과 월동기간 중의 최저온도에 의해 결정된다. 보리 품종은 개량을 통해 내한성을 증대하고 지구온난화에 따른 겨울철 기온의 상승으로 보리 재배 북방한계선이 상승하고 있다. 그러나 현재 맥류재배의 명맥을 잇고 있는 지역의 분포를 보면 동해안의 영덕, 남해안, 남서해안, 그리고 서해안의 군산까지 해안에 분포하고 있으며, 내륙은 드물다. 그 이유는 맥류의 등숙기 온도가 해안이 내륙보다 낮기 때문이다. 기후특성에서 여름날(일최고기온 25℃ 이상되는 날)의 첫날이 남해안은 6월 22일, 서해안과 동해안 중부까지는 6월 5일이지만 내륙은 5월 21일 이전이다. 해안지방에 찾아오는 여름날은 내륙보다 보름에서 한 달까지 늦는다. 이러한 해안의 기후는 내륙보다 맥류의 등숙기간을 늘려주고 익는 알맹이를 충실하게 만든다. 바다는 육지와 비교하여 겨울에는 따뜻하고 여름에는 서늘하다. 따라서 지구온난화는 맥류의 재배적지를 지금보다 북상된 해안지방으로 유도할 것이다. 내륙의 평야지대는 더욱 고온이 되어 월동에는 문제가 없을지라도 여름날이 일찍 찾아오기 때문에 맥류재배에는 적합하지 않을 것이다.

3) 과수 재배

1970년대까지만 해도 사과의 주산지는 대구, 칠곡, 경산 등이었으나, 점차 재배면적이 감소하고 있다. 기후변화로 평균기온이 2℃ 상승한다면 현재 사과의 주산지 일부는 사과재배를 지속하기 어렵다. 왜냐하면, 사과의 품질은 수확기의 과피내 안토시아닌 함량에 의해 크게 좌우되는데, 안토시아닌 발현은 고온 조건에서 발현이 불량하기 때문에 지구온난화로 기온상승이 지속될 경우 현재의 사과 주산지는 좋은 품질의 사과를 생산하기 어렵기 때문이다. 현재 우리나라 사과는 연평균기온 13.5℃ 이하인 곳에서 재배되고 있으며, 14℃ 이상인 곳에서는 재배하지 못하고 있다. 대구의 연평균기온이 13.2℃이고, 칠곡은 12.3℃인데, 2℃ 상승하면 더 이상 사과의 재배하는 데 부적합한 지역이 된다. 사과는 자발적인 휴면을 위해 7℃ 이하로서 최적범위가 0.6℃-4.4℃가 휴면조건으로 요구되고 있다. 휴면에서 깨는 데 요구되는 저온기간은 1,400시간이다. 휴면을 위한 적정기온과 기간을 충족할 수 있는 지역은 연평균기온이 13℃ 이하로서 겨울 온도가 내륙 또는 분지의 특징을 지닌 곳이라야 한다. 한편, 주요 과수의 재배적지가 북상하고 있다. 배, 복숭아, 포도, 단감은 재배지역이 기후변화로 계속 확대될 것이다(그림 4.2.4). 아울러 한라봉은 전북 김제까지, 무화과는 충북 충주까지, 포도는 강원 영월까지, 사과는 경기 포천까지, 녹차는 강원 고성까지 북상하고, 남부 해안 가까운 곳에는 참다래와 같은 아열대성 과수의 재배가 일반화될 것이다(환경부·국립환경과학원, 2015).

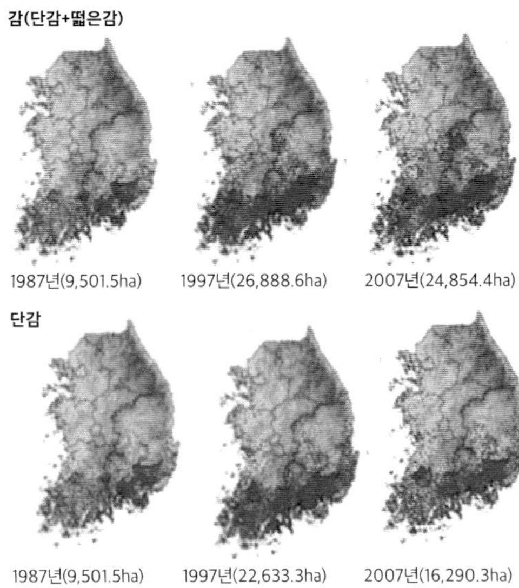

그림 4.2.4 시기별 단감의 국내 재배지역 공간분포 변화현황

4) 채소 재배

최적온도 범위가 비교적 낮은 상태에서 품질 좋고 최대수량을 생산하는 배추, 감자, 무, 당근 등의 채소를 호냉성 채소라 한다. 기후변화로 인해 온도가 높아지면 호냉성 채소의 재배적지와 재배시기를 변동시켜야 할 것이다. 대개 봄 채소는 지금보다 일찍 심어 가꾸어야 할 것이고, 가을 채소는 늦게 심어 재배하여야 한다. 만일 봄의 평균기온이 2℃ 이상 높아질 경우 영농시기를 앞당겨야 한다. 현재 여름철 고랭지 채소재배지대는 온도 상승과 그에 따른 생리장해와 병해로 인해 더욱 높은 해발고도로 이동하거나 북상하여야 할 것이다.

반면, 높은 온도를 요구하는 과채류 재배는 현재보다 유리해질 것이다. 그러나 고온으로 딸기의 꽃이 분화되는 것에 어려움이 있을 수 있으며, 양파, 상추와 같은 채소는 고온으로 개화가 일찍 유도되어 문제를 일으킬 수 있다. 시설채소 재배에서 일조시간에 변동이 없다면, 하우스에 온도를 높이기 위한 온풍기 등의 설비가 필요하지 않게 될 것이다. 대기중 이산화탄소 농도가 증가되어 작물생산에 유리한 환경이 조성된다. 다만 겨울철 일조시간과 일사량은 제한되어 있어 작물의 생산부진이 일어날 수 있다. 기후변화로 남해안 지역에서 현재 서귀포에서 재배하는 채소를 재배할 수 있을 것이며, 서귀포를 비롯한 많은 지역에서 아열대 채소재배가 가능할 것이다.

4.2.4 기후변화와 작물 생산성

작물의 생산성은 지속적으로 증가하고 있으나, 이와 같은 작물의 생산성 증가와 기후변화와의 관련성을 살펴본 연구는 미흡하다. 작물의 연차적인 수량 변동에는 기상 요인 이외에도 품종의 수량성, 품종의 보급률, 재배기술 등 기술적 요인이 복합적으로 영향을 미친다. 미곡 수량의 경우 온난화에 따라 과거에 비해 기상의 변동성이 커짐에 따른 수량의 변동성이 높아지고 있다.

최근 빈번하게 발생하는 이상기후나 그에 따른 자연재해로 인해 작물의 생산성에 큰 변동이 일어나고 있다.

쌀 수확량과 기후변수와의 상관관계를 분석한 결과, 벼수확에 영향을 미치는 기후변수로 강수량, 강수일수, 일조시간 등이 높은 상관관계를 보이고 있으며, 회귀분석 결과 7-8월의 기온이 매우 중요한 기후변수로 밝혀졌다. 강수량 증가에 따른 일조 부족은 쌀 수확량에 부정적인 영향을 미치는 것으로 분석하였다. 이와 같이 장기적인 추세를 가지고 변하는 기온이나 강수량 자료가 쌀 수확량 변화에 영향을 미치는 것으로 나타났지만, 이상기후 발생여부가 가장 통계적으로 유의성이 높은 것으로 조사되었다. 이에 따라 기후변화로 인한 쌀 수확량에 미치는 영향은 장기적인 기온상승과 강우패턴의 변화는 물론이고, 기후변화의 또 다른 특성인 잦은 이상기후 발생에 대한 농업부문의 적응 노력이 필요함을 알 수 있다. 기후변화에 따른 작물 생산성의 변화는 지역적으로 상이하게 나타날 것이다.

4.2.5 가축의 열 스트레스 영향

가축은 적정 환경온도 범위 안에서 사육될 때 최상의 생산성을 보이고 에너지 소비량이 적지만 적정 온도를 벗어나면 스트레스를 받게 되어 건강과 생산성에 부정적인 영향을 받게 된다. 최근 가축의 기후변화 영향평가에 대한 다양한 시도가 이루어지고 있는데, 열화상카메라를 포함한 축사환경 및 젖소의 체온변화 원격모니터링을 실시하여 가축의 이상행동과 우유생산량 등을 비교분석하였다. 온습도지수와 우유생산량의 관계를 분석한 결과, 온습도지수가 80이 넘는 시점부터 우유생산량이 감소하였고, 최대감소율이 19%까지 이르는 것으로 밝혀졌다(김별 등. 2014).

고랭지 대관령 지역과 평탄지 대구 2개 지역을 대상으로 1988년부터 2012년까지 지난 25년간 기후변화에 따른 젖소의 사료 효율(사료 건중량 1kg

당 우유생산량) 변화를 모의하였다(그림 4.2.5). 아래 그림에서 개방된 써클(open circle)은 대구지역이고 폐쇄된 써클(closed circle)은 대관령을 의미한다. 모의실험은 대관령과 대구 2개 지역의 기후를 제외한 모든 조건이 동일한 상태에서 동물을 사육하는 것으로 가정하였다. 대구의 경우(open circle) 유의하지는 않지만 사료효율이 다소 감소하는 경향을 보이는 반면, 대관령 지역(closed circle)은 사료효율에 따른 우유 생산량에 유의한 증가 추세를 나타내고 있다. 이와 같은 결과는 평탄지인 대구는 여름철 최저 기온 상승으로 인해 젖소가 고온 스트레스 노출빈도가 높아져 사료 효율이 감소하는 것으로 판단할 수 있다. 반면 고랭지인 대관령은 극심한 추위의 겨울철을 제외하고는 기온 상승으로 인하여 저온에 따른 유지에너지 요구량 증가가 발생하는 빈도가 감소하는 반면 여름철의 온도가 고온 스트레스를 야기할 정도까지 상승하지 않아 사료효율 증가 추세를 보이는 것으로 평가할 수 있다(이정진 등, 2013).

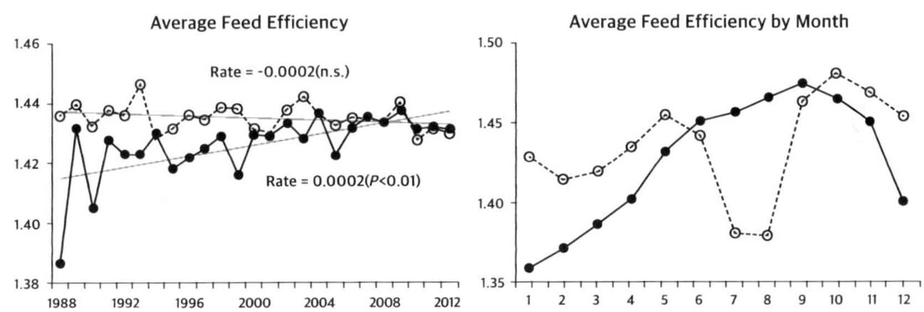

그림 4.2.5 과거 25년간(1988년-2012년) 및 월별 젖소의 평균 사료효율 변화
자료출처: 이정진 등, 2013

4.2.6 병해충 및 잡초 발생

기후변화는 따뜻한 월동환경, 식물체의 피복기간 연장, 장마 변동 등으로 월동해충의 증가와 토착화 가능성 확대, 아열대성 병해충의 출현 등 유해 생물군의 돌발적 발생과 규모화가 예상되기도 한다. 최근 돌발 병해충 발생이 크게 증가하고 있다. 돌발 병해충이란 여행객이나 수입 농산물에 의해 국외로부터 유입되거나, 국내에 서식하는 병해충 가운데 기후 및 재배양식 등 서식환경 변화에 따라 밀도가 급증하여 예상하지 않았던 병해충이 갑자기 대발생하여 피해를 주는 것을 말한다(최덕수 등, 2012). 최근 돌발적으로 발생하여 피해를 주는 병해충으로 벼 줄무늬잎마름병, 토마토 황화잎말림바이러스, 꽃매미, 블루베리 혹파리 등이 있다.

애멸구가 매개하는 벼 줄무늬잎마름병의 피해지역이 북상하여 경기, 충남, 전남북, 경남 등으로 확대되었다. 줄무늬잎마름병의 확산 원인은 겨울철 온난화에 따른 매개충의 월동 등으로 추정되고 있다. 한편 토마토 황화잎말림바이러스는 2008년 경남 통영에서 발견되어 2012년에는 전국 62개 지역으로 확산되었다. 꽃매미(*Lycorma delicatula*)는 중국남부와 동남아시아가 원산지인 아열대성 곤충이며, 원산지에서 유입된 개체들은 과거에는 낮은 기온으로 서식이 어려웠으나 최근 겨울철 기온상승으로 월동이 가능해졌다(최덕수 등, 2012). 이로 인해 서울, 경기, 충북, 경남, 전북 등으로 발생지역이 확산되고 있다. 병해충의 발생과 피해면적 변화는 기후변화로 인한 기온상승과 강수량 증가는 병해충의 피해면적 발생과 밀접한 관계를 지니고 있다. 예를 들면, 벼 줄무늬잎마름병 피해는 6월 강수량 증가와 관련있고, 7월 호우 일수가 증가하면 잎도열병 피해를 확산시키는 것으로 분석되었다.

4.2.7 기후변화 적응전략: 아열대 작물재배

1) 국내 아열대 작물 전망

아열대 작물에 대한 수요가 늘어나고 소비량이 지속적으로 증가될 것으로 예상된다. 국민소득의 증가와 세계화, 다문화 가정 등의 영향으로 아열대 작물에 대한 소비가 증가될 것이다. 아열대채소의 예상 소비량은 2013년 3천 톤에서 2020년 2-4만 톤으로 대략 10배 가량 늘어날 것이다. 다문화사회 진입에 따른 에스닉 푸드(ethnic food)에 대한 수요증가를 예상할 수 있다. 에스닉 푸드란 각 나라의 고유한 음식, 특히 동남아시아, 중동, 중남미 등 제3세계 음식을 지칭한다. 농민들은 소득증대를 위해 아열대 작물에 대한 관심이 높아지고 있다. 새로운 고소득·기능성 작목으로 아열대 작물이 인식되고 있으며, 많은 지자체에서 특성화 사업으로 아열대 작물을 늘리고 있다. 제주에서는 망고를 통해 31,500천 원/10a 수익을 올리고 있다. 또한 대부분의 아열대작물이 고기능성 성분을 함유하고 있는데, 타임(TIME)지에서 10대 식품으로 선정한 아보카도, 오크라, 아티초크 등이 있다.

농업은 과거 1차 산업에서 제조업(2차)과 서비스업(3차) 기능을 함유한 6차 산업으로 새롭게 부각되고 있다. 기존 1차 산업이라는 이미지에서 벗어나 6차(1차+2차+3차) 산업으로 인식을 갖추며, 새로운 소득 작물로 기후변화에 따라 재배면적이 늘어나는 아열대 작물 재배의 기대감이 증가하였다. 예를 들어, 아열대 작물인 여주(쓴오이), 올리브 등을 재배하는 것에 머물지 않고 가공, 유통, 축제, 체험, 음식과 결합하는 6차 산업으로 자리매김하고 있다. 이로 인해 아열대 작물의 재배면적이 꾸준히 증가하여 2015년 362ha에서 2017년 428.6ha로 늘어났으며, 2020년에는 1,000ha 이상으로 예상되고 있다. 대표적인 작물로 망고 등 9종의 과수재배면적이 102.4ha이고, 여주 등 7종의 채소가 326.2ha이다. 국내 아열대 작물의 재배현황은 다음과 같다. 참다래(키위) 재배면적은 1,300ha로 아래 표에서는 참다래를 제외한 재배면적으로 428.6ha로 조사되었다. 만약 참다래를 포함할 경우에는 2017년 아열대 작물의 재배면적은 1,728.6ha에 이른다.

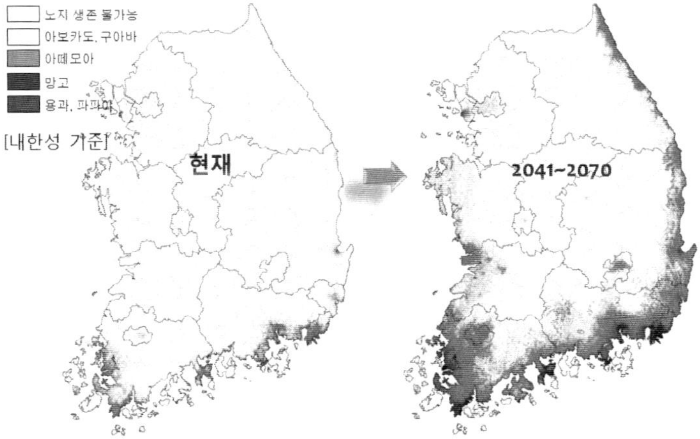

자료: 온난화대응농업연구소(2009)

그림 4.2.6 내한성 기준에 의한 아열대 재배지역 현황 및 미래 전망

바나나와 파인애플, 망고, 아보카도 등 열대·아열대 과일에 대한 선호도 상승과 가공품의 소비 증가로 수요가 늘어나고 있다. 신선한 열대·아열대 과일 수입 증가와 함께 람부탄, 리치, 패션프루트 등 냉동 열대·아열대 과일 수입이 증가하였다. "농수산식품수출지원정보시스템"을 통해 국내 열대·아열대 과일의 수입현황을 살펴보면, 2002년 1억 달러에서 2012년 3.9억 달러, 2016년 5.5억 달러로 수입규모가 계속 증가하고 있다. 2016년 전체 열대 및 아열대 과일 수입액은 5.5억 달러이고 그중 바나나 수입액이 3.3억 달러로 60%를 차지하고 있다. 아보카도는 2015년 대비 2016년 2배 가량 수입액이 증가하였으며, 망고와 파인애플 수입도 급증하고 있다. 기타 수입 과일로 두리안, 파파야, 코코넛 등이 있다.

4.2.8 질문으로 살펴본 아열대 작물 재배

1) 국내에서 재배한 아열대 작물의 차별화가 가능한지?

국내에서 재배한 아열대 작물을 수입산과 비교했을 때, 대략 4가지 정도의 차별화 전략이 가능하다. 첫째, 국내산은 수입산에 비해 신선도가 뛰어나다. 국내산의 경우에는 농가에서 수확 후에 늦어도 4-5일이면 소비자까지 전달되지만 수입산은 장기간 운송과정을 거치기 때문에 신선도는 국내산이 훨씬 좋을 수밖에 없다. 둘째, 국내산의 아열대 작물은 단거리 이동으로 온실가스 배출량이 적어 기후변화 대응에 효과적이다. 수입산은 장거리에 걸쳐 이동하면서 온실가스 배출을 수반하기 때문에 지구환경에 부정적인 영향을 미친다. 셋째, 일부 국내산 아열대 작물의 맛과 품질이 수입산에 비해 우수하다. 망고의 경우 수입산은 식물 검역상 75℃에서 30분간 증열처리 후 2℃에서 -4℃ 사이 냉동 저장하여 수입하기 때문에 수입산 망고는 향기가 없고 과육이 붕괴되어 저장성이 떨어진다. 바나나의 경우에도 외국산은 덜 성숙한 상태에서 수확하는 반면 국내산은 나무에서 충분히 성숙한 후에 수확하기 때문에 수입산보다 맛이 더 좋다. 넷째, 농약 같은 건강위해 요소에 안전하다. 수입산의 경우 어떤 농약이 사용되었는지 모르는 경우가 많고 검역과정에서 고온이나 농약을 이용한 살균처리 등을 거치지만 국내산은 친환경적으로 재배하기 때문에 상대적으로 건강위해 요소에서 안전하다.

2) 아열대 작물의 재배를 위한 종자(종묘)는 어떻게 구입할 수 있는지?

농작물의 씨앗이나 묘목을 판매하는 종묘상에서 구입할 수 있으며, 경우에 따라 현재 아열대 작물을 재배하고 있는 농가로부터 직접 구입할 수 있다. 일부 지자체에서는 아열대 작물의 연구 및 보급사업을 진행하고 있기 때문에 지역 농업기술원이나 농업기술센터에 문의하면 아열대 작물의 종자를 구입할 수 있다. 예를 들어, 경북 영주시 농업기술센터는 아열대성 작물인 만감류

(감귤류), 한라봉, 레드향, 열대채소, 패션프루트 등의 종자를 공급하고 있다.

3) 아열대 작물재배에서 연료비 문제는 어떻게 해결하는지?

아열대 채소류의 경우에는 연료를 거의 사용하지 않아도 되지만 아열대 과수작물에서는 연료비가 상당히 소요된다. 이에 따라 아열대 작목을 선정하는 데 있어 우리나라 노지에서 또는 난방기를 설치하지 않은 무가온 시설하우스에서 재배할 수 있는 아열대 채소류를 찾는 것이 필요하다. 일부 작목에서는 동일한 작목에서도 저온에서도 잘 견디는 품종이 있으며 현재 농촌진흥청을 비롯한 농업기술센터에서 이와 관련된 기술개발을 진행하고 있다. 특히 겨울철에는 아열대 작물이 성장하는 데 적합하지 않은 추위로 인해 난방기를 설치한 가온재배가 필요할 수 있다. 겨울철에 작물이 고사되지 않도록 최소 생육가능온도를 유지하여야 할 것이다. 경제성을 감안하여 국내·외 생산 및 소비시장의 환경 분석을 바탕으로 농가에서 섣부른 판단으로 작물피해를 발생하지 않도록 하여야 한다.

4) 아열대 작물이 우리 입맛에 맞지 않을 수 있는데 이와 같은 문제는 어떻게 해결하는지?

우리나라는 다문화가정이 2010년 230,000명에서 2015년 820,000명으로 늘어났고, 2020년에는 1,000,000명이 넘을 것으로 예상되고 있다. 또한 최근에 젊은이들이 동남아 음식을 즐겨 찾기 때문에 동남아 음식 관련 식당들이 꾸준히 늘어나고 있는 것을 토대로 향후 아열대 작물의 소비증가를 예상할 수 있다. 다만 우리나라 고유의 음식과 어떻게 조화를 이루어 나가야 할 것인지는 지속적으로 관심을 가져야 한다. 이를 위해 농촌진흥청에서는 아열대 작물과 우리 고유의 음식재료를 이용한 새로운 요리 레시피를 개발하고 있다.

5) 도입한 아열대 작물의 품종 사용료(로열티)는 없는지?

현재까지 국내에 들여온 아열대 작물에는 추가적으로 사용료(로열티)를 지급하지 않는다. 아열대 채소는 종자 형태로 구입하는 데 종자구입비용에 이미 사용료(로열티)가 포함되어 있으며, 아열대 과수는 개발된 지 오래되어 사용료(로열티)를 납부하지 않아도 되는 품종이다. 또한 극히 작은 면적으로 재배되고 있어 현재 상황에서는 사용료(로열티)가 문제되지 않고 있으나, 향후 재배면적이 늘어나면 생물다양성협약 나고야 의정서에 따라 사용료 문제가 제기될 수 있다. 이에 따라 기후변화에 따라 변화되는 국내 농촌환경에 부합되는 아열대 작물의 품종 개발을 실시하는 것이 필요하다.

6) 아열대 작물의 보급확대를 위한 정부차원의 대책은 없는지?

우선 아열대 작물의 재배기술개발을 지속하여야 할 것이다. 이미 개발이 완료된 작목에 대해서는 농민과 지역주민을 대상으로 작목 재배기술, 활용방법 등을 패키지화하여 보급하고 있다. 보급은 지자체의 농업기술원, 농업기술센터와 협력하여 추진하고, 해당 지역에 적합한 품목을 찾아 실증재배 성공사례를 발굴하고 있다. 또한 소비확대가 선행되어야 재배면적이 증가할 수 있기 때문에 아열대 작물을 이용한 다양한 상품(음식, 관광상품 등) 개발을 실시하고, 현장 평가회 및 시연회를 통해 홍보전략을 강화한다.

국외 기관과의 조사연구를 위한 협력체계를 확립하여 안정적인 종자확보와 상품판매를 도모한다. 중남미의 코스타리카 열대농업연구교육센터, 해외농업기술센터, 한-중남미 농식품기술협력 협의체 사업팀이나 유전자원센터 등과 협력하여 아열대 작물의 유전자원을 탐색한다. 이를 바탕으로 지구온난화로 인한 향후 기후환경에 적합한 작물을 선정하고, 국내 음식이나 관광, 체험수요를 분석하여 경제적으로 효율성을 확보하며 환경적으로 지속가능성을 담보할 수 있는 아열대 작물의 개발이 이루어져야 한다. 선정된 아열대 작목은 고품질 재배기술을 농가에 보급하여 확산한다.

4.3 기후변화와 녹색산업

4.3.1 기후변화가 산업에 미치는 영향

분야별 기후변화 영향 IPCC 4차 보고서에 제시된 기후변화의 영향을 부문별로 살펴보면, 우선 수자원의 경우 21세기 중반까지 강수량과 가용 수자원의 연평균 규모는 고위도 지역 및 일부 열대 다습지역에서는 10-40% 증가하는 반면, 중위도의 일부 건조한 지역과 열대 건조지역에서는 10-30% 감소할 것으로 전망되고 있다. 이에 따라 한발지역의 면적이 더욱 확대되는 한편 더욱 빈번하게 발생하는 폭우로 인해 홍수피해가 증대될 전망이다. 한편 빙하와 눈의 형태로 저장되어 있는 수자원은 금세기 동안 감소되어 물부족 현상이 심화될 전망이다.

생태계도 홍수, 한발, 산불, 병충해, 해양 산성화 등 기후변화 영향과 토지이용 변화, 환경오염, 과다한 자원개발 등과 같은 요인이 복합적으로 작용함에 따라 커다란 피해를 입을 전망이다. 동식물의 20-30% 정도는 지구평균기온이 1.5℃-2.0℃ 이상 상승할 경우 멸종위기에 처하는 등 생태계 구조에 커다란 변화가 발생할 것으로 예측되었다. 지구 전체의 식량 생산 잠재량은 평균 기온이 1-3℃까지 증대되다가 그 이상의 기온에서는 한발과 홍수의 빈도 증가에 따라 감소할 전망이다. 기온상승과 해수면 상승은 연안 침식, 산호초 파괴, 망그로브 숲 파괴와 같은 피해를 초래하고, 수백만 명이 해수면 상승으로 매년 홍수피해를 경험할 것이다. 특히 적응능력이 부족하고 인구가 밀집된 해발고도가 낮은 지역에 피해가 집중될 것이다. 지구온난화는 또한 건강을 위협할 것이다. 일부 추운 지역의 주민은 지구온난화로 이익을 받을 것이나 전체적으로 피해가 이익보다 클 것으로 예측되었다.

기후변화가 산업에 미치는 비용과 편익은 지역과 규모에 따라 상이할 것이다. 그러나 전체적으로는 기후변화의 정도가 클수록 부정적 효과가 클 것으로 예측되며, 공간적으로 기후변화에 취약한 해안가 지역이나 도시 저지대에 위치한 산업부문이 취약할 것이다. 또한 기후에 민감한 자원에 기반한 산업과 이상기후 현상이 빈번하게 발생하는 지역, 급속한 인구증가와 도시화를 경험한 지역의 산업에서 취약할 것으로 판단된다.

1) 산업부문에 대한 기후변화의 영향 결정 요인

기후변화는 산업에 따라 긍정적 영향을 미칠 수도 있고, 이와 반대로 부정적 영향을 가져올 수도 있다(표 4.3.1). 물론 산업에 대한 기후변화의 영향을 긍정적 또는 부정적인 것으로 확연히 구분할 수는 없다. 거의 대부분의 산업이 이 두 가지 영향을 동시에 받게 되지만, 많은 산업의 경우 그 차이가 비교적 뚜렷하기 때문에 이러한 구분이 어느 정도 가능하다.

표 4.2.1에서와 같이 산업부문에 대한 경제적 영향이 큰 기후변화 현상은 태풍이나 홍수와 관련된 것들이다. 기후변화 현상별로 보면, 서리는 에너지 산업에는 긍정적 영향을 미칠 것으로 보이나, 건설, 농작물 등에는 부정적 영향을 미칠 것이다. 장기간에 걸친 폭염에는 음료, 물을 공급하는 산업에는 긍정적 요인으로 작용할 수 있지만 이에 따른 피해 증가로 보험산업은 손해를 입을 가능성이 있다. 가뭄과 무더위로 인해 에너지 산업과 농업 부문, 건강, 의료부문도 영향을 받을 것이다. 태양이 떠 있는 맑은 날 수의 변화는 레저 및 관광산업에 직접적인 영향을 미쳐 햇빛이 강한 날이 증가할수록 레저, 관광산업은 호황을 누릴 수 있다. 반면 강우량 증가는 비가 부족한 지역의 농작물 생산에 긍정적 효과를 나타내고 수력 발전에도 기여한다. 그러나 음식료품 산업에는 소비감소로 인해 피해요인으로 작용할 것으로 예측된다(ACG, 2005).

표 4.3.1 기후변화에 따른 긍정적 영향 산업과 부정적 영향 산업

기후변화 영향요소	긍정적 영향 산업	부정적 영향 산업
서리	에너지	건설, 농작물
폭염	음료, 물	보험, 에너지, 농작물
맑은 날 수의 증가	레저, 관광	-
강우	농작물, 수력	음식료품
폭우	건설	농작물, 보험, 침수
바람	풍력 발전	보험, 항공
강설	스키 리조트, 눈썰매	공항, 수송
파도	조력	어업, 해상 수송, 연안 시설
안개		항공, 수송, 보험

폭우에 따른 건물 등 재산 피해는 건설업에는 건설 수요 증가요인이 된다. 반면 농작물 생산과 보험업계에는 피해를 입힐 것이다. 바람 증가는 풍력 발전에는 도움이 되지만 항공산업이나 보험산업에는 손실발생 요인이 된다. 파도 증가는 조력 발전에 기여할 것이나 어업과 해상 수송 및 연안시설에는 피해요인으로 작용할 것이다. 안개일수가 증가하면 항공산업과 수송, 보험산업에 손실을 초래할 수 있다. 이와 같이 기후변화에 따른 자연현상의 변화로부터 산업부문은 생산성과 공급의 안전성 저하, 건물과 인프라 파괴 등 다양한 위험에 노출되어 있으며, 산업에 따라서는 대단히 커다란 영향을 받을 가능성이 있다(한기주, 2007). 그러나 각 부분이 기후변화에 대해 적응하는 능력에 따라 기후변화의 영향으로부터 받게 될 최종적인 영향의 크기, 즉, 취약성의 정도는 달라질 것이다.

여기서 노출(exposure)은 시스템에 대한 영향을 의미하는 것으로 기후변화와 관련해서는 시스템에 영향을 미치는 중요한 기후변화 현상과 패턴 또는 기후변화로 인해 관련된 시스템이 받는 광범위한 영향을 의미한다. 민감도(sensitivity)는 기후영향에 대한 시스템의 반응정도를 나타낸다. 민감한 시

스템은 기후변화에 크게 반응을 하며 작은 기후변화에 의해서도 상당한 영향을 받는다. 어떤 시스템의 민감도를 이해하기 위해서는 기후영향에 대해 이 시스템이 조정을 하는 속도와 관련 없이 기후영향에 반응하기 시작하는 시점을 파악할 수 있어야 한다(그림 4.3.1).

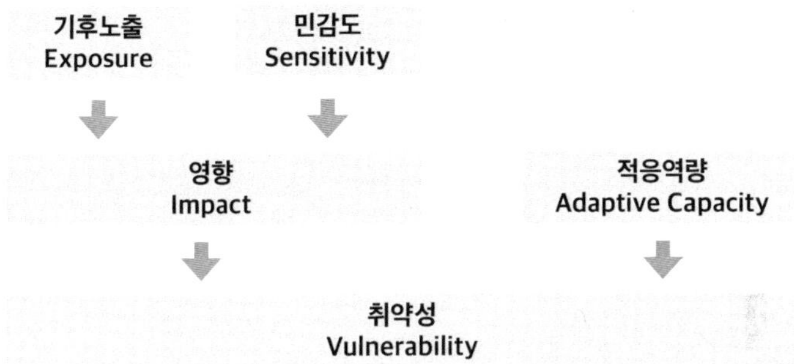

그림 4.3.1 기후변화 취약성 평가 프레임워크

한편 적응능력이라는 것은 외부 영향을 잘 처리할 수 있도록 시스템이 변화할 수 있는 능력을 의미한다. 적응은 계획될 수도 있고 자생적일 수도 있다. 산업에서 적응능력을 결정하는 것으로 경제자원, 기술, 정보훈련, 사회기반시설, 기관, 형평성 6가지를 제시할 수 있다(표 4-3-2). 첫째, 경제 자원이란 양호한 경제환경 및 재정 자원을 갖추고 있는지 살펴보고, 재정자원이 부족하면 기후변화에 대한 적응능력이 떨어지게 된다. 둘째, 산업계 기술력 정도로 기술이 부족하면 기후변화에 대한 저감방안을 마련하기 어려울 뿐만 아니라 적응능력도 떨어지게 된다. 셋째, 산업계의 기후변화 적응능력을 결정하는 요인으로 정보훈련을 제시할 수 있다. 기후변화가 해당 산업계에 미치는 영향에 대한 각종 정보와 기술 인력을 어느 정도 확보하고 있으며, 교육훈련 프로그램을 통해 대응역량을 갖추고 있는지 평가할 수 있다. 넷째, 사회기반시설에 의해 적응능력을 결정할 수 있다. 다양한 사회 기반시설은 보다 많은 대책을 선택할 수 있게 하며, 이를 통해 산업계 적응능력을 높이는 데 기여한다. 다섯째, 산업계 내 운영기관으로 보다 발달된 운영기관은 기후 관련 위험에 따른 영향을 감소시켜 적응능력을 제고할 수 있다. 마지막으로 형평성을 제시할 수 있다. 산업계에 있어 형평성있는 자원분배는 기후변화 적응능력을 향상시키며, 자원의 이용 가능성과 명확한 소유권은 적응능력에 매우 중요하다(한기주, 2007).

표 4.3.2 기후변화 적응산업의 결정요인

결정요인	설명
경제자원	• 양호한 경제 및 재정자원은 적응능력 향상 • 재정자원의 부족은 적응능력 감소
기술	• 기술부족은 가능한 저감 방안을 제한 • 기술이 부족한 지역은 기술적인 적응방안의 개발 곤란
정보훈련	• 정보 및 기술인력 부족은 적응능력 감소 • 보다 많은 정보획득은 적절한 적응 가능성을 증대
사회 기반시설	• 다양한 사회기반시설은 보다 많은 방안제시로 적응능력을 제고 • 사회기반시설의 특성과 위치는 적응능력에 영향
운영기관	• 발달된 사회기관은 기후 관련 위험요소를 줄이고 적응능력을 제고 • 정책 및 규제는 적응능력을 증대 또는 감소
형평성	• 형평성있는 자원분배는 적응능력을 향상 • 자원의 이용 가능성과 명확한 소유권은 적응능력에 매우 중요

자료출처: Ormond, 2004

2) 기후변화와 산업계 리스크

과학자들의 조사연구를 통해 전 세계적인 지구온난화 현상을 파악하였으며, 기후변화는 다양한 분야에 영향을 초래하고 있다. 기후변이와 극한 기상현상이 점차 더 잦아지고 발생강도 역시 증가되고 있어 향후 피해가 더욱 심각해질 것이다. 기후변화는 대개 평균 기온의 상승, 해수면 상승, 강우패턴의 변화, 빈번하게 발생하는 가뭄과 홍수 등으로 이루어진다. 이와 같은 기후변화의 영향은 궁극적으로 상품의 생산, 제품공급과 고용 여건을 위협하고, 사람들의 소비유형을 변경하기 때문에 기업경영 관계자와 투자자들은 기후변화를 사업운영에 감안하고 있다.

2011년 조사에 따르면 이상기후와 자연재해는 세계적으로 1,480억 달러가 넘는 피해를 초래하였고, 보험손실액도 550억 달러를 넘는 것으로 조사되었다(Hoppe and Low, 2012). 특히, 태국의 홍수 피해는 발생국에 제한되지 않고 전 세계적으로 연쇄적인 효과를 나타냈다. 유엔에서는 자연재해 발생 및 리스크 저감을 위한 국제기구(UNISDR)를 통해 각종 통계자료를 취합하고 있다. 1999년 설립되어 국가간 자연재해 협력체계 구축과 재해저감을 위한 실행계획을 추진하며, 유엔총회를 통해 기후변화로 인한 자연재해의 심각성을 인식하고 한다(명수정 외, 2012). UNISDR은 뉴욕에 본부를 설치하고 있으며, 우리나라 인천은 일본 고베, 브라질 리우, 독일 본과 함께 지역 사무소가 위치하고 있다.

유엔(UNISDR) 자료에 따르면, 1995년부터 2015년까지 지난 20년간 발생한 자연재난의 빈도는 인도, 미국, 중국에서 상대적으로 높은 비율을 차지하고 있다. 아울러 자연재난을 기상학적 요인, 수문학적 요인, 기후적 요인으로 구분하여 살펴보았다. 기상학적 요인은 단기적인 현상으로 돌풍과 같은 자연재해를 의미하고, 수문학적 요인은 산사태, 홍수피해 등을 나타낸다. 한편 기후학적 요인은 가뭄, 산불, 폭염, 열대야 같은 것을 나타낸다. 유엔의 조사결과에 따르면, 1980년대 비해 3가지 요인에 의한 자연재해가 점차 증가하고 있음을 알 수 있다.

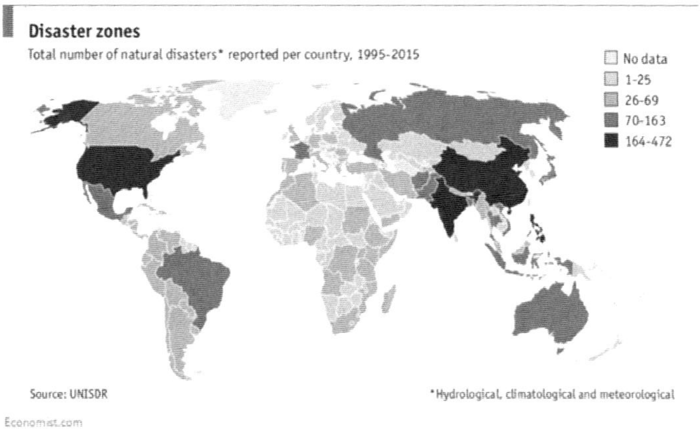

그림 4.3.2 국가별 자연재해의 발생현황

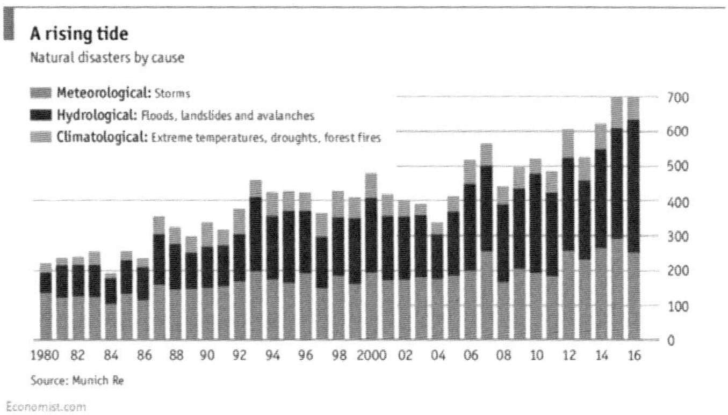

그림 4.3.3 발생원인에 따른 자연재해 발생현황

기후변화가 산업계에 미치는 영향은 단계별로 이해할 수 있다. 1차적으로 날씨의 직접적인 영향을 받는 농림수산업 및 제조업처럼 온도와 강수량의 영향을 받는 산업군에 그 영향이 크게 발생할 수밖에 없다(명수정 외, 2012). 2차적으로는 기후변화에 대응하기 위한 각종 국제협약과 국내외 제도 및 규제의 형태로 철강과 석유화학 등 온실가스 대량배출 산업군과 자동차와 전자 등 수출 중심 산업군에 영향을 미치며, 3차적으로는 기후변화에 대한 일반 시민의 인식 확산과 문화의 변화가 소비 패턴에까지 변화를 가져오며, 더 나아가 기업의 기후변화에 대한 대응에 따라 기업의 명성과 이미지에도 영향을 초래한다.

기후변화로 인한 산업계의 리스크는 일반적으로 4가지로 나눌 수 있다(그림 4.3.4). 재정 리스크(financial risk)는 기후변화 현상의 직접적인 영향이나 기후변화 협약 등에 따른 제도적 영향으로 발생할 수 있는 모든 위험으로부터의 재정적 위험을 의미한다. 사업 리스크(business risk)는 제도와 가격변동 등 복합적인 관련 요소의 변화로 인해 사업에 미치는 위험을 말한다. 운영 리스크(operational risk)는 기후변화의 물리적 영향으로 인한 사업운영상의 위험을 나타낸다. 마지막으로 명성 리스크(reputation risk)는 기후변화의 영향에 따른 피해와 그에 대처하는 기업의 대응 등으로 인한 기업의 명성이나 이미지에 대한 위험을 뜻한다.

그림 4.3.4 기후변화에 의한 산업계 리스크 분류

서비스 부문과 상품 부문에서 모두 기후변화 영향이 발생하지만 원자재 수급과 물류 등에도 기후변화 영향이 나타나며, 시장에서의 규제와 고객, 경쟁의 모든 부문에서 기후변화의 긍정적 영향과 부정적 영향이 혼재하여 존재한다. 기후변화의 위험은 표 4.3.3과 같이 산업 부문별 유형에 따라 상이하다(Agrawala *et al.* 2011). 모든 산업계에서 기상이변으로 인한 시설운영 장애,

기온상승과 수질변화로 인한 생산차질, 홍수 또는 극한 기상현상으로 인한 수송 장애 등의 물리적 리스크를 공통적으로 지니고 있으며, 이는 공급망 및 원료 리스크와 물류 리스크로 연결된다. 규제 리스크를 통해 제품의 품질이 저하되거나 설계 요구사항이 변경될 수 있으며, 기온 변화에 따른 수요 변화로 제품수요 리스크가 증가하거나 재정 및 금융 리스크의 특성이 변화될 수 있다.

제품생산은 제조업과 농업·광업으로 구분할 수 있다. 제조업에서는 기상이변으로 인한 공장의 운영장애, 시설물 손상 발생이 일어날 수 있으며, 기온상승과 수질변화, 가뭄이나 강우패턴 변화에 의한 공업용수 공급제한으로 생산 차질이 발생할 수 있다. 농업과 광업에서는 물 부족 현상으로 어려움을 겪을 수 있으며, 원재료 및 농산품 수출입 과정에서 산사태, 홍수, 폭염 등 기후변화에 의한 기상재해로 수송 장애가 야기될 수 있다. 물리적 리스크로는 기상이변에 의한 농사, 채굴활동에 위험도가 높아지고, 강수패턴 변화와 해수면 상승, 염해피해로 인해 작물의 생산성이 감소할 수 있다.

표 4.3.3 산업 부문별 기후변화의 잠재적 리스크

구분	산업부문	기후변화 리스크
제품생산	제조업	• 물리적 리스크: 기상이변으로 인한 운영 장애, 시설 손상, 기온상승과 수질변화 및 물가용성의 제한으로 인한 생산차질
	농업 및 광업	• 물리적 리스크: 기상이변으로 인한 운영위험 증가, 강수량 증가로 홍수위험, 해수면 상승과 물가용성 변화로 인한 자원제한 • 공급망 및 원료 리스크: 물 부족 현상 • 제품 수요 리스크: 농산물의 품질, 수량 및 유형 변화 • 물류 리스크: 원재료 및 농산품 수출입 과정에서 수송 장애

구분	산업부문	기후변화 리스크
상품 및 서비스 제공	소매 및 유통	• 물리적 리스크: 극한 기상현상으로 인한 운송 중 제품손상 • 공급망 및 원료 리스크: 공급 비효율과 지연 및 중단, 물부족과 연료가격 상승에 의한 위험 증가 • 규제 리스크: 기업의 명성과 소비자 만족도에 영향을 미치는 제품 품질 저하
	수송	• 물리적 리스크: 기상이변으로 인한 운영 중단, 지연에 의한 제품 손상, 홍수 및 산사태 등에 의한 운송노선 변화
	유틸리티	• 물리적 리스크: 홍수 또는 극한 기상현상으로 인한 공급중단, 기상이변으로 인한 업무 중단 • 공급망 및 원료 리스크: 물 부족으로 인한 수력 및 열냉각 시스템을 가동하는 기타 발전소의 출력 감소 • 제품 수요 리스크: 온도변화로 인한 수요 변화 • 재정 리스크: 물 부족 지역의 수자원 보호 비용 증가
서비스 제공	금융	• 금융 리스크: 기후취약 지역의 투자 포트폴리오 위험 증가, 고객의 채무 불이행 위험 증가
	정보	• 물리적 리스크: 기상이변으로 인한 운영 중단, 운송 어려움
	부동산	• 물리적 리스크: 건설사업 지연 및 중단, 배수 문제로 인한 건물손상, 기온상승에 따른 냉각시스템 설치비 증가 • 규제 리스크: 건축 및 설계요구사항 변화 • 재정 리스크: 기후변화 영향으로 기존 건물가치 하락
	기타	• 제품 수요 리스크: 다양한 기후조건 변화로 관광산업 수요 변화 및 관광 인프라 영향

기후변화 리스크에 대한 산업계의 인식은 설문조사를 통해서도 확인할 수 있다. 유엔 글로벌 컴팩트와 세계자원연구소, 유엔환경계획(UNEP)은 기후변화 대응을 위해 2010년 65개 국가의 377개 기업체(대기업 262개, 중소기업

115개)를 대상으로 설문조사를 실시하였다. 지구적 차원에서 기업체와 정부의 역할을 정립하고, 기후변화 문제를 해결하는 데 기업체의 역할을 규명하고자 하였다. 설문조사 결과, 응답한 산업체의 절반 이상이 자연자원 및 원자재 비용 증가, 물 부족을 기업운영과 투자환경을 위협하는 인자로 인식하였다(UN Global Compact *et al.*, 2011; 명수정 외, 2012).

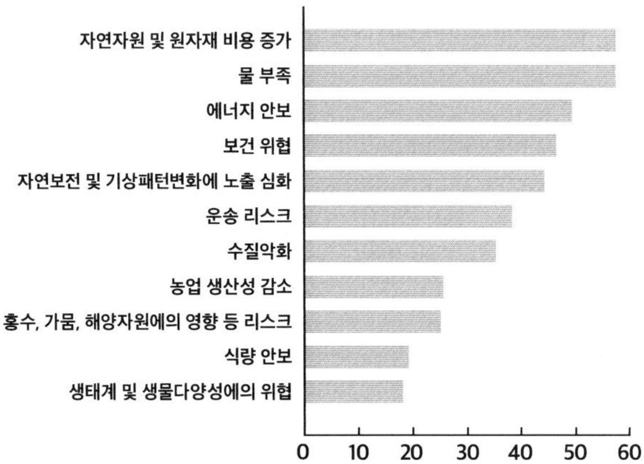

그림 4.3.5 기업운영과 투자에서 리스크가 큰 기후변화의 영향

유엔환경계획(UNEP)에 의한 실시한 기후변화가 기업체에 미치는 영향조사에 참여한 65개국 377개 기업체들을 부문별로 구분하면, 농업, 에너지, 제약 업계에서 지구온난화에 의한 물 부족 현상에 대한 우려가 특히 높게 나타났다. 에너지 업계와 제조업계에서는 기후변화로 인한 전력과 가스 수급 불균형, 그로 인한 급격한 에너지 가격 상승을 우려하였다(UN Global Compact *et al.*, 2011). 금융 및 보험업계에서는 기상 패턴의 변화로 인한 리스크 유형의 변화와 보험 포트폴리오의 변화를 우려하였고, 제조업계에서는 해수면 상승 및 규제 압력 증가로 공장 입지의 어려움을 제시하였다. 이들은 사업장, 노동력, 고객, 공급업체, 주요 지역사회에 대한 다양한 기후 영향을 인식하고 있

으며, 기후변화 영향과 관련된 새로운 리스크와 시장 기회를 파악하기 위해 노력하고 있다.

전력회사의 경우, 일일 피크 부하 및 정전 가능성 증가로 인한 시스템 및 전력 인프라 약화, 수자원을 비롯해 향후 부족한 자원의 확보, 기상재해로 인한 전력선 손상 증가, 폭염에 의한 기반시설 기능저하, 장비의 피해를 제시하였다. 해수면 상승에 의한 해안지역 시설위험 증가, 태풍이나 강수량 변동으로 전력시설의 스트레스 증가, 에너지 공급의 불확실성 등이 우려되고 있다. 전력의 안정적인 공급이 기후변화로 어려워질 수 있어 지역사회의 고객 만족도가 떨어지고, 노사관계, 시민사회의 압력 증가 등을 경험할 수 있다.

기후변화는 예상치 못한 이상기후 현상의 발생 등으로 산업공정과 유통과정에 큰 피해를 초래할 뿐만 아니라 소비자의 선호도에도 변화를 초래하여 기존의 상품과 서비스 공급만으로는 기업이 생존하기 어렵게 만들었다. 산업계에서는 기후변화의 이와 같은 위협적인 측면을 우려하고 있다. 그러나 변화하는 시장은 산업계에 새로운 기회를 제공하기도 한다. 미국의 2017년 기후변화에 의한 환경변화가 경제에 긍정적인 측면과 부정적인 측면으로 살펴보았다(US GAO, 2017; 그림 4.3.6)

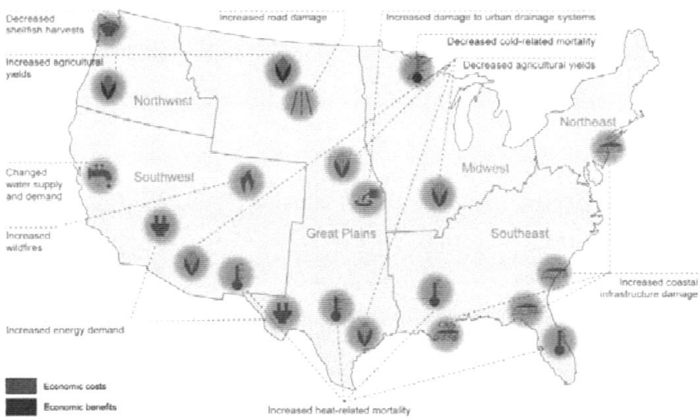

그림 4.3.6 미국의 기후변화가 산업경제에 미치는 영향 분포

실제 우리나라 산업계 주요 업종을 대상으로 한 설문조사에 따르면, 응답자의 약 80%가 기후변화는 위기면서 동시에 기회라고 답변하였다(명수정 외, 2012). 기후변화가 산업계에 실제로 기회의 요인이 되고 있다는 것은 기후변화 적응을 위한 새로운 상품과 서비스가 생겨나고, 실제 시장에서 형성되고 있다는 점을 확인할 수 있다. 미국의 경우, 전국에 걸쳐 물관리와 재해대비, 농업, 기후 관련 정보와 컨설팅 서비스, 에너지, 연안 및 자연자원 관리와 보험과 같은 부문을 중심으로 기후변화 적응산업이 확산되고 있다(Oxfarm America, 2009)(그림 4.3.7)

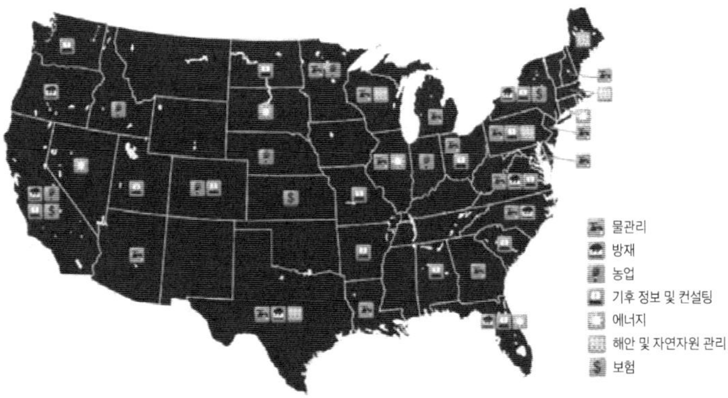

자료: Oxfam America(2009)

그림 4.3.7 미국의 기후변화 적응산업 분포현황

3) 제조업에 대한 기후변화 영향

제조업에 대한 기후변화 영향은 크게 생산물에 대한 수요측면과 생산비용 측면으로 구분하여 접근할 수 있다. 먼저 수요 측면에서 살펴보면, 기후변화는 제조업의 생산물에 대한 수요에 영향을 미친다. 이러한 수요변화는 기후변화가 직접 생산물에 대한 기호를 변화시켜 수요 곡선이 이동하는 것과 생산비용 상승에 따른 가격상승으로 수요량이 감소하는 것으로 나누어 볼 수 있다. 생산물에 대한 기호변화는 기온상승에 따른 청량음료와 냉방기기 수요 증가와 난방기기 수요 감소를 예로 제시할 수 있다. 이와 같은 경우 기온상승에 따른 수요 증감효과는 과거의 데이터를 통해 분석할 수 있다. 그러나 급속한 기술발전으로 새로운 형태의 냉난방 방식이 도입되는 경우, 기존의 냉난방 기기에 대한 수요는 변화할 것이다. 또한 태양광, 태양열, 풍력, 지열 등 신재생 에너지의 발전도 이와 유사한 결과를 나타낼 것이다. 이와 같이 미래의 기술발전에 따른 불확실성을 감안하여 제조업의 생산물 수요를 추정하여야 할 것이다.

생산비용은 산업체에서 재화 또는 서비스를 창출하는 데 소요되는 비용으로 에너지, 원자재, 물 등 자연자원 구입비용과 임금, 투자비용 등으로 구성된다. 기후변화는 이들 비용에 영향을 미치는데 특히 원자재 구입에 많은 영향을 미친다. 기후변화는 국내 자연자원의 공급에 영향을 미쳐 자원가격을 변동시킬 것이며, 이는 생산비 변동요인이 된다. 기후변화는 또한 생산설비에 직접적인 피해를 입혀 생산비 상승 요인이 되기도 한다. 예를 들면, 연안지역에 위치한 공장의 경우 기후변화에 따른 태풍 또는 해일 발생으로 인해 피해를 받을 수 있다. 범람하기 쉬운 수변이나 산사태 발생에 취약한 지역의 공장들도 폭우 등 기후변화로 인한 재난의 피해를 받을 가능성이 크다. 만일 기후변화에 따라 야기된 폭염, 산사태, 태풍 등으로 산업체의 자산 피해가 발생하는 것은 생산설비의 지리적 위치에 영향을 받는다. 또한 기후변화로 송배전 시설이 손상되어 전력 공급이 중단됨으로써 발생하는 조업중단도 생산비용 상승의 원인이 된다. 이에 따라 기후변화가 생산비에 영향을 미치는 요소들은 모두 고려되어야 할 것이다. 즉, 기후변화에 따른 원자재를 비롯한 공급자원 감소, 자원가격의 상승, 생산시설의 피해, 송배전 시설의 손상에 의한 전력공급 중단 등이 고려되어야 한다.

제조업의 기후변화에 대한 민감도는 생산물 수요의 기후변화 탄력성과 수요의 가격탄력성에 의해 결정된다. 생산물에 대한 수요가 기후변화에 민감하게 반응하여 크게 감소하는 산업의 경우에는 기후변화의 영향이 작더라도 대단히 큰 영향을 받을 수 있다. 그러나 이와 같은 수요감소 효과가 어느 정도가 될 것인지를 예측하는 것은 단기적으로는 어느 정도 가능하지만, 앞서 언급한 바와 같이 기술발전에 따른 수요변화 요인으로 인해 장기적으로는 사실상 어렵다. 기후변화로 인한 산업계 민감도를 결정하는 데 있어 수요의 가격 탄력성을 감안하여야 한다. 기후변화로 인한 생산비 상승이 가격 상승으로 전가되더라도 수요의 가격탄력성이 작으면 판매 수입이 크게 감소되지 않을 것이다. 반대로 가격 탄력성이 크면 기후변화에 의한 작은 규모의 가격 상승에도 판매 수입은 큰 감소를 경험하게 될 것이다.

기후변화로 인한 제조업의 적응능력은 생산활동과 직접적으로 관련된 요소와 일반적 요소로 결정되어 진다. 직접적인 요소는 기술력, 자금력, 효과적인 재난방지 대응체제 구축 등이 있고, 일반적인 요소는 사회기반시설 구축 정도, 산업정책의 효과성, 국가 경쟁력 등으로 이루어진다. 기술수준이 높으면 기후변화에 따른 수요 감소 등 부정적인 영향을 비교적 용이하게 극복할 수 있고, 자금력이 풍부한 기업은 적응능력 향상을 위한 투자 여력을 갖추고 있다. 아울러 효과적인 재난방지 대응체제를 구축한 기업은 기후변화로 인한 피해를 보다 용이하게 줄여 나갈 수 있을 것이다.

기후변동은 생산 활동보다는 소비자의 구매의욕에 보다 커다란 영향을 미친다. 기후변동과 지역산업에 관한 조사결과, 제조업은 대체로 저온형 기상으로부터 불리한 영향을 받지만 고온형 기상으로부터 양호한 영향을 받는 것으로 나타났다. 매출액의 25% 정도가 계절상품인 가전제품의 경우, 여름철 매우 더운 날이 하루 증가하면 에어컨 수요가 일본 전국에서 4만대 가량 증가하는 것으로 조사되었다. 만일 덥지 않고 비가 많이 오면 에어컨 매출액은 감소하는 것으로 나타났다. 여름철 서늘한 날씨에 의한 음료 매출액 감소는 또한 음료수 용기 재료인 알루미늄 산업의 부진을 유발한다. 이에 반해 여름철의 온도가 높아지면서 음료 매출이 증가하고, 이에 따라 에어컨, 알루미

늪 등의 냉방기기, 여름철 의류 등 여름철 상품에 대한 소비가 창출되는 것으로 조사되었다.

4.3.2 산업계와 기후변화 대응역량

1) 기상산업

기상산업은 기본적으로 기상정보를 다루는 산업이다. 기상정보는 인간의 경제활동과 밀접한 관련이 있어, 기후변화 적응을 위한 기반구축 성격을 지니고 있기 때문에 중요성이 높은 산업부문이다. 기상산업에 있어 유망산업은 기상 장비업과 기상 컨설팅업, 기상 감정업이 있다. 기후변화의 심화로 기상정보의 중요성이 높아진 만큼, 기상산업은 더욱 고도화 및 활성화 되어야 한다. 그러나 우리나라의 경우 맞춤형 기상정보의 유용성에 대한 인식이 저조할뿐더러 기상정보가 상당부분 무료로 제공되어 기상정보 유료화에 대한 인식이 낮아 기상산업 활성화에 어려움이 있다.

전통적인 기상산업으로 기상정보 시스템 산업, 기상예보 서비스 산업, 기상정보 유통업 등이 있으며, 새롭게 기상정보와 보험금융 부문을 결합한 기상 금융업과 날씨보험, 풍수해 보험 등 결합상품을 제시할 수 있다. 기상산업을 활성화하기 위해서는 기상정보에 대한 인식제고와 맞춤형 기상정보의 제공으로 유료 기상정보의 활용도를 높이는 것이 필요하다. 또한 기상산업은 거의 모든 산업과 연결되어 있으므로 기상산업의 활성화를 위해 타 산업과의 융합도 도모하여야 할 것이다. 기상산업을 확산하기 위해서는 기상청 이외 민간업자들도 기상정보를 자유로이 다룰 수 있어야 하며, 무엇보다 민간 기상사업자에 대한 기상기술 이전의 효율성을 높이는 것이 중요하다. 뿐만 아니라 기상산업의 질적 성장을 위하여 기상 전문인력을 양성해야 하며, 이를 위해 기상예보사와 기상감정사 제도도 확산할 필요가 있다. 또한 국내 기상장비의 개발과 보급을 위해 관련 국제협력 사업 수행시 국내 기상장비 활용을 장려하여 우리나라 기상산업의 해외 진출을 확대해 나가야 할 것이다.

표 4.3.4 기후변화 관련 유망산업으로서 기상산업의 SWOT 분석

강점(Strength)	약점(Weakness)
① 세계 7위의 뛰어난 기상예보 기술력 ② 기상산업진흥법, 기상산업진흥기본계획 및 실행계획 등 정부의 강력한 지원의지 ③ GISC 유치성공으로 기상정보력 향상 ④ 전국네트워크와 인프라 보유	① 기상사업자의 영세성 ② 기상장비의 국산화율 및 국내기술 저조 ③ 기상정보 유료화에 대한 낮은 인식 수준 ④ 수요자 중심의 차별화된 전략 미흡 ⑤ 관련 인력개발 부족
기회(Opportunity)	**위협(Threat)**
① 기상정보를 기후변화 리스크 관리요소로 인식 ② 전세계적인 기상정보 활용 인식 확산 ③ 개도국의 기상업무 현대화 확대 ④ 새로운 해외시장 진출 가능성 증가 ⑤ 세계적 기후변화 관심 고조 및 고품질의 맞춤형 기상서비스 수요 증가	① 글로벌 기상사업자의 국내 시장 참여 확대로 국내 기상사업자의 입지 위협 ② 기상정보 수요는 증가하는 데 반해 국산 기상장비 공급여건의 미비로 무역 역조 심화 ③ 기상정보 가치와 활용성에 대한 기상 정보 소비자의 인식부족 ④ 기상정보의 무료 인식 팽배

2) 건설산업

건설산업은 식량과 의복과 더불어 인간 삶의 영위에 있어 기본적인 요소로 그 자체가 기후변화로 인해 피해를 입기도 하며, 건축물에 사는 거주자 또한 기후변화의 영향을 받는다. 그러므로 기후변화로 인한 각종 기상이변 등 기후 관련 현상이 발생한다 할지라도 건축물 자체에 대한 물리적인 피해를 예방하고, 그 안에 사는 거주자의 삶의 질이 떨어지지 않도록 건축물에 있어 기후변화 적응을 추구해야 한다. 건축물에 미치는 기후변화의 영향은 홍수나 해수면 상승으로 인한 침수, 태풍으로 인한 바람의 피해 등이 있다. 이를 막

기 위해 폭우와 강풍 등 극한 기상현상의 발생 시에도 건축물이 아무런 영향을 받지 않도록 건축물의 설계와 건축자재를 개선시켜 나가야 한다. 건설산업에 있어 기후변화 적응 유망산업으로 기후변화 적응형 건축자재 산업과 옥상녹화, 저영향개발기법(LID), 물순환시스템을 비롯한 조경산업, 기존 건축물을 기후변화 적응형으로 변경하는 건축물 리모델링 산업, 기후변화 적응형 건축물 관련 컨설팅 산업, 재활용수 시스템과 우수저류, 활용 설비산업, 지속가능 배수체계 관련 산업, 에너지 사용을 저감시키고 자체 에너지 생산이 가능한 건축기술과 설계 관련 산업이 있다.

표 4.3.5 기후변화 관련 유망산업으로서 건설산업의 SWOT 분석

강점(Strength)	약점(Weakness)
① 건축물의 기후변화 적응에 기 개발된 관련 기술을 활용할 수 있음 ② 기후변화 적응기술 개발의 용이 - 온실가스저감 대책과의 연계가 용이 - 건축물의 수명연장 및 유지관리 연계	① 기후변화가 건축물에 미치는 영향에 대한 인식 부족 ② 기후변화 적응 관련 제도화 미비 ③ 친환경 건설에 대한 인센티브 정책 미흡
기회(Opportunity)	**위협(Threat)**
① 취약계층 주거개선 지원과 연계 가능 ② 친환경 건축에 대한 관심 확산 ③ 삶의 질에 대한 소비자 수요 증가	① 건물설계 및 자재분야의 해외기술 도입 확대로 인한 경쟁력 저하 ② 기후변화 적응과 건축에 대한 인식 미비로 관련 기술개발 낙후 ③ 친환경 자재의 시장 확보의 어려움

기후변화 적응을 위한 건설산업에 있어 기존 건축물과 더불어 재난발생 이후 토목사업이 제시될 수 있다. 이상기후가 건설업에 미치는 영향을 살펴보면 각종 재해발생에 따른 복구사업으로 증가추세를 나타낸다. 일본에서는 태풍을 포함한 호우로 하천과 도로 훼손에 따른 복구사업으로 건설산업이

영향을 받는 것으로 조사되었다. 해수면 상승의 대책으로 항만 접안시설을 보완하고, 수문과 배수시설 등을 정비한다. 일본 운수성은 해수면이 1m 상승할 경우 대략 11조 5,000억엔이 소요되고, 건설성은 2,700km 길이의 호안시설을 보강하는 데 대략 6조엔이 소요될 것으로 추론하였다. 결론적으로 기후변화로 인한 해수면 상승, 폭염과 호우 등으로 건설업에는 사업량이 크게 확대될 것으로 판단된다.

건축물의 기후변화 적응 유망산업을 활성화하기 위해서는 취약계층 주거 개선시 기후변화 적응형 건축물을 짓는 것과 특정 규모 이상의 공공건물에 대해 기후변화 적응형 건축물을 건설하도록 장려하는 것이다. 또한 건축물의 기후변화 적응에 대한 인증제도를 강화할 필요가 있으며, 기후적응형 건축물에 대한 소비자 인식제고 및 시장 활성화를 위한 홍보도 강화하여야 한다. 최근 건축물에서의 에너지 사용으로 인한 온실가스 배출이 높아 건축부문에 대해서는 기후변화 적응보다는 기후변화 완화에 주안점을 두었다. 그러나 점차 건축물의 기후변화 적응에 대한 필요성이 증가되고 있으므로 기존의 기후변화 완화 차원의 접근과 더불어 적응 차원의 접근이 시너지 효과를 낼 수 있도록 유도하여야 한다.

3) 식품안전산업

식품 분야는 먹거리와 관련된 분야로 기후변화는 특히 식품 안전에 미치는 영향이 크다. 기후변화는 평균 기온의 상승 뿐만 아니라 이상기후의 발생으로 식품의 원자재 수급에도 위협이 되며 병원균, 곰팡이, 독소, 식품 매개 기생충, 동물의 질병과 식품가공 과정 단계에서의 오염 가능성으로 부정적인 영향을 준다. 식품안전을 위해서는 가까운 곳에서 생산한 신선한 식재료를 이용한다는 관점에서 도시농업과 도시 내 식물공장을 이용하는 것이 필요하다. 아울러, 유통과정에서 식품 변질을 최소화하기 위해 이동·저장 관련 설비, 식품품질의 변화를 최소화할 수 있는 포장 및 용기, 식품과 IT기술을 연계한 융합산업, 식품에 대한 해충방재산업, 식품 가공 및 유통업, 식품인증 컨설팅업, 식품안전진단 키트산업, 음식쓰레기 처리 산업 등을 제시할 수 있다. 기후변화 적응산업을 활성화하기 위해 도시형 농업 지원과 식품분야의 연구개발 투자를 확대한다. 기후변화로 인한 식재료 생산과 식품안전에 대한 교육훈련을 통해 시민의식을 높여야 하며, 식품안전에 대한 위기관리 대응 및 위해식품 제어 관리체계를 구축해야 한다.

표 4.3.6 기후변화 관련 유망산업으로서 식품 산업의 SWOT 분석

강점(Strength)	약점(Weakness)
① 식량안보와 관련된 국가 기간산업으로 산업육성을 위한 정책적 지원 담보 ② 생활의 질 향상에 따른 소비자의 식품안전에 대한 수요 확대 ③ 최근 식품수출의 증대로 성장동력 확보	① 영세한 산업구조로 자체 R&D 기반 미흡 ② 영세업체의 비위생적인 제조공정 ③ 콜드체인시스템 구축 부족으로 식품 위생여건 낙후 ④ 자본의 영세성으로 글로벌 식품생산 및 공급체계 미흡
기회(Opportunity)	**위협(Threat)**
① 로컬푸드 소비 확산 ② 푸드 마일리지에 의한 토착산업 유리 ③ FTA 등 시장개방 확대로 글로벌시장 공략	① 글로벌 기업 진출확대로 경쟁 심화 ② 기후변화로 식품위해요소 확산 ③ 국내 식품기업의 경쟁구도 치열 ④ 식품 안전 규제의 강화

4) 보험 및 금융산업

전 세계적으로 이상기후 현상의 발생으로 산업계 등의 피해가 급증하면서 날씨 리스크가 기업경영의 중요한 요소로 부각되었다. 이에 기후변화 리스크 전이수단의 하나인 보험과 금융을 통한 기후변화 리스크 관리가 중요해지고 있다. 보험과 금융은 실질적으로 기후변화 적응을 한다고는 할 수 없으나, 기후변화로 인한 리스크를 관리할 수 있으며, 기후변화 적응을 유도할

수 있다. 보험 및 금융을 통한 기후변화 적응 상품으로는 정책성 보험인 풍수해보험과 농작물보험을 제시할 수 있고, 주로 업체 특약의 형태로 판매되는 기업휴지보험이 있다. 또한 지수형 보험 및 날씨파생상품과 재해대응채권을 활용할 수 있다.

표 4.3.7 기후변화에 따른 날씨 보험과 파생상품의 SWOT 분석

강점(Strength)	약점(Weakness)
① 큰 자금없이 기후변화 리스크 전이가능 ② 기후변화 리스크 관리 및 적응 유도가능 ③ 지수형 보험 및 파생상품은 손해사정 과정을 거치지 않아 인력과 시간 절약 ④ 날씨지수 개발에 따른 기상정보 축적	① 날씨 리스크 헤지에 대한 경제주체 인식 저조 ② 지수형 날씨보험 및 파생상품 거래를 위한 날씨 지수 개발 미비 ③ 보험업계 및 금융업계의 관련 상품 운용 경험 저조
기회(Opportunity)	**위협(Threat)**
① 기후변화 심화로 기업경영에 날씨리스크 관리 필요성 증대 ② 신재생에너지 산업 및 레저산업의 성장 등 기상상태에 민감한 산업의 성장 확산 ③ 기후변화의 영향으로 날씨 리스크 관리에 대한 대중 및 업계의 인식 증대	① 국내 맞춤형 날씨 관련 지수개발 및 날씨 보험상품 운용 전문가 확보의 어려움 ② 보험 및 금융을 통한 리스크 전이에 대한 대중의 부정적 인식 ③ 해외 보험업계의 국내 진출

우리나라는 아직도 날씨 리스크 관리에 대한 인식이 낮아 날씨 관련 보험 및 금융상품에 대한 수요가 낮은 실정이다. 그러나 기후변화 현상이 심화되고, 또한 일상화되면서 점차 보험 및 금융을 통한 날씨 리스크 관리의 중요성은 앞으로 더욱 커질 것으로 예상된다. 특히 사회취약계층의 기후변화 적응을 위해서는 보험업계와 함께 풍수해보험 및 농작물보험과 같은 보험이 제시되어야 한다. 즉, 소상공인도 풍수해보험의 혜택을 받을 수 있도록 대상 범위를 확대하고, 정부의 보험료 지원 재원을 확보한다. 기후변화 적응을 위한

보험 및 금융의 활성화를 위해서는 무엇보다도 보험과 금융의 리스크 헤지 기능에 대한 홍보와 교육을 강화하여 인식제고를 도모한다. 기후변화에 따른 리스크 헤지(risk hedge)의 목적을 가진 상품에 대해서는 판매가 허용되어야 하며, 이를 위해서는 관련 지수를 개발한다.

5) 관광 및 위락산업

관광 및 위락산업의 경우, 고온형 이상기후가 저온형 이상기후보다 긍정적인 영향을 미칠 것이다. 지구온난화로 인해 스키장의 영향은 정량적으로 분석되지 않았으나 겨울철 기간과 적설량 등과 관련되어 나타날 것이다. 적설량은 주로 국지적인 기후조건에 의해 결정되는데, 지구온난화가 국지적 기후에 미치는 영향은 크지 않은 것으로 나타났다. 동해안 지역의 강설량과 지구온난화의 관계를 살펴보면, 온난화가 동해안 지역의 강설량에 별다른 영향을 미치지 않았다. 오히려 북반구 규모의 기압배치가 일본 상공의 강설량을 좌우하고 있다. 해수면 상승으로 영향을 받을 가능성이 있는 연안지역의 위락산업으로 시설물, 요트항해, 해수욕, 낚시, 바다속 관광 등이 있다.

6) 에너지산업

에너지 수요에 영향을 미치는 기상요인을 살펴보았다. 전력수요는 사회경제적 상황, 계절, 기상조건, 사람들의 관심을 유발하는 행사 개최 등에 의해 변동성을 지니고 있다. 특히 기상조건은 최대 전력을 좌우하는 중요한 요인 가운데 하나이다. 여름철 냉방수요와 겨울철 난방수요로 이루어진 전력수요 분석 결과, 최대전력에 영향을 주는 기상요인으로 여름철 고온현상과 겨울철 저온현상을 제시할 수 있다. 기온과 전력수요의 관계를 살펴보면, 기온이 20℃보다 낮아지거나 높아질수록 전력 수요가 증가한다. 한편, 기온이 1℃ 변화하는 데 따른 전력수요의 변동량을 나타내는 기온 감응도가 상승하는 추세가 뚜렷이 나타난다. 또한 날씨가 맑거나 흐린 상태도 최대전력에 영향을 주는 기상요인 가운데 하나이다. 날이 흐릴 경우에는 조명용 전력수요가 증가하기 때문이다.

전력수요에 영향을 미치는 기상요인으로 여름철 고온, 겨울철 저온현상과 함께 불쾌지수를 제시할 수 있다. 기온과 습도로 이루어진 불쾌지수는 냉방수요에 밀접한 관련을 지니고 있다. 일반적으로 불쾌지수가 높아지면 냉방수요가 증가하는 경향이 있다. 눈이 내리는 것도 겨울철 조명수요와 관련이 있고, 봄과 여름철에는 빗물을 이용하는 농사용 전력수요가 영향을 받는다. 가뭄 시에는 관개용 펌프 사용으로 전력수요가 증가하며, 태풍 통과 이후 기온상승도 냉방 전력수요를 증가시키는 요인이다.

전력이나 가스 등 에너지 수요는 여름철 전력수요의 40%를 차지하는 냉방 수요로 기온이 가장 큰 영향을 미치는 것으로 나타났다. 일본에서 실시한 조사결과, 기온이 1℃ 상승할 때 일본의 전력수요는 일반가정 160만 가구의 사용량에 해당하는 대략 5,000MW가 증가하는 것으로 나타났다. 기온상승은 여름상품의 생산량과 소비량을 증가시켜 공장 가동률을 높이고 이에 따른 전력수요의 증가요인으로 작용한다. 이러한 첨두부하의 증가는 주로 석유와 같은 화석연료 발전이 담당하므로 결과적으로 이산화탄소 배출 증가를 초래한다. 반면 상수도 수온 상승으로 급탕용 가스 소비를 줄일 수 있다. 향후 도시화가 진전됨에 따라 주택 및 내부발열이 큰 건물의 냉방용 전력 소비가 증가될 것으로 예상된다.

지구온난화가 에너지 수요 증가를 가져오는 사례로 양돈·양계업을 제시할 수 있다. 기온이 상승하면 계란과 돈육, 계육의 생산력이 줄어들고 가축사의 기온관리를 위한 에너지 소비가 증가하게 된다. 또한 기온상승에 의한 질병 발생을 방지하기 위한 위생관리 설비의 가동에 의한 에너지 소비도 증가할 것이다. 한편 인간의 삶의 질 향상에 따라 건강이나 웰빙 요구의 증대, 각종 생활서비스, 인공지능과 자동화, 정보통신사회 발전으로 전력수요도 변화가 일어날 것이다. 화석연료 이외의 에너지 공급이 증가되지 않는 한 이산화탄소 배출원 단위의 저감과 억제노력에도 불구하고 전력수요 및 발전설비에 따른 이산화탄소 배출량은 계속 증가할 것이다.

기후변화로 인한 에너지 공급에 대한 영향으로 하천수 사례를 살펴보았다. 하천수는 농업용수와 공업용수를 공급할 뿐만 아니라 발전용수로 사용된다. 수력발전소의 발전량은 하천수량에 비례하며, 이는 하천유역의 강수량과 강설량에 의존한다. 이에 따라 강수량과 강수패턴 및 강수지역 공간분포 변화는 기존의 수력발전용 설비의 운용에 영향을 미친다. 만일 이상가뭄 현상이 일어나면 생활용수와 공업용수에 의존하는 업종에도 급수제한이 이루어져 생산량 축소 또는 조업중지가 불가피해짐으로써 산업에 영향을 미치게 된다. 공업용수, 생활용수, 농업용수 등과 전력수요가 최댓값에 도달하는 여름철 가뭄은 높은 기온을 수반하는 경우가 많다. 한편 겨울철에는 물 수요가 줄어들어 전력 수요는 감소할 것이다. 다만, 적설량이 부족하면 다음 해 봄철의 하천수량에 영향을 미칠 것이다.

발전소의 발전효율은 냉각열원의 온도에 의해 영향을 받는다. 해수온도의 상승 및 해류의 변화에 의한 냉각수 온도의 변화는 발전출력을 저하시킨다. 해수온도 18-21℃에 의한 현재의 설계조건으로 제작된 설비는 해수온도가 1℃ 상승함에 따라 화력발전소와 원자력발전소의 발전출력을 각각 0.2%-0.4% 및 1-2% 저하시키는 것으로 분석되었다. 전신주에 의해 연결되는 송전선은 산림지역에서부터 농경지, 도시지역에 이르기까지 광범위하게 분포되어 있다. 따라서 번개, 폭우, 폭염, 해수면 상승 등의 기상조건에 의해 돌발적인 계통사고가 발생할 가능성이 있다. 번개에 의한 방전사고, 전선에 적설량이 많은 경우, 태풍이나 해수면 상승 등과 같은 이상기후 현상에 의해 계통이 자동 폐쇄되거나 발전정지 등과 같은 사고가 일어날 가능성이 존재한다. 기후변화와 수자원 변동, 해수면 상승이 발전운용, 전력시설, 송전시설 등에 미치는 영향은 다음 표 4.3.8과 같이 정리할 수 있다.

표 4.3.8 기후영향요소에 따른 현상, 결과 및 전력공급 영향

기후영향 요소	현상과 결과	전력공급 영향
강수패턴	강수패턴 변화와 집중호우	수력 발전량 저하, 토사유출, 퇴적량 증가
태풍발생	강풍으로 인한 피해	댐, 옥외시설물의 안전성 저하
기온상승	냉각용수의 수온 상승	발전효율 저하
해수면 상승	해수면의 수위 상승	방파제 등의 보수 필요성 증대, 냉각수 계통의 가압 필요
번개	빈번한 번개 발생	송배전 시설에 악영향
기온상승	이상 고온, 폭염 발생	송배전기기의 기능 저하

4.3.3 기후변화 산업 국외사례

1) 기후변화 적응산업 전망

기후변화 관련 산업 규모는 EBI(Environmental Business International) 환경산업 동향보고서를 활용하였다. EBI(2016)에서는 환경산업과 관련된 정보를 제공하는 데, 기후변화와 관련한 기후변화사업보고서(CCBJ, Climate Change Business Journal)를 2년마다 발간하며, 미국의 기후변화 관련 산업을 중심으로 전세계 환경산업 동향과 시장 전망을 분석한다. 2016년에 발간된 EBI 환경산업동향 보고서에 따르면 전세계 기후변화 산업 규모는 2013년 기준으로 대략 1조 4,500억 달러로 조사되었으며, 매년 4-6%의 평균 시장성장률을 유지하고 있다(EBI, 2016). 기후변화 산업은 크게 9가지로 분류할 수 있다.

표 4.3.9 EBI의 기후변화 산업의 유형

구분	세부 산업 분류
1. 저탄소 발전	• 재생 또는 청정 에너지 시스템, 자재, 전력 생산 • 기존의 저탄소 에너지 분야
2. 탄소 포집 및 저장	• CCS 관련 기술 개발, 디자인 및 설치, 운영 및 관리 • 탄소포집 기술 및 시스템 • 파이프라인, 기타 탄소이동 서비스 등
3. 에너지 효율 및 수요 관리	• 에너지 효율 관련 서비스(에너지 감시, 타당성 조사 등) • 에너지 고효율 장비공급 (건축자재, 기계 등) • 수요관리, 스마트 그리드 시스템 및 서비스(모니터링 장치 등)
4. 에너지 저장	• 장치 및 시스템 (기계적, 화학적, 열적, 전기화학적 장치)
5. 녹색 건축물	• 녹색 건축 디자인, 시공 및 계약, 녹지공간 조성 • 녹색건축 자재, 에너지 효율 장치 • 물관리 및 재이용 장치 • 스마트 빌딩 시스템
6. 교통	• 교통수단(저탄소 차량, 전기자동차 등) • 교통연료(바이오 연료, 신재생에너지 연료 등) • 교통 시스템(대중교통, 자전거 및 보행자 위주)
7. 탄소 시장	• 탄소거래시장 • 사업개발(CDM, 산림, 저탄소 에너지 등) • 사업평가 및 등록
8. 적응	• 기후변화 적응 서비스(리스크 평가 및 분석, 적응계획, 적응설계 등) • 재해관리 서비스(재해리스크 저감, 재해예방 및 대응계획 등) • 기후적응 시설 및 시스템(정보분석 시스템, 시공재료 및 자재)
9. 서비스	• 컨설팅(인벤토리, 수행, 거래 관련) • 기후과학 및 연구(정부, 학계, 비영리단체)

기후변화 산업별 시장규모를 살펴본 결과, 2013년 기준으로 전체 기후변화 산업시장에서 교통(40.8%), 저탄소 발전(24.6%), 에너지 효율 및 수요관리(12.4%) 순으로 큰 시장 규모를 가지는 것으로 분석되었다. 아직까지 기후변

화 산업에서 저감 분야의 시장이 적응 분야에 비해 큰 비중을 차지하는 것으로 나타났다. 전체 기후변화 산업 규모에 비하면 현재 적응산업은 초기단계로 규모가 작지만, 시장 성장률은 탄소포집 및 저장산업, 탄소 시장의 뒤를 이어 세 번째로 높은 30.4%의 평균 성장률을 나타내고 있다(EBI, 2016). 글로벌 기후변화 적응산업의 규모는 2014년 기준 대략 25억 달러이며, 2020년까지 약 48억 달러로 확대될 전망이다.

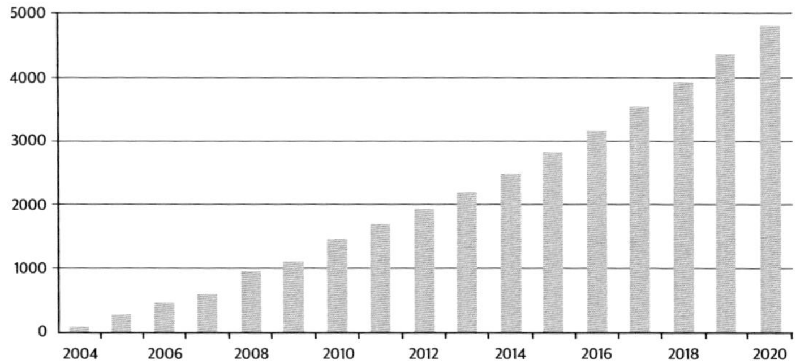

그림 4.3.8 글로벌 기후변화 적응산업 규모 전망 (2004-2020년)

2) 미국 사례

미국은 전 세계 기후변화 적응산업 시장의 약 20% 이상을 차지하는 것으로 분석되었다. 기후변화 적응산업 국제동향을 파악하기 위해서는 미국의 산업구조를 검토하는 것이 선행되어야 한다. EBI(2016)에 따르면, 미국의 적응산업은 시장규모가 가장 큰 '기후변화 적응 서비스'로 세부적으로는 기후 리스크 평가 및 분석, 기후변화 적응계획 수립, 적응 설계 및 시공 분야로 이루어져 있다. 기후변화 적응과 관련하여 두 번째 산업은 '기후적응 장비 및 시스템'으로 분석 및 정보시스템, 재료 및 자재로 세분화된다. 마지막으로 재해 서비스 분야는 재해 리스크 저감, 방재 계획, 재해 구조 등록으로 분류된다.

2020년에는 미국 적응산업 전반이 2008년 대비 3배 이상 증가할 것으로 예상되며, 분야별로는 기후변화 적응 설계 및 시공, 시공재료 및 자재 분야의 시장이 크게 성장할 것으로 분석되었다(환경부, 2017).

3) 영국 사례

영국의 기후변화 리스크 평가보고서(UK Climate Change Risk Assessment, 2017)에 따르면 영국은 기후변화 적응과 관련된 상품 및 서비스 제공 국가 가운데 일곱 번째 적응산업 시장을 갖고 있다. 2012년 기준 영국 기업체의 기후변화 적응 관련 산업의 매출액은 대략 3조 1,000억원(21억 파운드)이고, 이 가운데 4,000억원(3억 파운드)은 해외 수출을 통한 매출액이다. 영국의 기후변화적응 산업 가운데 가장 큰 비중은 토목 및 재건축 분야이고, 다음으로 교통 기반시설, 건축 등 사회 기반시설 관련 산업 분야가 높은 비중을 차지하고 있다. 한편 영국에서 2011년 기준으로 성장률이 가장 높은 적응산업 분야는 건축 (7.4%), 교통 기반시설(3.6%), 물관리(2.5%) 순으로 조사되었다.

표 4.3.10 영국의 기후변화적응산업 규모

기후변화적응 관련 분야	2012년 매출액 (단위: 억원, 괄호안은 백만파운드)	2011년 대비 성장률(단위: %)
건축	3,969 (272)	7.4
기후변화 관리	1,176 (81)	-1.4
토목 및 재건축	9,702 (655)	-2.1
환경 관련 금융	3,224 (217)	-1.4
금융투자 및 보험	2,793 (190)	1.2
리스크 관리 및 사업 유지	1,470 (97)	-1.5
지속가능한 배수 및 물관리	1,764 (123)	2.5
교통 기반시설	7,203 (486)	3.6
물 관개시설	147 (5)	-18.7
합계	**31,458 (2,125)**	**0.9**

2018년에 영국에서 가장 높은 성장률이 예상되는 적응산업 분야는 농업용수 관개시설(10.8%), 토목 및 재건축 분야의 재건축 관련 기계장비 제조산업(10.5%), 산업용 지속가능한 물관리(10.1%), 환경 관련 금융산업(9.4%) 분야로 조사되었다. 물관리 관련 적응산업 사례로 영국의 수자원 공급기업인 Thames Water에서는 기후변화에 따른 물 관련 위험에 적응할 수 있도록 2010년부터 2035년까지 기후변화 위험요인을 고려한 물관리 서비스를 추진하였다. 또한 영국의 기후변화영향프로그램(CIK, Climate Impact Programme)에서는 기후변화의 불확실성을 고려한 건축설계 의사결정항목을 개발하여 기업의 기후변화 적응 전략수립을 지원하고 있다.

4) 일본 사례

기후변화가 산업부문 전반에 미치는 영향에 대한 사례로 우리나라와 기후조건이나 사회문화 여건이 비슷한 일본을 살펴보았다. 일본의 산업계는 1970년대 발생한 두 차례의 석유파동을 계기로 산업계의 구조변화를 실시하였다. 먼저 에너지 및 자원절약의 필요성을 인식하고 각종 에너지 절약 의식을 확산하였다. 산업구조 변화와 관련하여 에너지효율이 높은 제품과 소재를 생산하고, 에너지 절약문화가 정착되고 있다. 두 번째, 석유파동에서는 생산 및 유통 시스템을 강화하였다. 외부 충격으로부터 위험을 감소, 회피 및 분산할 수 있는 체계를 마련함으로써 고도 산업사회의 특성을 갖추도록 기반을 마련하였다. 이에 따라 지구온난화가 산업과 에너지에 미치는 직접적인 영향은 극히 경미하였고, 만일 RCP 시나리오에 따라 지구평균온도가 높아지더라도 대응할 수 있도록 산업계 차원의 별도 대응계획을 작성하였다. 그러나 에너지의 80%, 식료품의 60% 정도를 해외에 의존하고 있는 일본은 기후변화로부터 받게 될 영향의 크기와 복잡성을 예측하는 데 한계가 있다. 기온이 상승하면 일본 내에서 청량음료 등 여름상품의 매출량에 직접적인 영향을 미칠 것이다. 만일 매년 6-8월 전국 평균기온이 1℃ 상승하면, 여름철에 주로 판매되는 에어컨, 맥주, 청량음료, 의료품 등의 소비가 대략 5% 증가하는 것으로 조사되었다. 폭염이 지속되면 에어컨, 맥주, 청량음료 및 빙과 등 여름 계절상품 소비가 증가하고, 전기기기 및 식품 생산업체는 계절상품의 생산을 확대함으로써 전력 수요가 증가한다. 또한 지구온난화가 지속되면 적운이 형성되는 경우가 많아질 것이기 때문에 이로 인해 야기되는 번개 등에 정보통신기기, 에너지 설비 등의 피해가 없도록 준비하여야 한다.

4.4 폭염과 대응기술

이상기후보고서(관계부처합동, 2017)에 따르면 2016년 전국 연평균 기온은 평년보다 1.1℃나 높은 13.6℃를 기록하여 전국적 기상관측 망이 갖추어진 1973년 이래 가장 높았다. 2016년은 여름이 시작되기 이전인 5월에 남서풍 계열의 고온 공기가 유입되고 강한 일사로 기온이 큰 폭으로 상승하여 폭염 주의보가 발효되기도 하였으며 7월말부터 8월말까지 북태평양고기압 및 중국 대륙에서 발달한 대륙 고기압의 영향으로 기록적인 폭염이 나타났다. 폭염일이 22.4일, 열대야 발생이 10.8일에 이를 정도로 폭염이 심각하였다. 그 결과 2016년의 여름은 1994년 이후 가장 심각한 폭염의 해가 되었다. 이와 같은 이상 고온과 가뭄현상으로 과일 일소(日燒)와 농작물 고사가 발생하여 농지 약 1만 6,600ha에 농작물 피해가 발생했다. 또 고온 장해로 가축 444만여 마리가 폐사하고 온열 질환자가 총 2천 125명(사망 17명) 발생하여 전년 대비 약 2배나 증가하였다.

전 세계적으로도 2016년의 여름은 1850년경부터 시작된 기온 관측의 역사에서 가장 더운 해로 기록되었다. 7-8월에 중동과 북아프리카에서 50℃를 넘어섰고, 캐나다 토론토에서도 폭염 경보수준의 폭염이 나타났으며 동토의 땅 알래스카도 여태껏 상상해 보지도 못하였던 31℃에 이르는 고온이 기승을 부렸다. 일본과 우리나라도 40℃를 초과하는 초고온이 나타났을 뿐만 아니라, 이런 더위가 한 달 이상 지속되어 사람들을 고통스럽게 하였다.

이제 더위는 단지 여름을 나기에 불편을 주는 단계를 넘어 인간의 삶을 위협하는 수준으로 치닫고 있다. 일 최고기온이 33℃를 넘는 날을 폭염일이라고 부르는데, 33℃라는 기온은 인간의 피부온도와 같은 것이어서 인간의 몸속에서 발생한 폐열이 피부를 통해서 배출될 수 없는 단계가 되는 값이다. 이러한 폭염은 장래에는 지구온난화의 영향으로 지금보다도 한층 더 심각해지고 일상화할 것으로 예상된다.

지난 70년 동안 우리나라의 연간 이상고온 발생일은 1990년대 중반 이후가 되면 그 이전에 비하여 배 이상 폭증한 것을 알 수 있다. 연간 10여 일 내외였던 이상고온 발생일이 연간 20여 일 이상으로 증가하였다. 특히 1994년과 1998년의 경우에는 이상고온일이 40여 일에 이르기도 하였다. 이러한 경향은 최근에 그 빈도가 더욱 가파르게 높아지고 있다(그림 4.4.1).

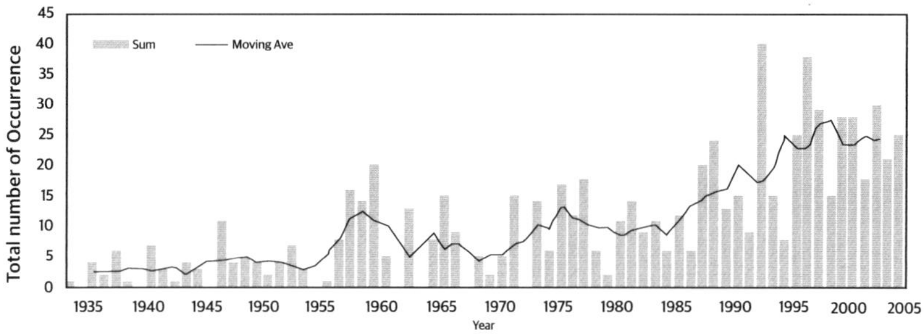

그림 4.4.1 우리나라 6개 지점의 연간 이상고온 발생일수의 경향(1935-2006).

기후학자들은 기후변화가 가져올 다양한 자연재해 중에서 인체건강에 가장 큰 피해를 줄 수 있는 것이 폭염이라고 경고하고 있는데, 폭염은 이미 지구촌에서 가장 혹독한 자연재해로 자리 잡고 있다. 인도에서는 본격적인 여름 우기가 시작되기 직전인 4-6월에 폭염이 기승을 부리는데 중동과 인도 및 북아프리카 등지에서는 기온이 50℃를 넘어서는 사례도 자주 나타나고 있고, 그에 따른 인명피해가 대형화하고 있다. 특히 폭염이 가장 심각했던 2003년에 인도에서는 3,000명 이상의 사망자가 나왔다. 그 해 유럽에서도 고온이 지속된 8월의 약 2주간에 35,000명 이상이 폭염으로 사망했는데, 프랑스에서 가장 많은 약 15,000명의 사망자가 발생하였다. 이 폭염으로 인한 인명 피해 규모에 대해서는 2007년에 발표된 「2003년 유럽의 폭염으로 인한 인명 피해 재평가 연구」에 의하면 2003년에 발표되었던 것보다 2배 정도 많은 약 70,000명의 추가 사망자가 발생하였다고 한다(Hujibe, 2012). 2010년 여름에도 동유럽과 러시아에서 폭염이 발생하여 56,000명 이상 사망하였다. 일본에서도 폭염으로 인해 매년 수백 명의 사망자가 나오고 있는데, 특히 2010년에는 1,700명 이상의 인명피해가 발생한 바 있다. 우리나라에서도 1998년 더위로 서울에서만 고온으로 약 900명이 사망하였고, 2012년과 2013년의 폭염으로도 다수의 인명피해가 발생하였다. 미국에서도 1988년 LA폭염사건 이래 대규모 인명피해가 반복되고 있다. 이러한 인명피해 규모는 태풍의 10배 이상에 해당하는 데, 태풍이나 홍수와 달리 조용한 가운데 다수의 인명을 앗아가는 폭염을 미국에서는 조용한 살인자라고 부르고 있다.

이러한 배경에서 전 세계적으로 폭염에 대한 예상 위험 수준을 시민들에게 효과적으로 전달하여 사전 예방 능력을 키우기 위한 폭염정보시스템의 개발이 활발히 이루어지고 있다. 아울러 도시열섬 현상을 완화하여 고온 발생 자체를 경감시키고자 하는 도시계획과 환경공학적인 기술개발도 활발히 이루어지고 있다. 다음에서 폭염의 실제와 원인을 간략히 살펴보고, 도시 고온화(열섬)의 완화를 위해 적용되고 있는 주요 기술을 소개한다. 이어서 주요 국가의 도시 고온(열섬) 대응 대책과 폭염정보 시스템 운영 상황을 알아보고자 한다.

폭염은 지구온난화와 도시 고온화(도시열섬)에 그 원인이 있다. 기후변화(지구온난화)와 도시열섬 현상은 모두 인간 활동에 기인하는 인위적 기후변화이다. 그래서 두 원인에는 공통으로 연계된 점이 적지 않다. 예로서 도시에서 연료를 많이 사용하면 그에 수반된 폐열은 도시온도를 높여 도시열섬을 만든다. 또 연소과정에서 방출되는 이산화탄소는 지구온난화를 가져오는 원인

물질이 된다. 도시화로 인한 녹지 면적 감소도 순복사량의 현열(sensible heat) 분배율을 높여서 도시기온 상승을 가져오고, 식물의 광합성 작용의 감소로 이산화탄소 흡수를 방해하여 지구온난화에 기여하게 된다. 그렇지만 지구온난화는 지구 전체의 변화이고 도시열섬은 도시 영역의 하층대기에 제한되는 현상으로 기온이 상승하는 메커니즘이 다르다. 두 현상 모두 연료 소비 등의 인간 활동이 유발하는 기후변화이지만 지구온난화와 도시열섬은 다른 현상이다. 지구온난화는 전 세계가 합심하여 지구 전체의 온실가스 배출량을 줄여야하므로 국제협력이 필수적이지만, 도시열섬의 완화는 그 지역자체의 노력으로 가능한 문제이다. 또 인구밀도가 현저히 높고 인간 활동이 집중되는 도시지역에서 발생하는 도시열섬화로 인한 기온상승은 지구온난화의 영향보다도 현저히 높은 것으로 파악되고 있다. 그래서 도시열섬의 완화는 폭염 발생 억제에 아주 효과적인 방법이다.

그림 4.4.2는 지난 100년간 기록된 세계 주요 대도시의 기온상승 경향을 지구온난화 속도와 비교한 것이다.

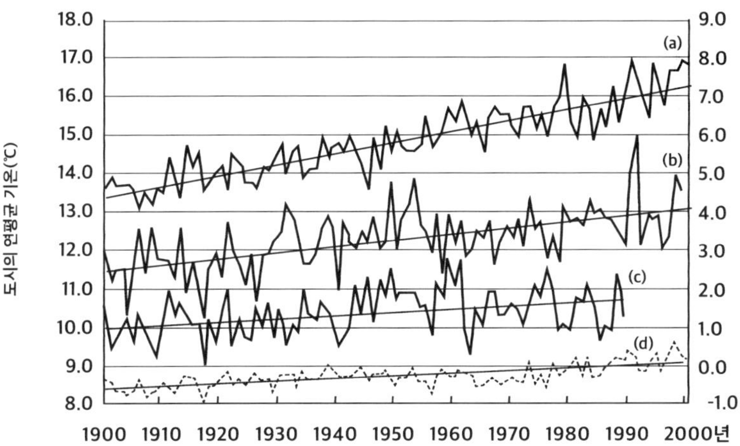

그림 4.4.2. 세계의 주요 대도시인 동경(a), 뉴욕(b), 파리(c)의 기온상승속도와 지구온난화 속도(d)의 비교(자료출처: Hujibe, 2012).

평균기온은 위도에 의존하기에 높은 쪽부터 동경(a), 뉴욕(b), 파리(c)의 순서이다. (d)는 지구온난화 속도이다. 이 그림에서 주목할 점은 기온 상승 속도로 지난 100년 동안에 기온이 얼마나 상승하였는가하는 것이다. 동경(약 3℃/100년)이 뉴욕(약 2℃/100년)과 파리(약 1.3℃/100년)보다 높으며, 파리도 지구온난화 속도(약 0.83℃/100년)보다는 기온이 빠르게 상승하였다. 이 그림에는 나타나 있지 않지만 우리나라의 서울(약 2.1℃/100년)과 대구(약 1.8℃/100년) 등의 대도시도 기온 상승이 아주 높은 것으로 알려져 있으며, 우리나라에서 100년 이상 기온이 관측되고 있는 6대 도시(서울, 부산, 대구, 인천, 목포, 강릉)의 평균 기온상승속도는 약 1.7℃/100년에 달하여 지구온난화 속도보다 2배 이상 빠른 것으로 평가되고 있다(국립기상연구소, 2009). 이처럼 기온상승은 온실기체 증가에 따른 지구온난화와 도시화의 두 가지 요인에 그 원인이 있는데, 대도시의 경우에는 지구온난화 효과보다도 도시열섬화의 효과가 더 크다는 것을 확인할 수 있다. 그래서 도시인구 비율이 80%를 상회하는 우리나라는 국민들이 체감하는 기온상승을 억제하는 데에는 도시열섬 현상의 진척을 억제하는 노력이 더욱 효과적일 것이다.

그림 4.4.3은 장래 우리나라의 폭염 전망과 서울의 장래 기후변화 전망이다. 좌측은 우리나라의 미래 기후변화전망(기상청, 2011) 자료이고, 우측은 서울의 미래 여름철 일평균기온의 상승전망(한국환경정책·평가연구원, 2012)이다. 기상청의 기후변화전망(RCP8.5 기준)에 의하면 금세기 말에는 폭염일수가 연간 100일을 넘어서게 될 것으로 전망된다. 이 자료에 의하면 우리나라의 여름철 폭염발생 빈도는 지구온난화의 영향으로 지금의 20여 일에서 금세기 중반에는 60여 일, 금세기 말에는 100일 정도로 폭증하게 되고, 서울의 여름철(6-8월) 일평균기온은 금세기 중후반까지 5℃정도 상승하여 30℃에 이를 것으로 전망된다. 일 최고기온은 일평균기온보다 5℃정도 더 높다는 것을 염두에 두고 판단해 보면 서울의 여름철 일 최고기온은 35℃ 내외에 이른다는 것을 말하는 데, 이는 여름철에 서울은 폭염경보수준의 고온이 일상화된다는

것을 의미한다. 김해동 등(2014)이 대구지역에 5km의 공간 해상도를 갖도록 온습도 관측망을 구축하여 얻은 2013년도 8월의 일 최고기온의 월평균 값의 공간분포 자료에 의하면 도심지에서는 34℃ 이상이 나타났으며, 같은 기간에서 일 최저기온의 월평균 값도 26℃를 초과하였다. 이러한 사실로부터 금세기 후반에는 서울도 심각한 여름철 폭염으로 고통을 받게 될 것이라는 점을 충분히 예상할 수 있다.

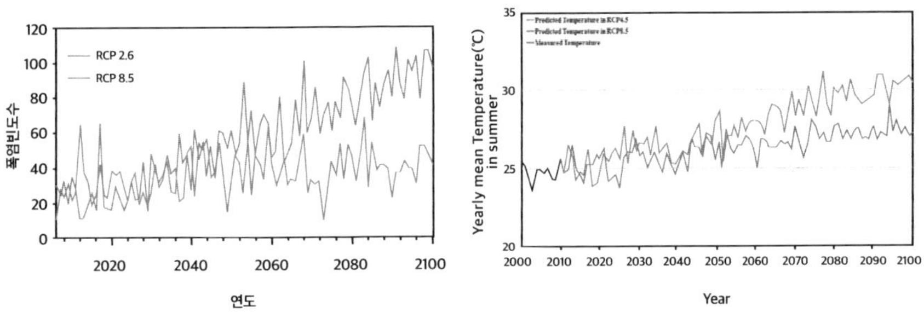

그림 4.4.3 우리나라의 장래 폭염 전망(좌)과 서울의 여름철 일평균기온의 상승 전망(우)

도시폭염의 원인은 무엇일까? 그림 4.4.4는 일본 동경을 대상으로 도시화가 본격적으로 이루어지지 않은 1930년대와 오늘날의 지표-대기 열교환의 변화를 나타낸 것이다(Moriyama, 2005). 수목과 수변지역이 인공 구조물로 변하여 지표의 물이 증발하면서 지표 온도상승을 억제시키는 기능이 대폭 감소하여, 증발잠열이 현재는 1930년대에 비하여 약 1/3로 감소하였다. 그로 인해서 지표 온도가 대폭 상승하여 지표가 하층 공기를 직접 가열하는 대류 현열의 양이 약 50%나 증가하였다. 또 인간 활동에 따른 연료소비의 증가로 인공배열(현열)도 많이 증가하였다. 도시화가 가져온 지표-대기 간 열 교환량의 변화가 도시고온화의 직접적인 원인이 되고 있다(그림 4.4.4).

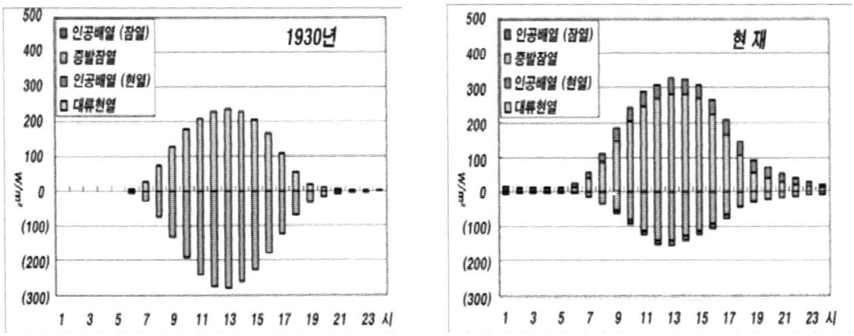

그림 4.4.4 일본 동경을 대상으로 추정한 연중 지표면에서 대기로 전달되는 열의 변화

도시화로 인한 기온상승의 원인을 공학기술을 이용하여 완화하고자 하는 노력이 활발하게 이루어지고 있다. 이를 자세히 살펴보자.

폭염의 원인은 온실가스 증가로 인한 지구온난화와 도시화에 있다. 따라서 폭염을 완화하려면 이 두 가지 원인을 효과적으로 경감할 수 있어야 한다. 산업혁명은 인간의 생산 활동에 필요한 에너지를 화석연료에서 얻게 되면서 시작되었다. 산업혁명이 시작될 당시에 3억 명 정도에 지나지 않았던 세계 인구가 오늘날 72억여 명으로 늘어난 것은 화석연료로부터 에너지를 얻게 된 것에 주로 기인한다. 『가이아의 복수』라는 책을 통해서 지구환경의 위기를 호소한 영국의 러브 록은 만약에 대체에너지의 개발 없이 화석연료가 동이 난다면 지구상에 생존 가능한 인구는 5억 명을 넘지 못할 것이라고 추정한 바 있다. 결국 화석연료 덕분에 많은 인구가 물질적으로 풍요로운 삶을 누리게 되었지만 그 반대급부로 이산화탄소가 너무 많이 발생하였고, 그 이산화탄소가 지구의 온도를 빠르게 상승시켜 여름철 폭염을 가중시키고 있다.

폭염을 가져오는 또 하나의 주범은 도시열섬 현상이다. 대도시의 기온상승에 미치는 영향은 앞에서 확인하였듯이 기후변화보다도 도시화의 효과가 오히려 더 큰 것으로 평가된다. 오늘날 전 세계 인구의 약 55%가 도시에 살고 있고, 우리나라를 포함한 선진 국가들의 경우에는 전체 인구의 80% 이상이 도시에 살고 있는 경우도 많다. 그래서 도시 지역의 고온화를 억제하는 일이 대단히 중요하다.

기후변화와 도시열섬의 경감에 대처할 수 있는 공통의 방법 중의 하나는 나무를 많이 심고 자연을 보호하는 행동이다. 나무는 이산화탄소의 주요 흡수원이 되며, 기공을 통한 증발산 활동으로 기온 상승을 억제한다. 도시의 거리 가로수는 지표에 그늘을 만들어 아스팔트 도로의 온도 상승을 크게 억제한다. 여름철 한낮에 아스팔트 표면온도는 60℃를 훌쩍 넘어가기도 한다. 하지만 나무 그늘 아래의 아스팔트 표면온도는 이보다 30℃ 이상 낮다. 도로를 숲의 터널로 만들면 도로온도를 낮추어 통행 환경의 개선을 가져올 수 있을 뿐만 아니라 자동차의 냉방에너지 절약으로도 이어질 수 있다. 이런 효과는 기후변화와 도시열섬을 억제하는 일로 직결된다.

도시녹화를 통한 도시기온 경감 노력이 가장 중요하지만, 폭염 대응을 위해 개발되고 있는 각종 첨단기술을 적극 도입하는 노력도 필요하다. 이에 해당하는 대표적인 기술로, 옥상에 흰색의 방수처리를 하여 옥상표면온도를 대폭 낮추는 기술(cool roof), 태양에너지에 포함되어 있는 가시광선은 흡수하고 근적외선은 반사시켜 검정색 아스팔트도로의 표면온도를 천연의 토양수준으로 낮출 수 있는 차열성 도료(cool pavement)를 들 수 있다. 태양에너지의 강도가 강해지면 저절로 불투명하게 변하여 햇빛이 실내로 들어오는 것을 차단시켜주는 유리 기술(magic glass), 건축물의 벽면 온도를 낮추는 단열기술(cool wall), 도시 공간에서 만들어지는 폐 에너지를 재수집하여 사용하는 폐 에너지 재활용 기술 등도 도시열섬 억제에 도움이 되는 매력적인 기술이다. 태양에너지는 반사시키고 몸에서 나오는 적외선은 방출시킬 뿐만 아니라, 바람의 통풍을 높이고 땀의 증발을 촉진하여 인체의 폭염 대응능력을 높여줄 수 있는 기능성 섬유(cool textile)기술도 있다.

거리 가로수 도시열섬강도는 주간보다도 야간에 더 뚜렷하다. 그 주요 원인은 냉방기의 사용 등에 의한 인공폐열과 낮 시간대에 건축물 벽면이나 도로에 축적된 열이 주요 요인이다. 거리 가로수는 도로의 열 축적 효과를 완화하는 데에 효과적이다. 가로수는 일사 차단(그늘 효과)과 증산작용을 통하여 낮의 기온을 낮추는 데에 효과가 크다는 사실은 잘 알려져 있다. 그런데 가로수에 의한 낮의 일사 차단효과는 도로의 열저장을 줄이기 때문에 야간 열섬현상 완화에도 큰 역할을 한다. 거리 가로수는 열섬현상의 완화 이외에도 주변지역으로의 교통소음 저감, 자동차 배기가스 확산 방지 및 대기정화 효과를 발휘한다. 겨울에는 지표면의 복사냉각을 억제하여 기온 저하를 억제하고 방풍과 분진억제를 통하여 도로변의 대기 질 개선에 기여하는 효과도 있다(그림 4.4.5).

그림 4.4.5 대구 간선도로에 식목된 거리가로수 전경. 여름철에 대구에서는 낮 시간대에 2차례에 걸쳐 도로에 물을 흘려 도로 온도를 낮추는 작업(클린로드 시스템)을 수행하고 있다.

Cool Roof 고반사성 도료를 도포한 지붕(옥상)은 지붕의 표면온도를 낮게 유지한다는 의미에서 쿨 루프라고 한다. 옥상녹화와 보수성 재료 등도 넓은 의미에서 쿨 루프라는 영역에 속한다. 일반적으로는 건축물 옥상에 고반사성 도료를 도포하여 표면온도를 낮추는 것을 말한다. 쿨 루프 기술을 도시열섬 완화에 가장 적극적으로 도입하고 있는 나라는 미국이다. 미국에서는 도시열섬 대책으로 건축물의 외벽과 도로 표면 온도를 낮추는 문제에 주목하고 있다. 대표적인 사례로 로렌스 버클리 연구소의 열섬대책그룹을 들 수 있는데, 그들은 옥상에 고반사성 도료를 사용해서 건축물의 표면 온도를 낮추는 것을 열섬 경감의 주요 대책으로 삼고 있다.

일본에서도 고반사성 도료를 공공건축물을 중심으로 도입하고 있으며, 2002년에 고베대학의 옥상에 쿨 루프 효과 검증을 위한 쿨 루프 테스트 베드를 구축하였다.

우리나라에서는 미군(경북 왜관, 경기도 동두천, 부산 등)과 김해시청, 서울시 강남구 보건소 등에 도입되었으며, 이들 지역을 대상으로 쿨 루프의 온도 경감효과가 조사되었다. 김해시청 옥상에 설치된 쿨 루프 옥상의 온도 하강 효과 검증자료에 의하면 쿨 루프 도입 전후에 여름철 한낮의 경우 20-25℃정도의 온도 하강 효과가 확인되었다. 현장 관측을 통해서 쿨 루프 설치 전에는 여름철 낮에 60℃를 훌쩍 넘던 것이 설치 후에는 25℃ 내외로 낮아졌다.

Cool Pavement 도시열섬 발생의 가장 큰 원인은 도시 지표면이 인공구조물로 덮여진 것에 있는 것으로 알려져 있다. 도시화가 진척될수록 도시 표면은 아스팔트나 콘크리트로 덮여지고 녹지나 습윤한 지표면은 사라진다. 인공구조물 중에서도 도로 포장은 도시 전체 표면적의 약 20%를 차지한다. 도로 포장은 녹지와 습한 토양이 가지고 있는 물의 유지와 증발산 기능을 상실시킨다. 수분 증발 기능이 사라지면 증발에 따른 냉각 작용도 없어지기 때문에 도시 지표면의 고온화가 나타나게 된다. 이처럼 도로 포장은 도시열섬을 형성시키는 책임이 큰데, 이를 역으로 해석하면 도로 포장의 개선은 도시 열환경 개선을 가져올 가능성이 높다는 사실이다. 이하에 이와 관련 기술을 소개한다.

보수성 포장 보수성 포장은 물을 투과시키지 않는 기존의 포장 구조를 개선하여 자연 토양처럼 수분이 도로 내부로 침투하게 하고, 이 수분을 도로가 유지하면서 증발시킬 수 있는 기능을 부가한 것이다. 물이 도로 내부로 침투하는 포장은 배수성 포장(투수성 포장)과 보수성 포장이 있다. 기존의 아스팔트 포장은 모체가 되는 골재(자갈)와 아스팔트가 수분을 침투시키지 않지만 배수성 포장은 골재와 골재 사이에 커다란 공간을 만들고, 이 공간을 통해서 물이 하부로 침투하게 한 구조이다. 보수성 포장은 배수성 아스팔트의 틈 부분에 다량의 물을 머금을 수 있는 보수재(保水材)를 채워 넣은 구조이다(그림 4.4.6(우)). 보수재로는 고로재나 제올라이트 같은 다공질의 재료나 이들과 식물섬유 등의 섬유성 재료를 혼합하여 제작한다. 보수재를 채워 넣으면 물의 침투 능력은 낮아지지만 도로의 수분 유지능력은 현저하게 높아진다. 그림 4.4.6의 중간 사진으로 제시하고 있는 일본 국회의사당 후면 도로에 설치된 보수성 포장도로에 강수 또는 살수를 통해서 물을 충분히 뿌려준 후에 1주일 정도 보수 기능이 유지되는 것으로 확인되었다. 또 표면온도 하강효과는 기존 도로표면에 비하여 15℃ 이상 달성되었다는 보고가 있다(그림 4.4.6(좌)).

그림 4.4.6 보수성 포장의 단면(좌)과 일본 국회의사당 후면 도로에 설치되어 있는 보수성 포장도로의 현장(중) 및 보수성 포장의 표면온도 하강효과(우)

고반사성 포장 고반사성 포장은 배수성 포장 표면에 일사(태양광) 반사율이 높은 표면 처리제를 도포한 것이다. 이것은 태양광선의 가시영역 파장대(038-0.78㎛)의 반사율과 근적외영역 파장대(0.78-3㎛)의 반사율을 독립적으로 조정할 수 있는 도료가 개발되어 가능하게 되었다. 즉, 가시광선 영역에서는 용도에 맞는 색상을 선택할 수 있고(다양한 색상의 도료가 개발가능하다는 의미), 인간의 눈에 감지되지 않는 근적외선영역의 빛은 반사해버릴 수 있는 도료이다. 일사(태양복사에너지)에너지에는 가시광선 영역보다 파장이 긴 근적외선 영역에 해당하는 에너지가 전체의 약 50%를 차지한다. 그래서 고반사성 포장 도로 표면에서 가시광선 영역의 에너지를 전부 흡수하여 검은 색을 띠게 되더라도 근적외선 영역의 에너지를 전부 반사한다면 반사도(알베도) 0.5를 달성할 수 있어서 높은 반사도를 갖는 천연의 토양에 견줄 수 있는 수준을 달성할 수 있다.

그림 4.4.7의 (a)에는 고반사성 도료의 원리를, (b)에는 2015년 여름에 서울 노원구 마들마을 도로에 설치한 차열성 포장재의 전경과 열 개선 효과를 나타낸 열 영상 자료를 같이 제시하였다. 일본에서는 1993년에 민간기업인 大成(Taisei) 건설연구소와 일본 토목연구소의 공동과제로 기술개발이 시작되어 지금에 이르고 있다. 우리나라에서는 2005-2010년에 걸쳐서 한국건설기술연구원「장수명 친환경 신도로 포장재 개발사업」의 일환으로 6년간 기술개발이 추진된 적이 있었고, 이때 개발된 기술을 민간 페인트 회사에서 이어받아 기술개선 연구를 수행해 오고 있다. 최근 서울시 품질시험소에서 후속연구를 다시 시작하였으며, 개발된 도료의 품질평가를 수행하여 해당 기술의 확산을 지원하고 있다.

(a)

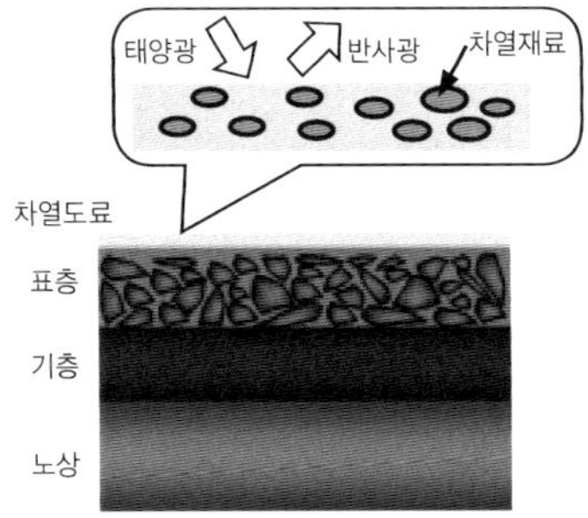

(b)

그림 4.4.7 차열성 포장재의 원리(a)와 실제 시공사례(서울시 노원구)에 대한 기존 구간과의 지표면 온도 차이를 열영상 사진으로 시각화한 자료.

열 교환 도료(Savecoat) 차열성 도료의 단점은 겨울철에도 도로의 표면온도를 낮추어 도시의 온열환경을 저해한다는 지적이 대두되었다. 이러한 단점은 이 도료가 도로에만 사용되는 것이 아니라 건축물의 외벽(옥상과 벽면)에도 사용된다는 점에서 간과할 수 없는 문제이다. 이러한 문제를 해결하기 위하여 개발된 도료가 열 교환 도료이다. 이 도료의 특성은 표면온도가 25℃ 이상될 때부터 기능이 발휘되며, 표면온도를 낮추는 기능이 고온에서 더욱 크게 발휘된다는 사실이다(그림 4.4.8).

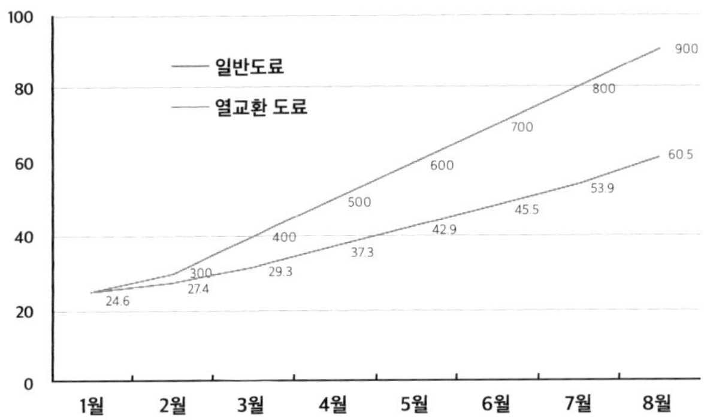

그림 4.4.8 일반도로와 차열성 도료를 도입한 도로(열 교환 도료)의 표면온도 비교 (자료출처: 서울시 품질시험소, 2016)

그림 4.4.9에 열 교환 도료와 고반사성 도료의 기능적 차이를 비교하여 제시하였다. 열 교환 도료의 원리는 25℃ 이상의 고온조건에서는 열을 지속적으로 소모시켜 온도가 상승하는 것을 막아준다. 대신에 기온이 25℃ 이하인 조건에서는 열 소모 기능을 멈추고 오히려 열을 저장하는 쪽으로 작용하여 건물의 외피온도와 내부 실내 열 보존에 기여한다.

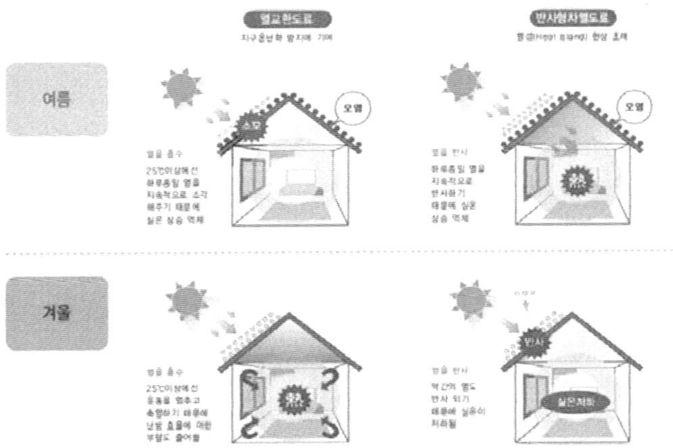

그림 4.4.9 열 교환 도료와 고반사성 도료의 기능적인 차이(자료출처: 서울시 품질시험소, 2016)

이러한 열 교환 도료의 특성으로 인하여 이것은 도로와 건물의 벽면과 옥상의 단열재로도 널리 이용되고 있다. 그림 4.4.10에 열 교환 도료를 도입한 KTX 울산 구간의 교각(좌)과 아파트 외벽(중) 및 아파트 남쪽 발코니(좌)를 제시하였다. 이 외에도 국내외적으로 열 교환 도료는 널리 보급되어가고 있는 상황이다(그림 4.4.10).

그림 4.4.10 열 교환 도료를 도입한 KTX 울산 구간의 교각(좌)
아파트 외벽(중) 및 아파트 남쪽 발코니(좌).

제5장

기후변화와 미래사회

5.1 한국 미래사회 전망[10]

5.1.1 메가트렌드 전망

대한민국 정부에서는 부처 협동으로 2030년을 목표로 미래사회의 중요한 관점에 대한 변화를 환경스캐닝(STEEP)을 활용하여 전망한 내용을 제시하였다. 환경스캐닝(STEEP)은 다양한 정보를 수집·분석하여 표면적 이슈들의 스캐닝을 통해 잠재적 이슈를 발굴하는 기법[11]으로 종합적 예측조사의 첫 단계로서 가장 기본적이며, 널리 활용되는 전망 방법이다. 환경스캐닝(STEEP)에는 사회(Social), 기술(Technological), 경제(Economic), 환경(Environmental), 정치(Political) 등 5개 주요 분야로 구분된다(표 5.1.1).

표 5.1.1 환경스캐닝(STEEP)을 활용한 미래트렌드

방법론	미래트랜드
Social	• 초고령사회 진입 • 개인화
Technological	• ICT 및 데이터 기술의 혁신적 진보 • 생명의료, 나노, 로봇 등 각종 기술의 발전
Economic	• 경제성장의 둔화 • 국토공간의 재편

10 정부 관계부처합동으로 발표한 제4차 국가환경종합계획(2015.12)의 일부내용 인용.
11 한국정보화진흥원(2013). 이슈스캐닝 기반 국가 미래전략 수립방향. IT& Future Strategy 제5호, pp3-4. 임현·안병민(2007). 과학기술예측조사를 위한 미래사회 전망 방법론 개선방안. 한국과학기술기획평가원 pp3-7.

방법론	미래트랜드
Environmental	• 기후변화 및 불확실성 증대
Political	• 글로벌 사회화 • 동북아 정치경제 역학 변화

5.1.2 주요 분야별 미래사회 전망

1) Social: 초고령사회 진입

• 저출산 및 출산연령 증가로 인구정체 및 인구구조의 고령화

저출산으로 국내 총인구는 2030년(5,216만명)을 기점으로 감소하기 시작하여 2035년에 5,189만명에 이를 것으로 전망된다.[12] 우리나라 합계출산율은 2014년 1.21명으로 OECD 최저수준[13]이며, 2001년 이래 초저출산국(합계출산율 1.3명 미만)으로 분류(2012년 제외)되고 있다. 반면 기대수명은 2014년 78.0세에서 2035년 82.5세(남)로 증가될 것으로 예상되어 총인구 대비 고령인구의 비율은 지속으로 증가될 것으로 전망된다(2014년 12.7%에서 2035년 28.4%).[14] 특히 65세 이상 고령인구 비율이 20% 이상을 차지하게 되는 초고령사회는 2026년부터 진입할 것으로 전망된다(그림 5.1.1).

• 인구구조의 고령화로 복지수요 대응문제 대두 전망

미래사회에는 고령화에 따른 생산가능인구비율은 2010년 72.8%에서

12 통계청(2011). 장래인구추계 2010-2060년. p.8,
13 OECD(2015). Fertility rates (indicator). doi: 10.1878/8272fb01-en (2015.07.16.)
14 통계청(2011). 장례인구추계 2010-2060년 p.8

2035년 59.5%로 감소될 것으로 예상된다[15]. 이에 따른 세입 증가율은 하락하는 반면에 노인인구를 위한 복지재정 지출은 GDP 대비 기초연금 비중은 2014년 0.39%에서 2030년 1.13%로 증가될 것으로 전망된다(그림 5.1.1).[16]

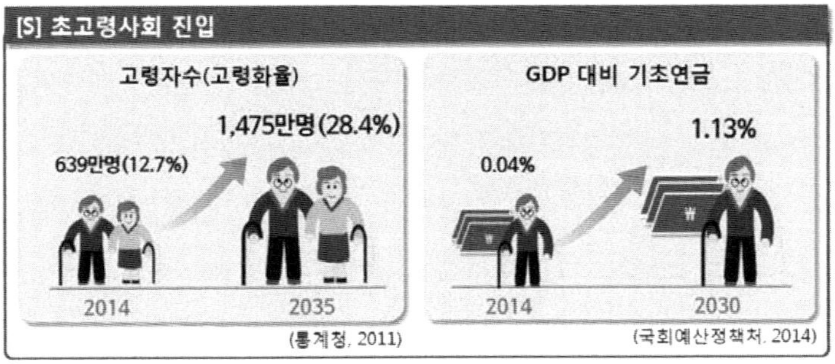

그림 5.1.1 초고령사회 진입전망

2) Social : 개인화

• **소득수준과 가치관 변화에 따라, 개인화된 수요 증대**

미래사회에서의 생활여건 변화는 삶의 질, 자연, 안전, 자치 등 개인화된 관점 중심으로 나타날 것으로 예상된다. 2010년 한국인의 삶의 질을 구성하는 중요 요인들의 우선순위가 2040년에는 매우 다르게 나타날 것으로 전망된다[17]. 즉, 취업(1→8위), 돈(4→10위), 주택마련(7→16위) 등과 같이 경제조건은 중요도가 하락하는 반면, 여가(9→2위), 녹지대 거주(12→5위) 등과 같은 삶의 질에 영향을 주는 요인에 대한 중요도는 상승할 것으로 전망된다. 이러한 삶에 대한 가치관 변화에 따라 개인맞춤형 상품·서비스 시장이 크게 확대될 것

15 통계청(2011). 장래인구추계 2010-2060년. p.11.
16 국회예산정책처(2014). 2014-2060년 장기 재정전망. p.36.
17 기획재정부(2010). 2040년 한국의 삶의 질. p.88.

으로 예상된다(그림 5.1.2).

• 1인 가구 증가 및 소유에 대한 인식변화

미래에는 결혼시기·기대수명 변화 등으로 1인 가구비율이 2010년 25.4%에서 2035년에는 34.4%로 증가할 것으로 전망된다. 이러한 1인 가구의 증가로 인해 소유에 대한 인식변화에 따른 공유경제규모가 크게 성장할 것으로 예상된다. 예로서 카셰어링과 같은 유휴자원을 공유하고 돌려쓰는 신시장이 대규모로 창출될 것으로 예상된다(그림 5.1.2).

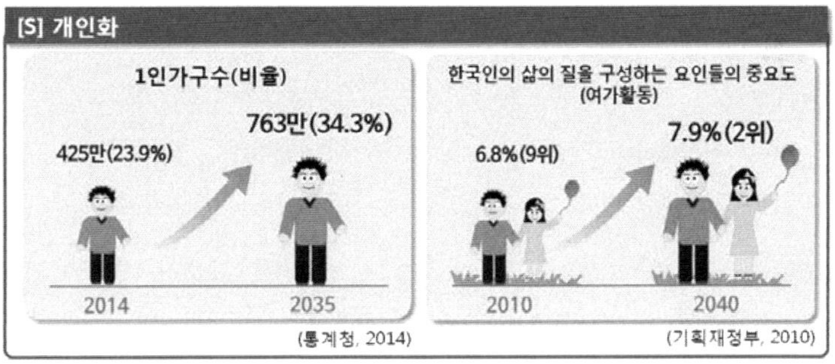

그림 5.1.2 미래사회의 개인화 전망

3) Technological : ICT 및 데이터 기술의 혁신적 진보

• ICT의 발전 및 저변 확대로 정보 프로슈머 증가

미래에는 정보통신망 연결이 비약적으로 확대되는 초연결사회가 도래할 것으로 전망되며 스마트폰, 사물인터넷(IoT) 등을 활용한 정보수집과 사회이슈에 시민참여 기반이 다양화될 것으로 예상된다. 동시에 대중의 참여로 정보나 아이디어를 수집·가공·제공하는 크라우드 소싱(crowd sourcing)의 확산에 따라 시민참여 플랫폼이 다양화 될 것으로 보인다.

• 빅데이터 시대 도래

미래사회에서는 개인적인 감정, 경험이 반영된 SNS의 소셜 데이터 등 비정형 데이터의 양적 폭증에 따라, 이를 분석하고 활용하는 것에 대한 근본적 변화가 필요할 것이다. 즉, 비정형데이터로부터 유용한 정보를 추출하여 정책적으로 활용하는 빅데이터 분석·활용기술 개발이 중요해질 것으로 전망된다(그림 5.1.3).

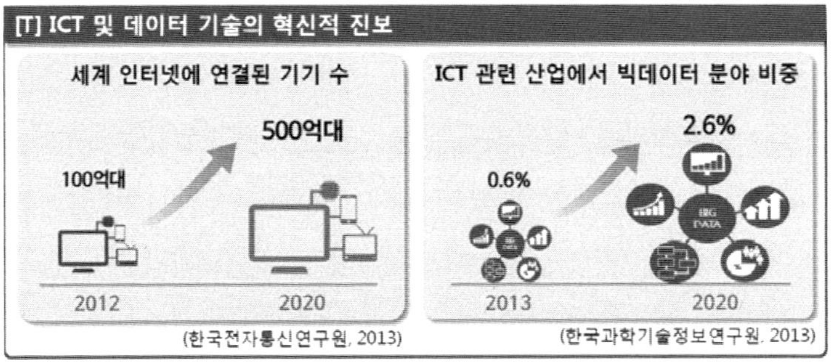

그림 5.1.3 미래사회의 ICT 기술 변화

4) Technological : 생명의료, 나노, 로봇 등 각종 기술의 발전

• 융합산업기술의 발달 및 시장 확대

첨단의료기기, IT+NT 융합기기를 활용한 분석 진단 및 u-Health Care 등 IT산업을 의료기기에 접목한 바이오융합산업이 크게 성장할 것으로 전망된다. 또한 친환경·저에너지와 고감성화, 건강·안정에 대한 사회적 관심이 증대하게 되고 이에 대한 수요를 충족시키기 위한 기술의 융복합화 추세의 방편으로 나노기술을 융합화 하기 위한 속도가 가속화될 전망이다(그림 5.1.4).

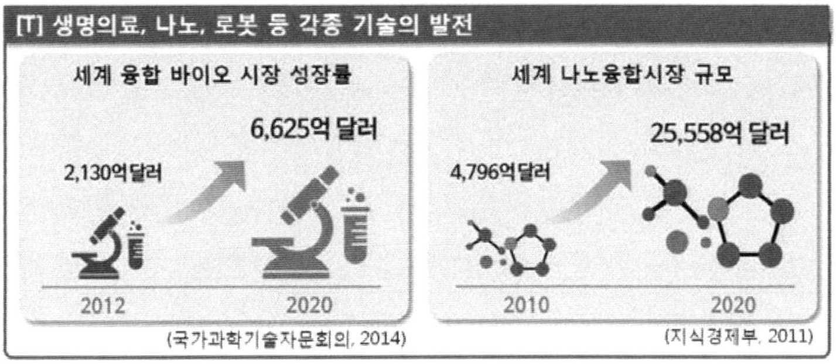

그림 5.1.4 생명의료, 나노, 로봇 등 기술발전

• 3D 프린팅, 로봇, 자율주행 자동차 등 각종 신기술 개발의 가속화

미래사회에는 3D 프린팅의 대중화에 따라 소비·생산·유통구조에 큰 변혁이 예상된다. 의료·산업로봇, 드론 등 무인비행체, 차세대 배터리 등 각종 기술발전이 가속화되어 사회변화를 이끌 것으로 예상된다.

5) Economic : 경제성장의 둔화

• 생산인구 감소 등에 따른 성장둔화

미래에는 저출산으로 인한 경제활동인구(생산인구)의 감소 등에 따라 성장 잠재력이 저하되면서 저성장 추세가 지속될 것으로 전망된다. 이미 연평균 잠재성장률이 2011-2015년 평균 3.1%에서 2031-2035년 평균 1.4%로 하락할 것으로 예상되고 있다(그림 5.1.5).[18]

• 전통적 성장의 한계로 지식기반경제 중요성 증가

미래에는 저출산 및 인구의 사회적 구조변화 및 개인 삶의 양식 변화 등에 의해서 전통적인 제조업 중심의 경제성장이 한계에 직면하게 되고 첨단

18 KDI(2014). 우리 경제의 역동성 – 일본과의 비교를 중심으로. p.11.

기술·정보산업 등 지식기반산업 및 서비스 중심으로 경제구조가 재편될 것으로 전망된다. 이미 지식서비스산업이 GDP에서 차지하는 비중이 2009년 25.5%에서 2040년 40.1%로 증대될 것으로 전망되고 있다(그림 5.1.5).[19]

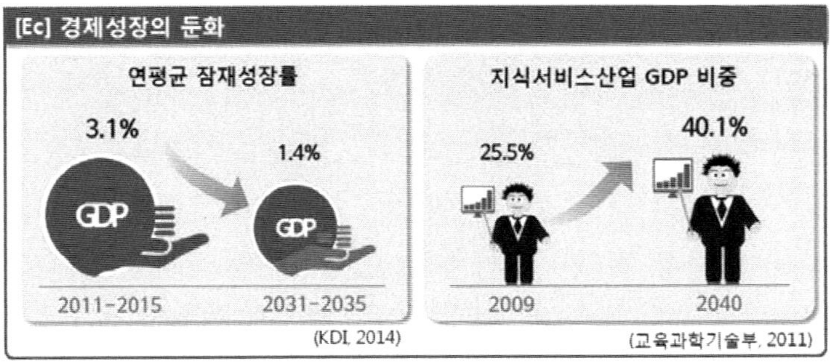

그림 5.1.5 경제성장의 둔화

• 양극화 심화 우려 증대

최근 10여 년간 우리사회의 소득 양극화는 매우 빠른 형태로 진행되었으며, 소득 양극화에 따른 불평등 심화는 장기적으로 사회적 불안을 야기시킬 가능성이 매우 크다. 이러한 소득양극화는 미래에 더욱 확대될 것으로 예견되는데 상위 10%의 소득이 하위 10%에 대한 소득비율은 2010년 4.85배에서 2060년 6.46배로 확대될 것으로 예견되고 있다.[20]

19 교육과학기술부(2011). 한국의 과학기술 정책. p.5.
20 Braconier et al.,(2014). Policy challenges for the next 50 years. OECD Economic Policy Paper. p.20.

6) Economic : 국토공간의 재편

• 저성장 및 개발포화 등에 따른 지역개발 수요 감소·정체

미래에는 저성장과 저출산 인구감소 등으로 인한 개발수요가 정체될 것으로 예상되며, 이에 따른 도시 및 기반시설 노후화가 심화될 것으로 전망된다. 예로서 준공된 지 20년이 경과한 노후 산업단지의 비율이 2013년 25.7%에서 2040년 39.3%로 늘어날 것으로 예상된다.[21] 그러나 전반적인 대규모 도시개발은 정체되는 반면 국지적인 개발수요는 지속될 것으로 예상된다. 특히 도시지역 지상개발 포화에 따른 지하공간 개발 수요 증대는 증대될 것으로 보인다. 예로서 서울시 지하철 및 지하주차장의 개발심도가 깊어지는 추세이며, 빗물 저류공간, GTX, U-smartway 등 지하개발 수요는 지속적으로 증가할 것으로 전망된다(그림 5.1.6).[22]

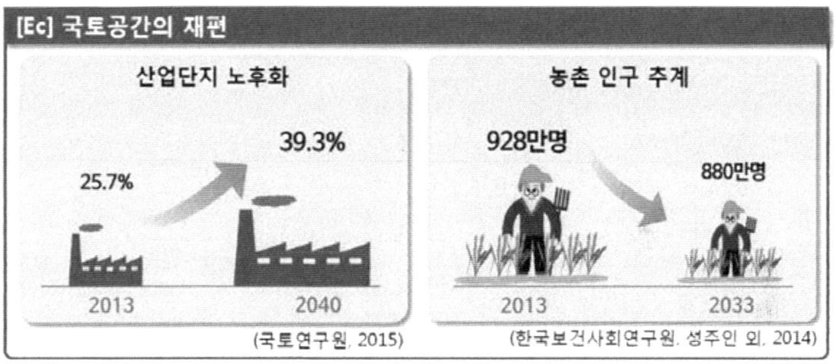

그림 5.1.6 국토공간의 재편

21 국토연구원(2015). 미래 국토발전 전략 수립방안 연구. p.29.

22 한윤정 외(2014). 도심지역 대심도 지하공간 개발의 지반환경영향 및 정책 제언. KEI 정책보고서. pp.25-40.

• 농촌지역 공동화 및 시설노후화 등에 따른 관리수요 대두

미래에는 인구감소, 개발정체 및 고령화 등에 따라 수도권과 일부 대도시권을 제외한 인구과소지역이 확대될 것이며 이로 인한 농촌공동화 현상이 더욱 심화될 것으로 전망된다.[23] 2040년에는 인구과소(무거주)지역 비율이 5%p 증가될 것으로 전망된다.[24] 또한 인구감소와 개인화로 인한 빈집규모가 크게 늘어날 것으로 추정된다(그림 5.1.7)[25]. 한국토지정보공사와 통계청 자료에 의하면 2015년에 빈집규모가 106.9만호로 전체 주택수의 6.5%를 차지했으나 2050년에는 302만호로 증가하여 전체 주택수의 10.1%에 해당할 것으로 추정되었다.

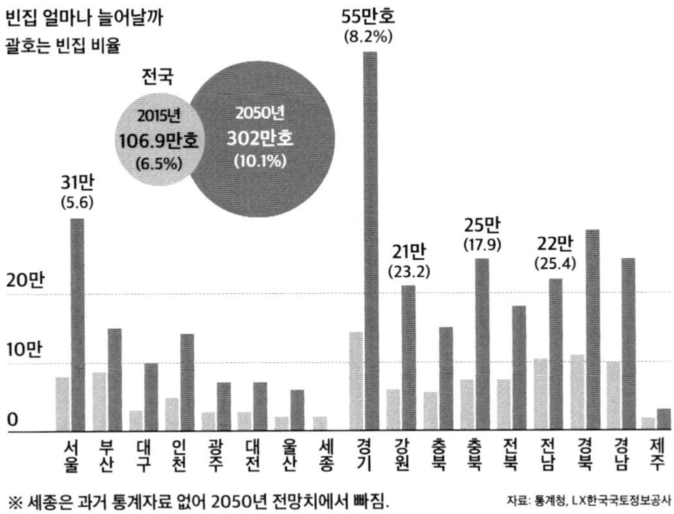

그림 5.1.7 2015년과 2050년 한국빈집 규모 추정

23 성주인 외(2014). 농촌의 중장기 인구 변화에 대응한 지역 활성화 과제. 한국보건사회연구원 p.88.

24 국토연구원(2015). 미래 국토발전 전략 수립방안 연구. p.23.

25 조선일보,2018.03.19

7) Environmental : 기후변화 및 불확실성 증대

• 기후변화에 따른 극한기상, 생물다양성 손실 등 피해 현실화

미래에는 세계 에너지소비의 지속적 증가로 이미 많은 문제를 가져오고 있는 기후변화가 더욱 가속화 될 것으로 전망된다. 세계 에너지소비는 2012년 13,371 Mtoe에서 2040년에는 19,276 Mtoe (44% 증가)에 이를 것으로 전망된다. 특히 미래학자들과 경제학자, 환경운동가들은 중국과 인도의 화석연료소비추세를 우려하면서 이 두 나라가 지속가능한 성장을 추구하지 않는다면 지구가 멸망할 것이라고 경고하고 있다.[26] 무엇보다도 기후변화는 한반도에서 더욱 가중될 것으로 예견되며 이로 인한 온난화, 극한기상과 함께 막대한 피해비용을 초래할 것으로 전망된다. 한반도 평균기온은 1981-2010년에 11.0℃에서 2011-2040년까지 2.5℃ 증가하여 12.5℃에 이를 것으로 예견되며, 폭염일수도 같은 기간에 평균 7.3일에서 10.2일로 늘어날 것으로 전망된다(그림 5.1.8). 이러한 기후변화 피해비용은 2020년 3.6조원(GDP 0.31%)에서 2050년 6.9조원(GDP 0.59%)으로 증대되는 것으로 예견되었다.[27] 또한 기후변화에 의해 20세기 생물종 멸종속도는 지질역사상 배경속도의 100배 이상[28]에 달해 제6차 대멸종이 예견되는 등 지구적 생물다양성 손실 가속화가 현실이 될 것으로 전망된다.

---

26 동아일보, 2017.11.13

27 국립환경과학원(2012). 우리나라 기후변화의 경제학적 분석(III): 정책결정자를 위한 요약보고서. PP:344-345

28 Ceballos et al.,(2015). Acclerated modern human-induced species losses: Entering the sixth mass extinction. Science Advances. P.1.

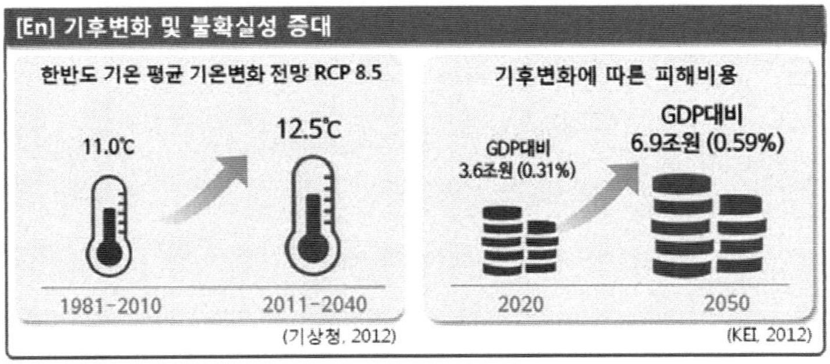

그림 5.1.8 기후변화 및 불확실성 증대

• 기술복잡성, 기술발전 속도 등의 증가로 불확실성 및 위험 증대

미래에는 기술·사회변화의 가속화와 융복합화로 미래예측이 어려워지고, 원전 방사능, 화학물질 등 기술위험 및 불확실성이 증대될 것으로 예상된다.

8) Political : 글로벌 사회화

• 국가간 물적·인적 교류 확대 및 글로벌 경제통합 추세

미래에는 FTA 체결 확대와 국가간 경제협력 확대 등에 따라 글로벌 경제통합이 지속될 것이다. 이와 함께 전 세계 국가 수출량은 꾸준히 증가하여 연평균 5.3% 가량 성장할 것으로 전망된다. 수출량이 GDP에서 차지하는 비중이 2010년 26%에서 2030년에는 33%로 증가할 것으로 예상된다.[29] 그러나 선진국의 고령화와 저출산으로 노동생산인구의 부족이 초래되어 부족한 노동력은 개도국에서 유입될 것으로 예상된다. 한국에서도 이미 결혼 및 취업 이민 등으로 외국인 유입이 지속적으로 늘고 있으며, 2040년에는 외국인 이주민은 350만 명으로 전체인구의 8% 도달할 것으로 예상되고 있다.[30]

29 Roland Berger(2010). Trend Compendium 2030. p.37.
30 KDI(2010). 미래비전 2040 미래사회경제구조 변화와 국가발전전략. P.9.

• **경제통합 추세에 따라 국가간 협력 필요성 증가**

미래에는 전 지구적인 차원에서의 환경, 경제, 정치적 문제 등을 해결하기 위해 국가 간 정책공조가 매우 필요하고 확대될 것으로 전망된다. 따라서 이를 위한 각종 다양한 정책의 글로벌 스탠더드 정립과 채택이 늘어날 것이며, 이를 개별 국가가 채택하고 준수하도록 국제사회의 압력이 더욱 강화될 것으로 예상된다. 특히 기후변화협약, SDGs 등과 같은 분야는 국제 공조가 더욱 체계적으로 필요한 분야이다.

9) Political : 동북아 정치경제 역학 변화

• **중국경제 성장에 따른 자원소비 및 오염배출 증대 지속**

최근 중국은 성장률 저하에도 불구하고 후발자 이익 등을 원천으로 국제사회에서의 경제적 부상은 당분간 지속될 것으로 전망된다. 즉, 세계 GDP가운데 중국의 비중은 2011년 17%에서 2030년 28%로 지속적으로 증가할 것으로 예견되고 있다(그림 5.1.9). 중국은 경제성장과 급격한 도시화 등에 따라 에너지와 자원 소비량이 급속히 늘어나고 있으며, 이는 결국 오염배출 및 기후변화 등과 같은 관련 문제와 위험이 동북아 지역에 증대될 것으로 전망된다.

• **북한 환경문제는 심각하고 남북관계에 불확실성 상존**

북한은 경제난과 정책적 관리미흡으로 산림황폐화, 수질오염, 토질저하 등 환경문제가 심각하다. 특히 북한산림의 황폐화 면적은 1999년 163.17만 ha에서 2008년 283.8만 ha로 크게 증가하였다(그림 5.1.9).[31] 이는 북한에서의 기후변화에 따라 예견되는 여러 문제에 대응하는 데 있어 매우 취약한 실정

31 박경석(2014). 북한의 황폐산림 실상과 향후 대북 산림복구 지원방향. KDI 북한경제리뷰 9월호. P.6

이라 하겠다. 또한 북한의 산림황폐화는 궁극적으로 한국에도 영향을 미치게 될 것으로 예상되어 시급한 대책마련이 필요하다.

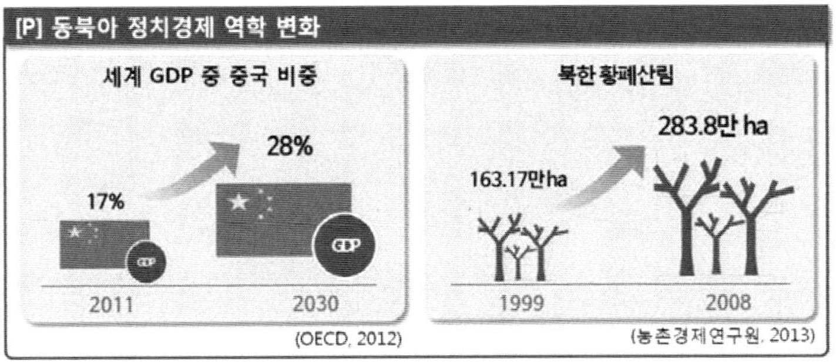

그림 5.1.9 동북아 정치·경제 역학 변화

5.2 기후변화와 4차 산업혁명

5.2.1 4차 산업혁명과 신 기후체제

1) 4차 산업혁명 도래

2016년 1월, 세계경제포럼에서 클라우드 슈밥 회장이 던진 '4차 산업혁명' 화두는 전세계적인 반향을 일으켰으며, 국내외 학자들에 의해 4차 산업혁명을 미래사회 핵심 키워드로 제시하고 있다. 또한 세계 각국에서 4차 산업혁명에 대비할 것을 주장하고 있으나, 아직까지 4차 산업혁명이 무엇을 의미하는지 개념정의와 유형구분이 불분명한 실정이다. 일반적으로 지능화, 클라우드, 초연결로 대표되는 핵심가치는 존재하지만, 국가와 지역에 따라 여건이 다르기 때문에 서로 다른 대응책을 내놓고 있다. 사례로 4차 산업혁명의 선두주자로 평가받는 독일은 "Industry 4.0"이라는 제조업 기반의 혁신을 도모하고, 미국은 실리콘밸리로 대표되는 소프트웨어 산업을 앞세워 4차 산업혁명에 대비하고 있다.

우리나라가 처한 현실은 인터넷, 반도체, 스마트폰 등 정보통신 기술 분야에서 우위를 점하고 있다는 자긍심과 달리 4차 산업 관련 기술은 미흡한 것으로 평가되고 있다(한국무역협회, 2017). 4차 산업혁명의 경쟁력 순위를 조사한 결과 우리나라는 조사대상국 24개국 가운데 19위로 하위권에 위치하고 있다. 4차 산업혁명이 거의 모든 영역에 영향을 줄 개연성이 높음에도 불구하고 소극적으로 대응하고 있는 실정이다. 제조업체들은 4차 산업혁명 관련 기술을 활용하여 제품이나 비즈니스 모델의 부가가치를 높이는 방안을 강구해야 한다. 다른 국가에 비해 우리나라가 우위에 있는 정보통신 기술 분야와 지역여건을 연계하여 우리나라 실정에 부합되는 4차 산업혁명의 도래를 대비하는 것이 적합하다. 특히 신 기후체제로 인해 온실가스 감축과 기후변화 적응역량을 강화하는 데 4차 산업혁명이 기여할 수 있어야 할 것이다.

기후변화 완화와 적응이라는 미래사회 대응역량을 높이기 위해 학문간 협력을 통해 효과적인 대처수단을 발굴할 수 있다. 기상정보는 위성, 해양, 항공, 지상의 관측자료를 사용하며, 대기·물리·화학·수문 등이 결합된 모델이 슈퍼컴퓨터의 계산결과와 예보관의 노하우가 결합되어 최종적으로 생산된다(강성진 등, 2017). 학제간 융복합 기술을 토대로 생산된 정보는 지역주민의 일상생활과 경제활동에 효과적으로 활용된다. 예를 들어, 이상기후와 재해 영향예측, 기후변화 취약성 평가, 날씨 경영 등에 기상관측자료와 예측기술이 이용될 것이며, 관측에서 정보활용에 이르는 전 생애주기에서 4차 산업혁명 기술이 활용될 수 있다.

기상이나 기후변화에 있어 4차 산업혁명 기술의 적용은 사회 전반을 포괄하고 있다. 위성영상자료와 드론 등 무인항공기를 통한 관측, CCTV를 이용한 고립지역이나 낙후지역, 무인도서 집중관측, 인공신경망이나 기계학습 기법을 이용하여 기상관측이나 기후변화 예측에 연계할 수 있다. 최근 SNS를 이용한 양방향 소통과 현장관측 자료의 보정을 통한 지역별 기상현황을 파악하며, 심화학습(딥러닝) 기법을 통한 자료 동화와 기상관측 모수화 기법 등의 수치모형을 구축한다. 또한 기상관측, 신경망을 고려한 통계적 기상재해 예측과 스마트폰, 자율주행 자동차, 웨어러블 기기 등의 사물인터넷을 활용할 수 있다. 광범위하고 정밀한 빅데이터 수집과 기상-사회 정보의 상호 분석을 토대로 도시홍수, 산사태, 폭염피해, 농작물 생산량, 제품이나 서비스 판매량을 파악할 수 있다. 인공지능을 통한 에너지 활용 효율화 방법으로 스마트 그리드, 스마트 팜을 적용하고, 이를 통해 온실가스 배출량을 저감한다. 텍스트 마이닝과 같은 자연어 처리 기술에 의거하여 기상정보에 대한 실시간 의견을 분석하고, 효율적인 의사결정지원 시스템을 가능하게 할 수 있다.

1차 산업혁명은 물과 증기의 힘을 이용해 생산을 기계화한 시대로 수력 증기기관을 활용하여 철도, 면사방적기와 같은 기계적 혁명을 불러일으켰다. 2차 산업혁명은 전기의 힘을 이용하여 대량생산을 주도하였는데, 공장에 전력이 공급되고 컨베이어벨트를 이용한 대량 생산이 가능해졌다. 3차 산업혁명은 전기 및 정보기술을 통해 생산을 자동화로 전환하여 생산성을 향상하는 시대로 개인용 컴퓨터, 인터넷 등을 통한 정보화 사회가 도래하였다. 4차 산업혁명은 물리학과 디지털, 생물학 사이의 융복합 기술로 규정할 수 있다. 이와 같은 기술들이 융합되어 무인운송수단, 3D 프린팅, 첨단 로봇공학, 신소재, 사물 인터넷 등이 발달하고 있다. 4차 산업혁명이 진행됨에 따라 기존 제조업의 서비스화가 진행되고 동시에 새로운 지식정보산업이 창출되고 있다. 제조업의 서비스화 진행은 자동차에 인공지능이 결합되어 무인운송수단이 등장하고 있으며, 더 이상 제조업으로 분류되기 보다는 데이터 축적을 통해 서비스를 제공하는 서비스업으로 변화되고 있다. 3D 프린팅 기술이 자동차 제조공정에 적용되면서 자동차 생산기간이 단축되었다(강성진 등, 2017).

그림 5.2.1. 4차 산업혁명의 기술동인, 방법론과 파급효과

사회적 파급력이 클 것으로 예상되는 4차 산업혁명 기술의 기상관측과 기후변화 예측은 다양한 분야와의 참여와 협력을 기반하여 기술개발을 도모한다. 그러나 4차 산업혁명 기술이 완전무결한 것은 아니다. 기술적 오류 혹은 해킹으로 시스템의 오작동과 그로 인한 책임소재 문제가 있고, 아직 우리나라에서는 대용량 데이터 확보 및 제공에 있어서 한계가 있다. 인공지능의 편리함은 일자리 감소로 여겨지기도 하고, 준비되지 않은 급격한 변화에 개인이 어떤 역할을 어떻게 준비해야 할 것인지 혼란스러울 수도 있다. 잘못 학습된 인공지능이 사회 보편적 가치에 반하는 판단을 내릴 위험성도 존재한다. 이와 같이 산적한 문제가 적지 않지만, 4차 산업혁명의 물결에 제대로 대응하는 것을 피할 수 없다. 미래사회를 대처하는 데 있어 기상관측과 기후변화 예측 및 취약성 평가를 위한 4차 산업혁명 기술의 도입과 적용에 앞서 있는 선진 국가와 더불어 선도적인 역할을 담당하여야 할 것이다.

2) 신 기후체제 도입과 4차 산업혁명

미래사회는 4차 산업혁명이라는 기술 및 경제 패러다임의 변화, 신 기후체제라는 글로벌 기후체제의 변화에 공동으로 대응하는 것이 요구되고 있다. 신 기후체제와 4차 산업혁명의 관련성을 알아보고, 미국 등 선진국의 동향을 살펴본다. 4차 산업혁명은 "인공지능을 통한 저급부터 중급까지 노동에 대한 급진적인 자동화와 즉각적인 연결을 통해 새로운 비즈니스 모델의 창출"로 정의할 수 있다(장필성, 2016).

4차 산업혁명을 통해 우리 일상생활과 경제활동은 많은 변화를 경험하게 될 것이며, 이로 인한 파급효과는 다음 3가지로 정리할 수 있다. 첫째, 인공지능 로봇의 역할 증대로 인해 농업, 제조업, 서비스업 인구가 급격히 감소하고 새로운 일자리가 생겨날 것이다. 둘째, 사물인터넷, 빅데이터, 소셜미디어 등을 기반으로 벤처사업이 성장하며 디지털 플랫폼 구축에 역량이 높은 페이스북, 애플, 아마존, 구글과 같은 기업들의 성장이 빠르다. 점차 온라인과 오프라인의 결합이 이루어지고 있다. 셋째, 에너지 분야는 기존의 대량생산과 국가의 주요 에너지 공급망을 통하여 저렴하고도 안정적인 에너지 공급으로 수요를 충족하는 스마트 그리드 시스템을 기반으로 한다.

신 기후체제 하에서 지속적인 성장을 위해서는 혁신적인 기후기술 및 서비스의 개발과 산업화를 통해 관련 산업을 육성하여야 한다. 국내 정보통신 기술과 반도체, IT기술과 기후·기상, 빅데이터를 연계한 새로운 시장창출 기회로 삼아야 할 것이다. 기후기술은 온실가스 배출을 저감하는 감축기술과 기후변화 적응기술로 구분할 수 있다. 소프트웨어 중심의 운영 서비스가 핵심인 4차 산업혁명 시대를 맞이하여 광범위하게 수집된 빅데이터를 지능적으로 분석하고, 기후기술과의 융합을 통해 새로운 부가가치를 창출한다. 예를 들어 도시홍수 예방, 산사태 방지, 이상폭염에 대응한 수자원 관리 등에서 4차 산업혁명을 적용할 수 있다(김형주, 2017).

4차 산업혁명의 파급효과는 인터넷 기술과 데이터 저장 기술의 발전으로 공급자와 수요자가 쌍방향으로 정보를 공유할 수 있다. 이로 인해 지역의 인구, 산업구조, 지형, 기후여건에 적합한 최적의 에너지 시스템을 구축할 수 있게 되었다. 태양광, 풍력, 지열 등 다양한 에너지 시스템을 제시하여 스마트 그리드(Smart GRID)로 발전하고 있다. 이에 따라 기존의 산업용, 운송용 에너지와 최종 수요자가 사용하는 에너지의 형태도 새로운 생산수단, 운송수단의 도입에 따라 지역특성을 감안한 독립적 에너지 시스템을 구축하는 방향으로 변화하고 있다.

4차 산업혁명이라는 새로운 경제 및 기술 패러다임의 변화와 신 기후체제에 합리적 대응수단을 마련하여야 한다. 국가별 4차 산업혁명의 개발현황을 살펴보면, 미국은 클라우드 기술에 장점을 지니고 있는 반면 독일은 설비단말 기술, 일본은 로봇기술에 치중하고 있다. 4차 산업혁명의 진전은 물리학, 디지털 및 생물학 기술을 기반으로 기존 제조업의 서비스화가 진전되고 있으며, 디지털 경제 구축에 의한 공유경제라는 새로운 산업이 등장하고 있다. 4차 산업혁명의 기본이 되는 디지털, 데이터, 자동화 등의 진전은 기존 산업보다 에너지 소비가 더욱 증가할 것으로 전망되어 화석연료 중심의 기존 에너지 공급체제는 한계를 직면할 것이다. 아울러 신 기후체제로 인해 온실가스 감축목표를 달성하기 위해서는 신재생에너지 중심의 에너지 공급과 에너지 절약을 위한 기술개발에 치중하여야 할 것이다.

에너지 소비를 크게 줄이지 않으면서 온실가스 배출을 감축시킬 수 있어야 4차 산업혁명에 대응하면서 동시에 신 기후체제에 동참할 수 있다. 새로운 기술혁신을 통하여 산업 생산에 대한 에너지 소비를 줄일 수 있어야 하고, 기존 에너지 사용에 대한 에너지 믹스를 친환경적으로 전환해야 한다. 결국 4차 산업혁명에 대응하면서 신 기후체제에 동참하기 위해서는 기술혁신을 통한 에너지 소비의 효율화, 에너지 절약 및 친환경적인 에너지 믹스 전환 등이 동시에 추진되어야 한다.

3) 기존 산업구조와 온실가스 배출

산업부문은 그동안 우리나라 경제성장을 이끌어 왔으며 노동, 경제에 지대한 영향력을 미치고 있다. 에너지 소비 중에서 산업부문이 60% 이상을 차지하며 큰 비중을 차지하고 있다. 한국의 제조업과 경제성장은 밀접한 관련을 맺고 있다. 제조업이 GDP에서 차지하는 비중은 1980년대 15-20%에서 현재 30%까지 늘어났으며, 수출을 통해 국가경제에 기여하고 타 산업으로의 파급효과를 일으키는데 중요한 역할을 담당한다. 국내 주력산업 가운데 상당수는 성숙기에 접어들었으며, 더 이상의 혁신이 없으면 제조업의 미래는 불투명한 실정이다(박기홍, 2016).

고비용과 저효율의 제조업 생산구조 심화로 인해 국제사회에서의 경쟁력이 점차 줄어들고 있다. 우리나라 제조업의 재도약을 위해서는 기술혁신, 융복합, 4차 산업과 연계한 시너지 효과 등을 통해 새로운 산업 패러다임으로 적응하여야 한다. 제조업의 재도약과 성장은 우리나라의 경제성장에 유익하나, 제조업이 기존과 같이 에너지 다소비 산업 중심인 경우 에너지 소비 증가, 온실가스 배출 증대로 인해 신 기후체제 패러다임 변화에 부합할 수 없게 된다. 석유화학, 철강, 정유산업은 설비와 생산량이 빠르게 증가하고 있는데, 이러한 산업은 에너지 소비량이 많은 에너지 다소비 산업이다(김태헌, 2014). 기존 제조업의 생산 확대에 따라 생산과정에서 에너지 투입량이 증대하게 된다. 생산 확대는 국가 경제에 긍정적 측면으로 간주할 수 있으나, 에너지 투입량의 증대는 온실가스 배출량 증대를 가져오는 부정적인 측면이다. 우리나라 제조업에 위기상황이 도래하며 기업환경도 악화되고 있어 새로운 타개책이 필요한 상황이다. 4차 산업혁명과 신기후제체를 감안하여 에너지 효율성 제고, 온실가스 배출량 감축을 달성하는 방향에서 기계학습, 인공지능, 자율주행차, 스마트 그리드, 블록체인 등의 4차 산업혁명을 강화한다.

5.2.2 신 기후체제 대응과 4차 산업혁명 단위 기술

1) 자율주행차와 신 기후체제

자율주행차는 4차 산업혁명의 주요 성과이지만, 자체적으로는 친환경적이지는 못하다. 자율주행차에 대한 전력공급이 기존 자동차 형식이라면 에너지 소비가 많고 온실가스 배출이 높아서 신 기후체제의 패러다임에 부합할 수 없다. 다만, 자율주행이면서 화석연료를 적게 소비하는 전기자동차로 전환하여 에너지를 효율적으로 사용함으로써 온실가스 배출을 줄일 수 있다. 자동차 업계의 경영진들이 밝힌 미래 운송수단의 특징은 차량 공유, 자율 주행, 전기자동차 3가지이며, 이를 구현하기 위해 자동차 산업에서는 자율주행 기술과 친환경 구동기술의 개발에 집중하고 있다.

자율주행차는 운전자의 개입 없이 차량이 주행 환경을 스스로 인지, 판단, 제어를 통해 목적지까지 스스로 운행하는 차량으로 정의한다(장문수, 2016).

첫째, 인지 단계는 차량 스스로 현재 위치, 교통 상황, 지형·지물 등을 파악한다. 인식 기능을 위한 자율주행차량의 핵심기술로는 주행보조시스템(Advanced Driver Assitance System, ADAS)을 가능하게 해주는 센서 기술(정밀한 초음파, 레이저, 카메라 등)이 있다. 또한 차량과 주변 환경을 연결하는 통신모듈(Vehicle to Everything, V2X)이 있으며, 정밀지도 및 지구측위시스템(GPS) 기술 등이 탑재되어야 한다.

둘째, 판단 단계에서는 차량의 인지 기술을 통해 습득한 정보를 바탕으로 목적지까지 안전하게 주행하고, 돌발 상황에 대처하는 것이다. 핵심 기술로는 심화학습(딥러닝)과 같은 학습형 판단과 제어 시스템이 필요하다. 주행기록을 바탕으로 주행 알고리즘, 주행 중 상황 판단을 위한 센서, 주행상황 인지 시스템이 구축되어야 한다.

셋째, 제어 단계는 입력된 명령을 기반으로 차량이 적합하게 움직이는 단계를 말한다. 제어를 위한 핵심기술로는 기존의 기계식 차량 시스템을 전자화하는 것이 필요하며, 주행보조시스템(ADAS) 구축센서, 액츄에이터(actuator) 기술들과 이를 통합적으로 제어할 솔루션이 필요하다. 미국 도로교통안전국은 자율주행차의 기술단계를 0부터 4레벨로 구분하고 있으며, 이를 바탕으로 기술 로드맵을 구축한다.

표 5.2.1 미국 도로교통안전국에 의한 자율주행차 기술단계

구분	정의	설명	예시	시기
레벨 0	비자동	• 운전자가 모든 자동차 기능을 제어하고, 안전에 대한 책임이 있음	기존 차량	현존
레벨 1	기능 특화 자동	• 운전자가 일부 기능을 제외한 자동차 제어권을 소유하며, 안전에 대한 책임이 있음	스마트 크루즈 컨트롤, 주차 보조 등	현존
레벨 2	조합 기능 자동	• 어떤 주행환경에서든 2가지 이상의 제어기능을 조화롭게 작동, 운전자가 모니터링과 안전에 책임을 지는 단계	스마트 크루즈 컨트롤, 차선 중앙유지 등	현존

구분	정의	설명	예시	시기
레벨 3	제한된 자율주행	• 제한적 자율주행으로 레벨 2와 달리 제한된 주행환경(상대적으로 단순한 고속도로)에서 자동차가 모든 기능을 제어하는 기술수준을 뜻함	고속도로 자동 운행 시스템, 도심 자율주행 시스템	2018-2020
레벨 4	완전 자율주행	• 완전 자율주행차로서 모든 안전기능을 자동차가 제어, 운전자는 목적지를 입력하는 것 이외에 주행에 관여하지 않는 단계	완전자율주행	1단계: 2020-2025 2단계: 2025-2030

전기자동차는 수송부문의 온실가스 감축을 담당할 핵심 기술로 자리매김하고 있으며, 중국, 유럽연합을 비롯한 많은 국가에서 전기자동차 및 친환경 자동차의 보급 촉진을 위해 다양한 정책을 시행하여 시장 확대를 추구하고 있다. 신 기후체제로 인한 이산화탄소 배출 규제에 따라 엔진 소형화, 에너지 고효율화 등 혁신적인 기술개발이 이루어지고 있다. 온실가스 저감을 위한 기술개발은 크게 3가지 방향에서 진행되었는데, 시스템 지능화, 발전 동력의 전기화, 차제 경량화 세 방향으로 분류할 수 있다.

- (시스템 지능화) 스마트카, 자율주행차 등 차량 시스템과 IT 기반기술의 융합으로 자동차 산업의 시스템 지능화는 새로운 추세로 자리잡고 있음.
- (동력원 전기화) 기존 내연기관을 대체할 2차 전지, 모터 등의 전기장치가 새로운 핵심기술로 부상하고 있음.
- (차체 경량화) 각 국의 연비규제에 맞춰 경금속 및 복합소재 등을 이용한 경량화 노력이 강화되었음.

정책적 규제와 기술의 발전에 따라 친환경 자동차의 선호도가 높아지고 있다. 이에 따라 기존 자동차 산업의 가치사슬 역시 변화하고 있다. 기존에 사용하던 내연기관 자동차 엔진에 필요한 점화플러그, 시동모터, 발전기, 배기관 등 자동차 부품이 전기자동차 사용에 따라 필요 없어지게 되고 있다. 내연기관 자동차 인프라는 주유소에서 기름을 넣고 돈을 지불하였지만, 반대로 전기자동차 인프라는 전력망과 밀접하게 연관되어 자동차 소유자가 전기를 충전할 뿐만 아니라 반대로 저장장치 역할을 하며, 전력을 공급하는 역할이 가능해 졌다.

2015년 기준으로 전기자동차 판매량이 2010년 대비 100배 이상 확대된 126만 대로 조사되었다(IEA, 2016). 세계 각국의 명확한 목표 설정, 배터리 성능 개선, 가격 인하, 인프라 확대 등으로 인해 전기자동차의 보급은 더욱 늘어나는 경향을 보이고 있다. 미국, 중국, 일본, 네덜란드, 노르웨이에 전 세계 전기자동차의 80%가 분포하고 있는데, 노르웨이는 수송부문에서 전기자동차 점유율이 23%로 가장 높다. 또한 중국은 2015년 전기자동차 확산을 계기로 세계 최대시장으로 부상하고 있다.

전기자동차의 핵심 기술 가운데 하나인 배터리의 성능개선과 가격인하가 전기자동차 판매급증에 기여하고 있다. 플러그인 하이브리드 차량의 배터리 비용이 큰 폭으로 줄어들었으며, 전기자동차 산업의 경쟁이 심화됨에 따라 배터리 성능의 향상과 추가적인 가격절감이 지속될 것으로 예상된다. 전기자동차를 위한 충전소는 필수 요소이지만, 새로운 인프라 구축이 쉽지 않아 전기자동차 확산에 가장 큰 방해요인이 되고 있다. 전 세계적으로 2015년 기준 145만 개소의 충전소가 건설되었고, 82만 개소(57%)가 2014-2015년 사이에 설치되어 앞으로 전기자동차 확산에 기여할 것으로 기대된다(강성진 등, 2017). 민관협력으로 충전소 인프라가 빠르게 확산되고 있으나, 상대적으로 도심지역에 집중되어 있다는 한계가 있다. 이에 따라 유럽연합(EU)에서는 유럽 전체를 아우르는 충전네트워크를 구축함으로써 전기자동차의 장거리 운행이 가능하도록 계획하고 있다.

2) 스마트 그리드와 신 기후체제

스마트 그리드 어원은 지능형(smart)과 전력망(grid)이며, 기존의 전력망에 ICT 기술을 접목하여 소비자의 전력소비 패턴분석을 통해 효율적인 전력관리를 위해 차세대 전력망이다(안준호, 2014). ICT 기술로 인해 전력의 소비에 대한 정보를 기반으로 전력 생산량을 맞추는 등 기존에 일방적이었던 정보를 양방향, 실시간으로 공유하여 에너지 사용을 최적화할 수 있다(그림 5.2.2). 또한 태양광과 같은 신재생에너지 기술을 통해 소비자가 잉여 전력을 판매하여 생산자 역할을 할 수 있는 프로슈머(Prosumer = Producer + Consumer) 개념을 가능케 할 수도 있다.

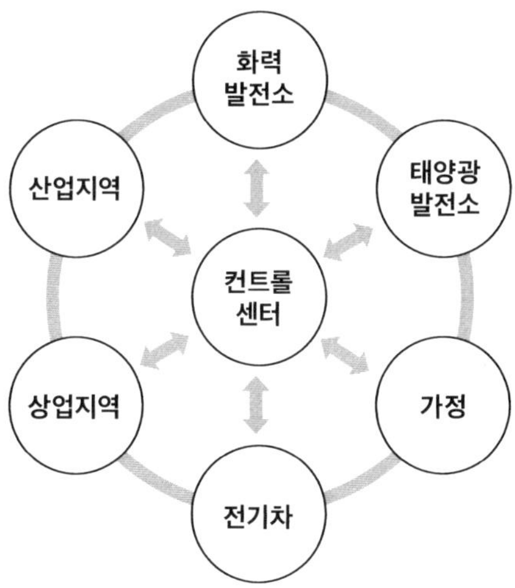

그림 5.2.2 스마트 그리드 모식도

스마트 그리드 도입으로 인해 기대할 수 있는 효과는 에너지 효율 증대, 에너지 생산 분산, 전력구조 개편, 신성장 동력, 파리협정에 따른 신 기후체제 내의 산업 경쟁력 확보 등을 이끌 수 있다(안준호, 2014). 발전소에서 생산된 전력을 송배전 선로에 의해 최종 소비자에게 전달하는 전 과정을 ICT 기술과 접목하여 에너지 효율을 높일 수 있다. 기존 발전소에서 시작하여 소비자에 단방향으로 제공하던 전력 흐름을 스마트 그리드 도입으로 발전소와 소비자가 양방향으로 정보를 교환한다. 실시간으로 현재 상황에 대한 분석을 실시하고, 전력 생산을 제어하며 최적의 흐름을 만들 수 있다. 대형 발전소들이 담당하던 전력생산 및 공급기능을 개편하여 지역단위 중소 배전회사들이 전력수급을 담당할 수 있으며, 심지어 소비자들도 전력 생산이 가능한 경쟁체제를 도입함으로 생산효율을 높일 수 있다.

ICT 기술을 접목한 스마트 그리드를 통해 축적된 다양한 데이터를 관리·운용하고, 정보의 상호작용으로 인해 새로운 부가가치를 창출할 수 있다. 전력의 생산·소비에 대한 정보를 이용한 전력요금 컨설팅, 에너지의 효율적 사용을 위한 에너지 관리사업 등 다양한 서비스가 가능하다. 이를 통해 혐오시설로 배척되었던 원자력발전소, 화력발전소 등 대형 발전소 건설을 최소화할 수 있다. 또한 지역 네트워크 내에서 전력 생산과 판매를 실시함으로 지역경제 활성화에 기여한다.

신재생에너지, 전기자동차, 에너지 저장 시스템 분야 등이 스마트 그리드 활성화에 기여하고, 또한 연계산업으로서 주목받을 것으로 예상된다. 스마트 그리드는 각광받고 있는 차세대 전력망으로 다수의 국가들이 추진하고 있으며, 중국과 일본이 스마트 그리드 시장에 활발히 투자하여 시장규모를 확대하고 있다. 2015년 미국 스마트 그리드는 배전자동화에 집중적으로 투자하였으며, 유럽은 2020년까지 계획하였던 스마트 전력미터 및 가스미터 보급에 난항을 겪음으로써 유럽연합이 2020년까지 계획하였던 스마트 전력미터 보급률을 80%에서 72%로 하향하였다(양의석과 김아름, 2016).

표 5.2.2 스마트 그리드의 특징

특징	내용
에너지 효율	• 전력생산 및 소비되는 정보를 양방향, 실시간으로 유통하여 에너지 효율을 최적화
에너지 생산	• 대형 발전소 이외 모든 사람들이 에너지의 생산과 소비를 담당하는 에너지 프로슈머(Prosumer)
전력구조 개편	• 경쟁체제로의 전력구조 개편을 통해 지역단위의 중소 배전 회사들이 전력 수급 및 운영
신성장 동력	• 에너지 관리 및 데이터 축적을 통해 부가가치를 발생시키는 신성장동력 • 지역 에너지를 직접 생산하고 잉여전력을 판매할 수 있어 지역경제 활성화에 기여
신산업 창출	• 전기자동차 보급 및 활용 확대 • 태양광 및 다양한 신재생에너지 산업의 확충 • 전력수요 완화를 위한 에너지 저장 분야의 확대 • 전기에너지 효율을 높이기 위한 다양한 기술개발

자료출처: 안준호, 2014

아태지역에서는 중국과 일본이 스마트 그리드 투자를 주도하고 있다. 아태지역 투자비중으로 일본(51.3%), 중국(35.9%), 한국(10.3%)이며 3개국이 총 97.4%를 차지하고 있다. 2015년 일본은 세계 최대 스마트미터 시장으로 부상하였으며, 2024년까지 모든 가구에 스마트 미터를 보급하는 것을 목표로 하고 있다. 중국은 석탄발전에서 신재생에너지원으로의 전환과 스마트 그리드를 신성장동력으로 육성하기 위해 적극적으로 투자하고 있으며, 2016년부터 2020년까지 총 450억 달러를 투자할 것으로 전망된다(국민경제자문회의지원단, 2017).

스마트 그리드의 핵심요소인 수요에 대한 반응이나 발전 및 판매를 겸업하는 사업자에 대한 거래는 가격에 의한 소비자의 반응이 필수적이다. 이에 소비자가 가격에 반응할 수 있도록 가격 제도에 대한 개편이 요구된다. 우리나라의 스마트 그리드 산업은 아직까지 크게 발전하지 못하고 있는데 기술적 요소와 더불어 전력시장의 선진화 방안을 강구해야 한다. 소비자들이 프로슈머로서 역할을 할 수 있도록 양방향 전력 수요 및 공급 기능이 이루어질 수 있어야 하며, 이를 위해 소비자는 공급자를 선택하며 스마트 그리드에 의한 전력생산과 소비의 효율화를 도모하여야 한다.

3) 블록체인 기술과 연료전지

기후변화 대응측면에서 4차 산업혁명의 기술들은 요긴하게 활용할 수 있다. 블록체인(BlockChain) 분야와 기후변화 대응 융합기술은 향후 우리나라의 새로운 성장동력으로 유망하다. 기후변화를 완화하는 데 있어 블록체인 기술의 적용을 시도하고 있다. 블록체인 기술을 통해 기후변화 협약이 제대로 이행되고 있는지 감시하고, 영향력을 강화하여 기후변화협약 당사국들의 신뢰를 강화하며, 거래의 투명성을 높이고 비용을 절감할 수 있을 것이다. 또한 탄소배출권거래제도와 연계하여 블록체인 플랫폼을 활용한다. 블록체인은 태양광을 비롯한 재생에너지의 보급을 활성화하는 데 적용할 수 있으며, 블록체인 기반의 지역화폐는 에너지와 물의 절약 등 주민들의 기후행동을 촉진하는 도구로 활용될 수 있다.

2016년 세계지식포럼에 따르면 미래 전문가들은 향후 블록체인의 기술이 상용화된다면 경제에 거대한 변화를 예상하였다. 금융 혹은 핀테크(FinTech) 분야 뿐만 아니라 사물인터넷, 자율주행자동차, 에너지 산업 등 다양하게 응용될 수 있다. 공공 거래장부로도 불리는 블록체인은 기존의 중앙 집중형 서버에 데이터를 보관하는 방식과 달리 모든 사용자에게 내용이 분산되어 저장·기록·관리하는 분산 기록원장을 의미한다. 즉, 분산원장과 스마트 계약을 통해 거래되는 블록체인 기술은 기후변화 대응분야와 효과적으로 연계할 수 있다. 네트워크에 있는 모든 참여자가 공동으로 거래정보를 검증하고 기록하며 보관하는 보안기술을 지칭한다.

블록체인의 유형은 공용, 컨소시엄, 사설 3가지 유형으로 구분되며, 최근 사설 및 컨소시엄 형태의 블록체인으로 많이 활용되고 있다. 공용 블록체인이란 가장 개방적으로 모든 구성원이 참여할 수 있는 형태이다. 컨소시엄 블록체인이란 미리 선정된 소수의 주체만이 참여할 수 있는 형태이고, 사설 블록체인이란 하나의 주체가 내부 전산망 블록체인을 관리하는 것으로, 기업 내부망이 그 예로 볼 수 있다.

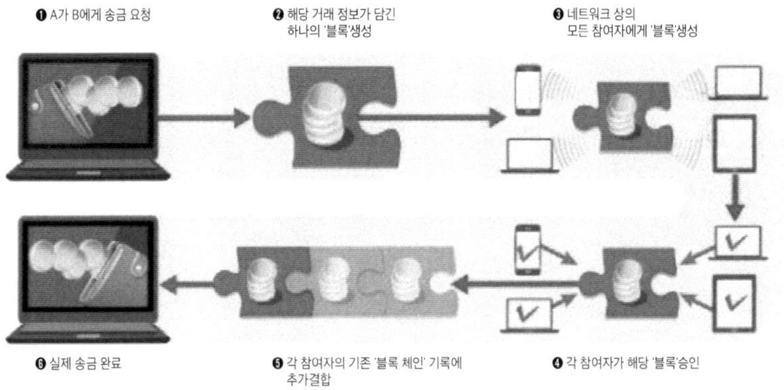

그림 5.2.3 블록체인의 적용 원리

블록체인은 전자거래 뿐만 아니라 데이터 보안, 기록유지 등에 활용이 가능하며, 거래비용이 현저히 감소하여 보다 투명하고 안전한 거래가 가능하게 된다. 기존 금융거래 시스템은 제3의 신뢰기관을 통한 중앙집중형 거래 시스템으로 모든 거래장부는 신뢰기관을 통해 기록·보관되는 형태를 갖고 있다. 채권과 주식은 예탁결제원에서 보관하며, 실질적인 거래가 아닌 온라인 공간에서의 소유권 이전과 같이 높은 보안성을 요구하는 거래를 관장하기 때문에 사회적 비용과 거래 수수료가 발생한다. 블록체인은 중간 금융결제원 혹은 한국은행과 같은 신뢰기관을 거치지 않고 지급인과 수취인 사이에 직접

거래가 가능하도록 하여 불필요한 거래비용을 절감할 수 있다. 블록체인의 상용화에 따라 기존 금융 서비스 인프라와 금융거래 절차에 큰 변화가 일어날 것으로 전망된다.

블록체인 기술이 상용화되면 한국전력공사의 에너지 수급시장에 있어 중재자 역할 비중이 감소할 것으로 전망된다. 한국전력공사는 전력시장에서의 매입자 매도자 사이의 중재자 역할을 통해 전기가격 및 수급을 통제하였다. 블록체인 기술이 전력산업에 응용되어 비트코인 요금결제, P2P 에너지 거래, EV 충전 및 공유, 신재생 전자화폐, 전력거래 및 청산, 에너지 스타트업 등에 활용할 수 있다. Solar Coin은 태양광 에너지 생산자에게 가상화폐인 Solar Coin를 지급하여 태양광 패널 시설 보급을 장려하도록 한다. RWE는 스마트 미터를 통해 생성된 실시간 전력생산과 발전 데이터를 자동적이고 안전하게 거래하는 데 활용한다. 태양광 사업에 참여하는 프로슈머 간 실시간 전력거래가 가능하도록 블록체인 소프트웨어를 사용한다. Bankymoon은 남아프리카 공화국의 전력부족을 겪고 있는 학교들에 비트코인 기부를 통해 직접적인 전력 및 가스공급으로 에너지를 창출하였다. 그러나 블록체인을 운용하는 과정에서 엄청난 규모의 에너지 소비를 유발한다. 실제 비트코인을 채굴(mining)하는 과정에서 수백 대의 슈퍼컴퓨터가 필요하며, 이로 인해 과다한 에너지가 소요된다. 탄소배출권거래제도에 블록체인을 적용하는 것은 국가 또는 도시차원에서 기존의 배출권거래시스템과 연계하거나 개인의 자발적 탄소배출권거래를 활성화하는 차원으로 접근할 수 있다.

연료전지(Fuel Cell) 기술은 수소와 산소의 전기화학 반응으로 발생하는 화학에너지를 직접 전기에너지로 변환시키는 것이다. 수소분자와 산소분자가 만나 반응하면 물 분자(H_2O)가 생성되는데, 이때 물 분자의 에너지가 수소분자와 산소분자의 에너지보다 적어서 남는 에너지가 방출된다. 연료전지는 방출된 에너지를 전기와 열로 전환하는 역할을 한다. 연료전지를 사용하면 기존 발전원 대비하여 높은 발전효율을 얻을 수 있으며, 유해물질 및 이산화탄소 발생량이 현저히 낮기 때문에 친환경적 발전이 가능하다. 연료전지의 발전효율은 30-40%, 열효율은 40% 이상으로 총 70-80% 효율을 갖고 있다(한국에너지공단 신재생에너지센터, 2016).

화력발전과 같은 연소과정 없이 오로지 전기, 물, 열만이 생성되므로 친환경적이며, 현재 화석연료로부터 수소를 확보하지만 향후 대체에너지를 통해 수소를 얻게 되면 무공해 에너지 시스템이 될 수 있다. 수소를 이용하므로 자연환경 변화에 영향을 덜 받으며, 발전규모 조절이 용이하다. 설치장소에 제약이 크지 않아 소규모에서도 높은 에너지 전환 효율을 기대할 수 있어 다양한 규모로 설치·활용할 수 있다. 연료전지는 다양한 분야에 활용할 수 있으며, 활용용도에 따라 발전용, 주택건물용, 수송용, 이동전원용으로 구분한다.

수소(연료)와 산고(공기)가 전기화학 반응을 일으킴

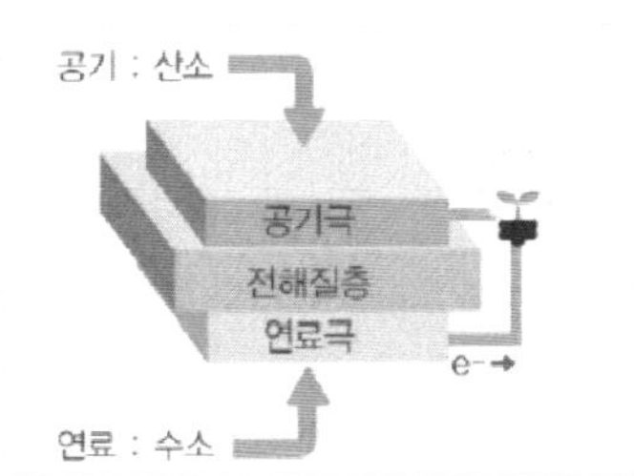

⇨ 연료극(양극)에 공급된 수소는 수소이온과 전자로 분리됨
⇨ 수소이온은 전해질층을 통해 공기극으로 이동하고 전자는 외부회로를 통해 공기극으로 이동함
⇨ 공기극(음극)쪽에서 산소이온과 수소이온이 만나 반응생성물(물)을 생성
⇨ 최종적인 반응은 수소와 산소가 결합하여 전기, 물 및 열을 생성

그림 5.2.4 연료전지의 발전원리

발전용 연료전지는 2015년을 시작으로 급성장하고 있으며 연평균 약 31.3% 성장할 전망이다. 미국 캘리포니아 주정부에서 시행하고 있는 자가발전 인센티브 프로그램(SGIP)이 발전용 연료전지 시장 확대를 이끌고 있다. 주택건물용 연료전지는 유럽시장에서 활발하게 성장하고 있다. 건물용 열병합 발전시장 규모에 있어 독일 Callux 사업(2008-2015)과 유럽연합 12개 지역에

서 이루어진 Ene-Field 프로젝트(2012-2017)가 대표적이다. 수송용 연료전지는 세계 여러 나라에서 자동차 산업의 육성, 대기질 개선, 온실가스 감축 차원에서 전략적으로 수소연료 전지차 보급을 추진하고 있다. 세계시장에서 수소연료 전지차의 보급은 확대될 전망인데, 2030년 240만대(1.8%)에서 2050년 3,530만대(17.7%)로 예측되고 있다. 수소연료 전지는 고수명, 친환경, 저소음이라는 장점을 바탕으로 신규시장 창출과 고부가가치 산업으로 성장할 것으로 판단된다. 이동전원용 연료전지는 일본의 도시바, 독일의 SFC Energy 등이 생산하는 데, 도시바는 2009년 소형 전자기기(핸드폰, PDA 등)를 충전할 수 있는 충전기를 판매하고 있다.

연료전지는 4차 산업혁명을 이끌고 갈 핵심기술 중 하나이다. 기존의 화력발전과 달리 산소와 수소의 전기화학 반응으로 전기, 물, 열을 생산하므로 발전효율이 높을 뿐만 아니라 이산화탄소 배출이 거의 없는 친환경적인 발전이다. 또한 소형화가 가능하여 다양한 용도로 사용할 수 있어 주택, 건물, 수송, 이동전원으로 활용할 수 있다. 4차 산업혁명의 과정에서 창출되는 산업, 제품, 서비스에서 연료전지를 사용할 경우, 에너지 사용량 증가로 인한 이산화탄소 배출을 줄일 수 있는 핵심기술로 각광받을 것이다.

참고문헌

강기경, 심교문, 2012. 기상이변과 식량안보. 농업전망 2012: 도농상생을 위한 농업농촌 가치의 재발견. 한국농촌경제연구원 기타연구보고서. 1027-1045.

강성진, 정태용, 김수정, 백용준, 장보윤, 2017. 4차 산업혁명과 신 기후체제 대응. 국민경제자문회의자원단.

고정석, 김도형, 김동준, 김상백, 김상용, 김성묵, 김세원 외, 2012. 실용기상기후학. 기상청. 455 pp.

공우석, 2018. 왜 기후변화가 문제일까? 도서출판 반니

관계부처 합동, 2014. 국가온실가스 감축목표 달성을 위한 로드맵.

관계부처 합동, 2015. 2030년 우리나라 온실가스 감축목표 BAU 851백만톤 대비 37%로 확정. 보도자료.

관계부처 합동, 2016. 제1차 국가기후변화 대응계획

관계부처 합동, 2017. 2016년 이상기후 보고서.

국립공원관리공단, 2014. 기후변화 민감 지표종 개구리, 산란시기 빨라져. 국립공원연구원 보도자료(2014년 3월 14일).

국립공원관리공단, 2018. 지리산 반야봉 일대 구상나무 고사, 기후변화가 원인. 국립공원연구원 보도자료(2018년 5월 9일).

국립기상연구소, 2009. 기후변화 이해하기. 국립기상연구소

국립생물자원관, 2010a. 기후변화 생물지표 100종 선정사업.

국립생물자원관, 2010b. 2010년 겨울철 조류 동시 센서스.

국립생물자원관, 2012. 기후변화로 제주 바다에 열대성 조류 증가. 국립생물자원관 보도자료(2012년 6월 22일)
국립생태원, 2014a. 육상생태계와 장기생태연구: 기후변화와 환경교란.
국립생태원, 2014b. 연안·동물생태 장기생태연구: 기후변화와 환경교란.
국립생태원, 2014c. 기후변화의 생태적 해석.
국립환경과학원, 2011. 대한민국 자연생태계, 기후변화 앞 위기. 국립환경과학원 보도자료(2011년 11월 8일).
국립환경과학원, 2012. 우리나라 기후변화의 경제학적 분석(III): 정책결정자를 위한 요약보고서.
국토교통부, 2015. 미래 국토발전 전략 수립방안 연구. 연구기관: 국토연구원
권영한, 2007. 기후변화가 생태계에 미치는 영향 고찰-습지식물상을 중심으로. 한국환경정책·평가연구원.
권태호·권종남, 1996. 지속가능한 도시개발의 방향에 관한 연구, 세명논총, Vol. 5 No.1
기획재정부, 2017. 제2차 배출권 거래제 기본계획(안)
김별, 임정수, 조성백, 황옥화, 양승학, 2014. 고온 환경이 젖소의 생산성 및 축사환경에 미치는 영향 연구, 축산시설환경 20(2): 63-68.
김종범, 송재영, 2010. 한국의 양서·파충류, 월드사이언스.
김창길, 정학균, 한석호, 김정승, 문동현, 2012. 기후변화가 식량공급에 미치는 영향분석과 대응방안. 한국농촌경제연구원.
김태헌, 2014. 에너지 다소비 산업구조 심화요인 분석 및 경제적 파급효과 분석, 에너지경제연구원.
농촌진흥청, 2017. 미래 먹거리, 아열대작물로 대비한다. 농촌진흥청 보도자료(2017년 8월 31일).
명수정, 심창섭, 이영준, 이병국, 김세란, 임미영, 2012. 기후변화 적응 관련 유망산업 발굴 및 경쟁력 강화방안 연구, 녹색성장위원회.

박기홍, 2016. 제4차 산업혁명, 한국 제조업의 돌파구될까?. 한반도 선진화 재단 한선 프리미엄 리포트 제227회 정책세미나.

박대식, 2014. 기후변화의 생태적 해석: 양서류를 이용한 기후변화 진단, 국립생태원.

박경석, 2014. 북한의 황폐산림 실상과 향후 대북 산림복구 지원방향. KDI 북한경제리뷰 2014년도 9월호. p. 6

박형철, 박진호, 김윤정, 정헌모, 신학섭, 장인영, 김진희, 이중효, 서창완, 김종민, 최재천, 2015. 기후변화에 의한 생물 적응 현상 연구. 국립생태원.

성주인 외, 2014. 농촌의 중장기 인구 변화에 대응한 지역 활성화 과제. 한국보건사회연구원, p. 88.

안준호, 2014. 스마트그리드 산업 동향. 한국전기산업연구원.

안지홍, 임치홍, 정성희, 김아름, 이창석, 2016. 생물다양성에 대한 기후변화의 영향과 그 대책, Journal of Wetlands Research 18(4): 474-480.

원제무, 2010. 녹색으로 읽는 도시계획. 조경

이승호, 이경미, 2003. 기온변화에 따른 벚꽃 개화시기의 변화 경향. 환경영향평가 12(1): 45-54.

이선미, 차재규, 신학섭, 문호경, 최태영, 강다인, 김진희, 박형철, 최철현, 정헌모, 박은진. 2016. 기후변화 민감생태계 관리 및 보전방안 연구. 국립생태원.

이재준, 2011, 녹색도시의 꿈, 도서출판 상상디자인.

이정진, 이준성, 김종남, 서자겸, 조남철, 박성민, 기광석, 서성원, 2013. 지구온난화에 따른 국내 기후변화와 젖소 착유우의 생산효율에 미치는 영향 평가: 모델 시뮬레이션을 이용한 접근. Korean Journal of Organic Agriculture 21(4): 711-723.

이창우,1995. 도시농업과 지속가능한 개발, 대한국토도시계획학회 제83회 정기학술대회 논문집

이현우, 2010. 기후변화에 대한 생물종의 민감성 평가방안 연구. 한국환경정책·평가연구원.

임대웅, 1999. 지속가능한 도시개발과 전과과정평가의 의의, 한국전과정평가학회 1999년 정기총회 연구논문집

장문수, 2016. 제4차 산업혁명의 핵심, 스마트카에 투자하라. 원앤원북스.

장필성, 2016. 다가오는 4차 산업혁명에 대한 우리의 전략은?. 과학기술정책연구원 해외혁신동향.

정재은, 권은영, 정유란, 윤진일. 2005. 생물계절모형을 이용한 벚꽃 개화일 예측. 한국농림기상학회 7(2): 148-155.

최덕수, 김도익, 고숙주, 강범용, 박종대, 김선곤, 최경주, 2012. 전남지역에서 꽃매미 부화시기 예측과 친환경 방제방법. 한국응용곤충학회지 51(4): 371-376.

토지주택공사(LH)토지주택연구원, 2014. 기후변화 적응 도시모델 및 적용기법 개발.

한국무역협회, 2017. 무역업계의 4차 산업혁명 대응현황 조사. 한국무역연구원.

한국생태학회, 2011. 생태계와 기후변화.

한국에너지공단 신재생에너지센터, 2016. 신재생에너지의 이해.

한국환경공단, 2014. 지자체 온실가스 감축 사례집.

한국환경정책·평가연구원, 2005, 기후변화 영향평가 및 적응시스템 Ⅰ.

한기주, 2007. 기후변화가 산업부문에 미치는 경제적 영향. 산업경제 52-66.

한윤정, 김윤승, 이하정, 이주연, 2013. 도심지역 대심도 지하공간 개발의 지반환경영향 및 정책 제언. 한국환경정책·평가연구원.

환경부, 1997. 지방의제 21 모델개발연구.

환경부, 2016. 교토의정서 이후 신 기후체제 파리협정 길라잡이.

환경부, 2017. 기후변화 적응산업화 연구. (연구기관: 한국환경정책·평가연구원)

환경부·국립환경과학원, 2010. 기후변화로 생태계 몸살. 국립환경과학원 보도

자료(2010년 11월 4일)

환경부·국립환경과학원, 2015. 한국 기후변화 평가보고서 2014-기후변화 영향 및 적응.

ACG, 2005. Climate Change Risk and Vulnerability: Promoting and Efficient Adaptation Response in Australia, Allen Consulting Group(ACG).

Agrawala, S., M. Carraro, N. Kingsmill, E. Lanzi, M. Mullan, G. Prudent-Richardet, 2011. Private sector engagement in adaptation to climate change: approaches to managing climate risks. OECD Environment Working Papers 39.

Beaubien, E.G., and H.J. Freeland, 2000. Spring phenology trends in Alberta, Canada: links to ocean temperature. International Journal of Biometeorology 44(2): 53-59.

Both, C., M. van Asch, R.G. Bijlsma, A.b. van den Burg, and M.E. Visser, 2009. Climate change and unequal phenological change across four trophic levels: constraints or adaptations. Journal of Animal Ecology 78: 73-83.

Cheney, D.P., 1977. (R&C)/P- A new and improved ratio for comparing seaweed floras. Journal of Phycology(Supplement) 13:129.

EBI, 2016, A Climate Change Industry Business Segment Review, Climate Change Business Journal: Climate change industry model derived from a variety of sources, Environmental Business International.

Foden, W., Mace, G., Vie, J-C. Angulo, A., Butchart, S.H.M., DeVantier, L., Dublin, H., Gutsche, A., Stuart, S., Turak, E., 2008. Species Susceptibility to Climate Change Impacts. In: Vie, J-C., Hilton-

Taylor, C., S.N. Stuart editors. The 2008 Review of the IUCN Red List of Threatened Species, IUCN Gland, Switzerland.

Heron, S.F., J.A. Maynard, R. van Hooidonk, C.M. Eakin, 2016. Warming Trends and Bleaching Stress of the World's Coral Reefs 1985-2012. Scientific Reports 6: 38402.

Hoppe, P., and P. Low, 2012, Characteristics of the extreme events in 2011 and their impact on the insurance industry. The Geneva Report No. 5: Extreme Events and Insurance, 2011 annus horribilis.

Schaefer, L. and E. Waters, 2016. Climate risk insurance for the poor and vulnerable: how to effectively implement the pro-poor focus of insurance.

IEA, 2009. CO2 Emissions from Fuel Combustion.

IEA, 2016. Global EV Outlook 2016: Beyond One Million Electric Cars.

IPCC, 2007, Climate change 2007: The physical science basis. Contributions of Working Group II to the Fourth Assessment Report of the Intergovernmental Panel on Climate Changes, Cambridge University Press, Cambridge, United Kingdom and New York, NY, USA.

McGuire, A.D., S. Stich, J.S. Clein, R. Dargaville, G. Esser, J. Foley, M. Heimann, f. Joos, J. Kaplan, et al., 2001. Carbon balance of the terrestrial biosphere in the Twentieth Century: Analyses of CO, climate and land use effects with four process-based ecosystem models. Global Biogeochemical Cycles 15(1): 183-206.

Menzel, A., 2000. Trends in phenological phases in Europe between 1951 and 1996. International Journal of Biometeorology 44(2): 76-81.

Ormond, P. 2004. Grids Background Study: Hamilton Vulnerability to Climate Change.

Oxfam America, 2006. The new adaptation market place: climate change and opportunities for green economic growth.

Roland Berger, 2010, Trend Compendium 2030, Roland Berger Strategy Consultants.

Roland Berger, 2014. INDUSTRY 4.0 The new industrial revolution: How Europe will succeed, Roland Berger Strategy Consultants, March 2014.

Segawa, S., 1956. Coloured illustrations of the seaweeds of Japan. Hoikusha Publication Co., Osaka. 195 pp.

UK Climate Change Risk Assessment, 2017, Policy Paper: Government report setting out the 6 priority risk areas requiring further action in the UK over the next 5 years. Department of Environment, Food & Rural Affairs. Available at: https://www.gov.uk/government/publications/ uk-climate-change-risk-assessment-2017

UNFCCC, 2015a. The Kyoto Protocol - A Critical Step Forward.

UNFCCC, 2015b. Achievement of the Clean Development Mechanism.

UN Global Compact, UN Environmental Programme, Oxfam and the World Resources Institute, 2011. A Caring for Climate.

US GAO, 2017. Climate Change: Information on Potential Economic Effects Could Help Guide Federal Efforts to Reduce Fiscal Exposure. Report to Congressional Requesters. U.S. Government Accountability Office.

Visser, M.E., and C. Both, 2005. Shifts in phenology due to global climate change: the need for yardstick. Proceedings of the Royal Society B: Biological Science 272: 2561-2560.